U0291245

"十二五"职业教育国家规划教材

经全国职业教育教材审定委员会审定

住房和城乡建设部中等职业教育建筑施工与建筑装饰专业指导委员会规划推荐教材

建筑工程质量检测

（建筑工程施工专业）

金　煜　主　编

姚晓霞　　副主编

中国建筑工业出版社

图书在版编目（CIP）数据

建筑工程质量检测／金煜主编．—北京：中国建筑工业出版社，
2014.12（2023.11 重印）

"十二五"职业教育国家规划教材．经全国职业教育教材审定
委员会审定．住房城乡建设部土建类学科专业"十三五"规划教
材．住房和城乡建设部中等职业教育建筑施工与建筑装饰专业指
导委员会规划推荐教材（建筑工程施工专业）

ISBN 978-7-112-17600-7

Ⅰ．①建… Ⅱ．①金… Ⅲ．①建筑工程—工程质量—质量检
验—中等专业学校—教材　Ⅳ．①TU712

中国版本图书馆CIP数据核字（2014）第292349号

　　本书按照教育部 2014 年公布的《中等职业学校建筑工程施工专业教学标准（试行）》，根据现行行业规范，以项目教学
法为主要教学思路编写。全书包括：建筑工程施工质量验收基础知识；质量检测常用工具；地基与基础、主体工程、屋面工程、
装饰装修工程质量验收；单位工程质量验收和质量员、资料员的工作职责等内容。

　　本书可作为中职建筑工程施工等建设类专业的教材，也可供从事建筑工程质量验收工作的技术人员参考。

　　为了更好地支持本课程教学，本书作者制作了精美的教学课件，有需求的读者可以发送邮件至 jckj@cabp.com.cn，电话：
010-58337285，建工书院 http://edu.cabplink.com。

责任编辑：陈　桦　聂　伟　张　健
书籍设计：京点制版
责任校对：陈晶晶　姜小莲

"十二五"职业教育国家规划教材
经全国职业教育教材审定委员会审定
住房城乡建设部土建类学科专业"十三五"规划教材
住房和城乡建设部中等职业教育建筑施工与建筑装饰专业指导委员会规划推荐教材
建筑工程质量检测
（建筑工程施工专业）

金　煜　主　编
姚晓霞　副主编

*

中国建筑工业出版社出版、发行（北京海淀三里河路9号）
各地新华书店、建筑书店经销
北京京点图文设计有限公司制版
河北鹏润印刷有限公司印刷

*

开本：787×1092毫米　1/16　印张：15½　字数：355千字
2015 年 8 月第一版　2023 年 11 月第九次印刷
定价：**42.00**元（赠教师课件）
ISBN 978-7-112-17600-7
　　　　（26813）

本系列教材编委会 ◆◆◆

序言◆◆◆
Preface

　　住房和城乡建设部中等职业教育专业指导委员会是在全国住房和城乡建设职业教育教学指导委员会、住房和城乡建设部人事司的领导下，指导住房城乡建设类中等职业教育（包括普通中专、成人中专、职业高中、技工学校等）的专业建设和人才培养的专家机构。其主要任务是：研究建设类中等职业教育的专业发展方向、专业设置和教育教学改革；组织制定并及时修订专业培养目标、专业教育标准、专业培养方案、技能培养方案，组织编制有关课程和教学环节的教学大纲；研究制订教材建设规划，组织教材编写和评选工作，开展教材的评价和评优工作；研究制订专业教育评估标准、专业教育评估程序与办法，协调、配合专业教育评估工作的开展等。

　　本套教材是由住房和城乡建设部中等职业教育建筑施工与建筑装饰专业指导委员会（以下简称专指委）组织编写的。该套教材是根据教育部2014年7月公布的《中等职业学校建筑工程施工专业教学标准（试行）》、《中等职业学校建筑装饰专业教学标准（试行）》编写的。专指委的委员参与了专业教学标准和课程标准的制定，并将教学改革的理念融入教材的编写，使本套教材能体现最新的教学标准和课程标准的精神。教材编写体现了理论实践一体化教学和做中学、做中教的职业教育教学特色。教材中采用了最新的规范、标准、规程，体现了先进性、通用性、实用性的原则。本套教材中的大部分教材，经全国职业教育教材审定委员会的审定，被评为"十二五"职业教育国家规划教材。

　　教学改革是一个不断深化的过程，教材建设是一个不断推陈出新的过程，需要在教学实践中不断完善，希望本套教材能对进一步开展中等职业教育的教学改革发挥积极的推动作用。

住房和城乡建设部中等职业教育建筑施工与建筑装饰专业指导委员会

2015 年 6 月

前言 ◆◆◆
Preface

本教材是依据教育部2014年公布的《中等职业学校建筑工程施工专业教学标准（试行）》的要求，结合《建筑工程质量验收统一标准》GB 50300-2013等规范编写的。编写本教材主要目的是为了中等职业教育建筑工程施工专业教学的需要，也能适应其他相关专业教学及岗位培训的需要，还可作为从事建筑工程质量验收及资料管理工作的专业技术人员的参考工具书。

为方便学生学习和工程技术人员的使用，突出"以能力为本位"的指导思想，本教材根据工程质量验收及资料管理技术人员的岗位要求和职业标准，以工程项目为载体，以任务驱动为导向，突出工作任务的实施过程。

本教材通过项目概述、学习目标、任务描述、学习支持、任务实施、知识拓展、实践活动和活动评价等教学环节，将任务实施的流程、要求层层分解，实现了教学过程与生产过程的对接，是中等职业教育建筑工程施工专业教学和课程改革的一次大胆尝试。

全书分为8个项目，内容包括：建筑工程施工质量验收基础知识、建筑工程质量检测常用工具、建筑地基与基础分部工程质量验收、主体结构分部工程质量验收、建筑屋面分部工程质量验收、建筑装饰装修分部工程质量验收、单位工程质量验收、质量员和资料员的工作职责及职业道德。

本书由金煜统稿并担任主编，姚晓霞任副主编。具体分工为：云南建设学校金煜编写项目3、项目6、项目8，四川省绵阳职业技术学院姚晓霞编写项目1、项目2、项目5，云南建设学校梁俊友编写项目4、项目7。

在本书的编写过程中，得到了住房和城乡建设部人事司、中国建筑工业出版社和编写者所在单位的大力支持，在此一并致谢。

由于编者水平有限，加之时间仓促，书中难免存在疏漏和欠妥之处，敬请读者批评指正。

目录 ◆◆◆
Contents

项目 1
建筑工程施工质量验收基础知识

【项目概述】

工程施工质量检查与验收是工程建设质量控制的一个重要环节，该工作开展是否正常，关系到国家、集体和公民的切身利益，工程建设的质量涉及人、财、物的安全，关系到能否建设和谐社会、和谐家园的重大民生问题。建设工程施工质量检查与验收是保障工程质量的基础；是做好工程质量工作有效的、必要的技术保证；是工程施工管理的一个重要内容。

【学习目标】通过学习，你将能够：

了解《建筑工程质量验收统一标准》的指导思想和适用范围、主要内容和编制依据及基本规定；

熟悉建筑工程质量验收方法与程序，掌握检验批质量验收、分项工程；

熟悉分部（子分部）工程和单位（子单位）工程的质量验收；

掌握建筑工程质量检验不合格的处理程序与处理方法；

了解其他施工质量验收规范、规程、标准及规定。

任务 1.1 建筑工程施工质量验收准备工作

【任务描述】

工程施工质量验收包括施工质量的中间验收和工程的竣工验收两个方面的内容。通过对工程建设关键产品和最终产品的质量验收，从过程控制和终端把关两个方面进行工程项目的质量控制，以确保达到业主所要求的功能和使用价值，实现建设投资的经济效益和社会效益。

【学习支持】

学习现行的"统一标准"和现行专业质量验收规范和规范支撑体系的关系，熟悉现行验收规范体系的组成和运用。根据需要检查的项目，选择工程质量检查和验收的方法。

【任务实施】

1.1.1 工程施工质量检查与验收的依据

工程施工质量检查与验收是依据国家有关工程建设的法律、法规、标准、规范及有关文件进行验收。我国现行建筑安装工程质量检查与验收的主要依据是：《建筑工程施工质量验收统一标准》GB 50300-2013 及相关质量验收规范。另外还包括：

（1）国家现行的勘察、设计、施工等技术标准、规范。其中的标准规范可以分为：国家标准（GB）、行业标准（JGJ）、地方标准（DB）、企业标准（QB）、协会标准（CECS）等。这些标准是施工操作的依据，是整个施工全过程控制的基础，也是施工质量验收的基础和依据。

（2）工程资料：包括施工图设计文件、施工图纸和设备技术说明书；图纸会审记录、设计变更和技术审定等；有关测量标桩及工程测量说明和记录、工程施工记录、工程事故记录等；施工与设备质量检验与验收记录、质量证明及质量检验评定等。

（3）建设单位与参加建设各单位签订的"合同"。

（4）其他有关规定和文件。

1.1.2 工程施工质量检查与验收的方法

任何一个房屋在施工的过程中，我们都同时建成了"两栋房屋"，其中之一是工程实体，另一个为证明实体质量的"资料"。这两项工程相辅相成，互为补充。我们只有重视工序质量的控制，最终才可能得到合格的产品，也只有重视过程中检查验收资料的积累和完善，才能证明在施工过程中质量是否符合合格标准。在实际工程中，施工单位往往不注意资料的及时性，没有建立一个运转良好的工作程序和质量管理程序，其结果往往是"事半功倍"。参与建设工程的各方主体，在建筑工程施工质量检查或验收时所采用的方法，实际上就是对上述"两栋房屋"的检查和验收，具体说就是审查有关技术文件、报告、资料以及直接进行现场检查或进行必要的试验等。

1. 审查有关技术文件、资料、报告或报表

无论是施工项目部管理人员、监理部的监理人员、质量监督机构的监督人员对工程施工质量的检查和验收，一般都是检查各个层次提供的技术文件、资料、报告或报表，比如审查有关技术资质证明文件、审查有关材料、半成品的质量检验报告、检查检验批验收记录、施工记录等，全方位了解工程的施工过程中的成品或半成品是否在合格标准的范围之内，这也是各个层次验收的第一步工作。

2. 工程实体的质量检查与验收方法

施工项目施工质量的好坏，取决于原材料的质量、施工工艺质量、人员素质等综合因素的影响。质量是做出来的，不是检查出来的。但是严格的检查和验收可以影响施工作用，起到"关口"的作用。

所以，我们不仅要对工程的实体技术资料进行检查和验收，还须对工程项目的质量进行检查和验收。对于现场所用原材料、半成品、工序过程或工程产品质量进行检验的方法，一般可以分为以下三类：

（1）目测法：即凭借感官进行检查，也可以叫做感官检验。其手段可归纳为看、摸、敲、照。

"看"就是根据质量标准要求进行外观检查。例如工人的操作是否正常，混凝土振捣是否符合要求，混凝土成型是否符合要求等。

"摸"就是通过手感触摸进行检查、鉴别。例如，油漆、涂料的光滑度，浆活是否牢固、不掉粉，墙面、地面有无起砂现象均可以通过手摸的方式鉴别。

"敲"就是运用敲击的方法进行音感检查。例如，对拼镶木地板、墙面抹灰、墙面瓷砖、地砖铺贴等的质量均可以通过敲击的方法，根据声音的虚实、脆闷判断有无空鼓等质量问题。

"照"就是通过人工光源或反射光照射，检查难以看清的部位。例如可以用照的方法检查墙面和顶棚涂饰的平整度。

（2）量测法：又称为实测法，就是利用量测工具或计量仪表，通过实际量测的结果和规定的质量标准或规范的要求相对照，从而判断质量是否符合要求。其手法可以归纳为：靠、吊、量、套。

"靠"就是用直尺和塞尺配合检查诸如地面、墙面、屋面的平整度。

"吊"就是用托线板线锤检查垂直度。比如墙面、窗框的垂直度检查。

"量"就是用量测工具或计量仪表等检查构件的断面尺寸、轴线、标高、温度、湿度等数值并确定其偏差。比如用卷尺量测构件的尺寸，检测大体积混凝土在浇筑完成后一段时间的温升，用经纬仪复核轴线的偏差等。

"套"就是指用方尺套方以塞尺辅助，检查诸如阴阳角的方正、预制构件的方正。

（3）试验法：是指通过进行现场试验或试验室试验等理化试验手段取得数据，分析判断质量情况。包括：

◆ 理化试验。工程中常用的理化试验包括物理力学性能方面的试验和化学成分含量的测定等两个方面。力学性能的检验包括材料的抗拉强度、抗压强度、抗弯强度、抗折强度、冲击韧性、硬度、承载力等的测定。各种物理性能方面的测定如材料的密度、含水量、凝结时间、安定性、抗渗、耐磨、耐热等。各种化学方面的试验如化学成分及其含量的测定等。此外，必要时还可以在现场通过诸如对桩或地基的现场静载试验或打试桩，确定其承载力；对混凝土现场钻芯取样，通过试验室的抗压强度试验，确定混凝土达到的强度等级，以及通过管道压水试验判断其渗漏或耐压情况。

◆ 无损检测或检验。借助某些专门的仪器、仪表等手段探测结构物或材料、设备内部组织结构或损伤状态。比如借助混凝土回弹仪现场检查混凝土的强度等级，借助钢筋扫描仪检查钢筋混凝土构件中钢筋放置的位置是否正确，借助超声波探伤仪检查焊件的焊接质量等。

1.1.3　工程施工质量检查与验收的参加人员

建筑工程质量检查与验收是保证工程施工质量的重要手段。参加建筑工程质量检查与验收的各方人员应具备相应的资格；建筑工程质量检查与验收均应在施工单位检验评定合格的基础上，其他各方（如监理单位、建设单位等）从不同的角度通过抽样检查或复测等形式，对工程实体进行合格与否的判定。

1. 建设单位

建设单位是建筑物的所有者或使用者的代表，是工程建设中重要的一方，按照相关法律、法规的规定，建设单位拥有合法选定勘察、设计、施工、监理单位和确定建设项目规模、功能、外观、使用材料和设备等的权力。按照《建设工程质量管理条例》（国务院令第 279 号）的规定，建设单位对工程质量有相应的责任和义务。建设方应定期或不定期地深入工地进行检查和验收。当建设单位收到建设工程竣工报告后，应当组织设计、施工、工程监理等有关单位进行竣工验收，建设工程验收合格后，方可交付使用。

2. 监理单位

监理单位通过《监理合同》接受建设单位的授权，在授权范围内依照法律、法规以及技术标准、设计文件和建设工程承包合同，代表建设单位对施工质量实施监理，并对施工质量承担监理责任。

工程监理单位在工程建设的实施过程中，对施工单位已经完成自检合格的项目进行检查，未经监理工程师签字，建筑材料、建筑构配件和设备不得在工程中使用或安装，施工单位不得进行下一道工序的施工。未经总监理工程师签字，建设单位不拨付工程款，不进行竣工验收。在施工过程中，监理工程师应当按照监理规范的要求，采取旁站、巡视和平行检验等形式，对建设工程实施监理。

3. 施工单位

施工单位是建筑工程施工的主体，是建筑工程的生产者，是工程建设质量的主体，对工程质量的好坏起着关键的影响，对建设工程的施工质量负责。施工单位必须按照工程设计图纸和施工技术标准施工，不得擅自修改设计，不得偷工减料。

施工单位必须按照工程设计要求、施工技术标准和合同约定，对建筑材料、建筑构配件、设备和商品混凝土进行检验，检验应当有书面记录和专人签字；未经检验或者检验不合格的，不得使用。施工单位必须建立、健全施工质量的检验制度：在作业活动结束后，作业者必须自检，不同工序交接、转换必须由相关人员进行交接检查，施工承包单位专职质检员的专检。同时要特别做好隐蔽工程的质量检查和记录，隐蔽工程在隐蔽前，施工单位应当通知建设单位和建设工程质量监督机构进行检查和验收。

4. 勘察、设计单位

勘察单位提供的地质、测量、水文等勘察成果必须是真实、准确的，工程勘察报告是工程设计的依据之一。在工程施工阶段，勘察单位要参加基槽检查、基础验收、主体验收等重要部位的验收工作，对施工过程中出现的地质问题要进行跟踪服务。

设计单位主要根据建设单位的意图，按照规划和设计的有关要求将其转化为可以施工的图纸。在工程施工阶段，设计人员要深入到工程一线，随时解决图纸中的未尽事宜，接受施工的检验，同时参与重要节点和工程的竣工验收，以保证工程项目的质量。设计单位对自己的设计成果负责，并对因设计原因造成的质量问题或事故，提出相应的技术处理方案。

5. 质量监督机构

我国实行建设工程质量监督管理制度。其主体是各级政府建设行政主管部门，但是，政府的功能决定其不可能亲自到现场进行检查，所以工程监督管理的具体实施者就是由建设行政主管部门或其他有关部门委托的质量监督机构（质量监督站）来具体进行。

质量监督机构行使政府的权力，所以具有强制性，是宏观管理，而工程监理单位实施的微观的管理，是带有服务性的。建设工程质量监督机构通过制定质量监督工作方案，检查施工现场建设各方主体的质量行为，检查建设工程实体质量和监督工程质量验收来对建设工程质量进行控制。

6. 检测单位

工程质量检测机构是对建设工程、建筑构件、制品及现场所用的有关建筑材料、设备质量进行检测的法定单位。在建设行政主管部门和政府质量技术监督部门指导下开展检测工作，其出具的检测报告具有法定效力。

以上各方，站在不同的角度，对工程施工质量进行检查、督促，其主要的目的就是保证工程项目的质量，为用户提供合格产品。

1.1.4 现行建筑工程施工质量验收规范

建筑工程施工质量检查与验收要执行现行国家标准《建筑工程施工质量验收统一标准》GB 50300–2013（以下简称"统一标准"）和与之配套的各专业验收规范，检查和验收时强调"统一标准"和各专业验收规范配套使用。

建筑工程涉及的专业众多，工种和施工工序相差很大，为了解决实际运用中的问题，结合我国施工管理的传统和技术发展的趋势，形成了以"统一标准"和各专业验收规范组成的标准、规范体系，在使用中它们必须配套使用。建筑工程施工质量检查与验收现行使用规范主要有：

《建筑工程施工质量验收统一标准》GB 50300–2013

《建筑地基基础工程施工质量验收规范》GB 50202–2002

《砌体工程施工质量验收规范》GB 50203–2011

《混凝土结构工程施工质量验收规范》GB 50204–2002（2011版）

《钢结构工程施工质量验收规范》GB 50205-2001

《木结构工程施工质量验收规范》GB 50206-2012

《屋面工程质量验收规范》GB 50207-2012

《建筑外墙防水防护技术规程》JGJ/T 235-2011

《地下防水工程质量验收规范》GB 50208-2011

《建筑地面工程施工质量验收规范》GB 50209-2010

《建筑装饰装修工程质量验收规范》GB 50210-2001

《建筑给水排水及采暖工程施工质量验收规范》GB 50242-2002

《通风与空调工程施工质量验收规范》GB 50243-2002

《建筑电气工程施工质量验收规范》GB 50303-2002

《智能建筑工程施工质量验收规范》GB 50339-2003

《电梯工程施工质量验收规范》GB 50310-2002

《建筑节能工程施工质量验收规范》GB 50411-2007

在上述的 10 个涉及土建工程的专业规范、6 个涉及建筑设备安装工程的专业规范中，凡是规范名称中没有"施工"二字的，主要内容除了施工质量方面的以外，还含有设计质量的内容。"统一标准"作为整个验收规范体系的指导性标准，是统一和指导其余各专业施工质量验收规范的总纲。

1.1.5　现行建筑工程施工质量验收标准

该标准编制的主要依据是《中华人民共和国建筑法》、《建设工程质量管理条例》（国务院令第 279 号）、《建筑结构可靠度设计统一标准》GB 50068-2001 及其他有关设计规范的规定等。验收统一标准和专业验收规范体系的落实和执行，还需要有关标准的支持，其支持体系见图 1-1 所示。

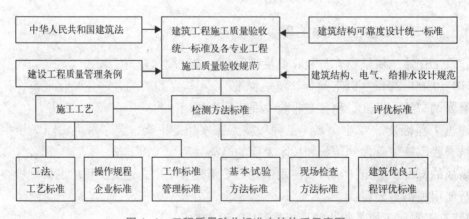

图 1-1　工程质量验收标准支持体系示意图

1. 施工工艺

施工工艺是施工单位进行具体操作的方法，是施工单位的内部控制标准，是企业班组操作的依据，是企业操作规程的内容，是施工质量全过程控制的基础，也是验收规范的基础和依据，可由企业制订企业标准，或行业制订推荐性标准，使企业的操作有具体的依据和规程，这样不仅保证了验收规范的落实，也促进了企业管理水平的提高，但这些工法、工艺标准不再具有强制性质，这样可以适应不同条件，并可以尽量反映科技进步和施工技术发展的成果。

2. 监测方法标准

质量保证最重要的一个手段就是要推行工程质量的检测制度，从原材料的进场检验到工程施工过程中的成品、半成品的检测，以及施工工艺质量的试验都必须有科学、合理、客观、统一的标准，这是落实"完善手段"所必须的。

3. 评优标准

现行的建筑工程施工质量验收"统一标准"只设合格标准，不设优良等级，是国家的强制标准，但从有利于提高工程质量，结合质量方针政策、工程安全、功能、环境及观感质量的评定，制订"质量评优标准"，作为推荐性标准，供评优和签订合同双方约定使用，以鼓励创优，促进施工质量的提高。推荐性的评优标准，可由行业协会制定，政府不加以干预。

有必要指出的是，现行建筑工程质量验收规范的适用范围是建筑工程施工质量的检查与验收，设计和使用中的质量问题不属于该标准的范畴。

任务 1.2　建筑工程施工质量验收基础知识

【任务描述】

工程建设的质量涉及人、财、物的安全，关系到能否建设和谐社会、和谐家园的重大民生问题。建设工程施工质量检查与验收是保障工程质量的基础；是做好工程质量工作有效的、必要的技术保证；是工程施工管理的一个重要内容。

【学习支持】

建筑工程施工质量验收的相关规范和验收标准

【任务实施】

1.2.1　建筑工程施工质量评价与验收

1. 建筑工程施工质量评价

2006 年 11 月 1 日实施的《建筑工程施工质量评价标准》GB/T 50375–2006 是国家的推荐标准，由中国建筑协会工程建设质量监督分会会同有关单位共同编制而成，该标准适用于在工程质量合格后的施工质量的优良评价。其评价的基础是《建筑工程施工质量验收统一标准》及其配套的各专业工程质量验收规范。

该标准的主要评价方法是：按单位工程评价工程质量，按单位工程的专业性质和建筑部位划分为地基及桩基基础、结构工程、屋面工程、装饰装修工程及安装工程等五部分，按照不同的权重，每部分分别从施工质量条件、性能检测、质量记录、尺寸偏差及限值实测、观感质量等五项内容来进行评价。

2. 建筑工程施工质量验收

建筑工程是由若干个单位工程组成的，一个单位工程在施工质量验收时，可以按照分项工程检验批、分项工程、分部（子分部）、单位（子单位）工程的顺序进行验收，这体现了过程控制的思路，有利于保证最终产品的质量。

在建筑工程施工质量验收的国家标准中，我们只给出了合格的标准，没有给出优良条件，这样规定的目的，是体现了现行国家标准是强制性标准，只设立保证安全和使用功能的基本的质量标准。当然，只设合格标准，并不是排除在施工过程中追求更高的标准，如果企业希望评定更高的质量等级，可以参照其他的推荐性标准或企业标准。其关系可以参照图 1-1。

（1）分项工程检验批质量的验收

分项工程检验批是工程质量验收的最小单元，是分项工程乃至于整个建筑工程验收的基础。检验批是施工过程中条件相同并有一定数量的材料、构配件或安装项目，由于其质量基本均匀一致，因此可以作为检验的基本单位，按批组织验收。

根据"统一标准"第 5.0.1 条有关规定，检验批合格质量应符合下列规定

1）主控项目和一般项目的质量经抽样检验合格

对于检验批的实物检验，应检查主控项目和一般项目。

关于检验批合格标准指标在各专业工程质量验收规范中给出。对一个特定的检验批来讲，应按照各专业验收规范对各检验批主控项目、一般项目规定的指标，逐项进行检查验收。检验批合格质量的验收主要取决于对主控项目和一般项目的检验结果。

①主控项目

主控项目是对检验批的基本质量起决定性影响的检验项目，是确保工程安全和使用功能的重要检验项目，是对安全、卫生、环境保护和公众利益起决定性作用的检验项目，是决定检验批主要性能的项目，因此检验批主控项目必须全部符合有关专业工程验收规范的规定。这就意味着主控项目不允许有不符合要求的检验结果，即主控项目的检查结果具有否决权。所以检查中发现检验批主控项目有不合格的点、位、处存在，则必须进行修补、返工重做、更换器具，使其最终达到合格的质量标准。如果检验批主控项目达不到规定的质量指标，降低要求就相当于降低了该工程项目的性能指标，就会严重影响工程的安全性能；如果提高要求就等于提高性能指标，就会增加工程造价。如对混凝土、砂浆的强度等级要求，钢筋的力学性能指标要求，地基基础承载力要求等，都直接影响结构安全，降低要求就将降低工程质量，而提高要求必然增加工程造价。

检验批主控项目主要包括：

A. 重要原材料、构配件、成品、半成品、设备性能及附件的材质、技术指标要合

格。检查出厂合格证明及进场复验检测报告，确认其技术数据、检测项目参数符合有关技术标准的规定。如检查进场钢筋出厂合格证、进场复验检测报告，确认其产地、批量、型号、规格，确认其屈服强度、极限抗拉强度、伸长率符合要求。

B. 结构的强度、刚度和稳定性等检测数据、工作性能的检测数据及项目要求符合设计要求和本验收规范的规定。如混凝土、砂浆的强度，钢结构的焊缝强度，管道的压力试验，风管的系统测定与调整，电气的绝缘、接地测试，电梯的安全保护，试运行结果记录。检查测试记录或报告，其数据及项目要符合设计要求和本验收规范规定。

C. 所有主控项目不允许有不符合要求的检验结果存在。对一些有龄期要求的检测项目，在其龄期不到不能提供数据时，可将其他评价项目先评价，并根据施工现场的质量保证和控制情况，暂时验收该项目，待检测数据出来后再填入数据。如果数据达不到规定数值，以及对一些材料、构配件质量及工程性能的测试数据有疑问时，应进行复试、鉴定及现场检验。

② 一般项目

一般项目是指主控项目以外的检验项目，其要求也是应该达到的，只不过对少数条文可以适当放宽一些，也不影响工程安全和使用功能的。这些条文虽不像主控项目那样重要，但对工程安全、使用功能、美观等都有一定的影响。这些项目在验收时，绝大多数抽查点、位、处，其质量指标都必须达到要求，其余 20% 虽可以超过一定指标，也是有限的，通常不得超过规范规定值的 150%。这样和验评标准比较，控制就严格多了。

一般项目包括的内容主要有：

A. 允许有一定偏差的项目，即用数值规定的标准，可以有个别偏差范围。要求80% 以上的这种检查点、位、处的测试结果与设计要求之间的偏差在规范规定的允许偏差范围内，允许有 20% 以下的检查点的偏差值超出规范允许偏差值，一般要求不得超出允许偏差值的 150%。

B. 对不能确定偏差值而又允许出现一定缺陷的项目，则以缺陷的数量来区分。如砖砌体预埋拉接筋，其留置间距偏差、钢筋混凝土钢筋的露筋长度等，饰面砖空鼓的限制等。

C. 一些无法定量而只能通过采用定性的项目，如碎拼大理石地面颜色协调，无明显裂缝和坑洼；油漆工程中中级油漆的光亮和光滑要求；卫生洁具给水配件安装项目，接口严密；门窗启闭灵活等。

2）具有完整的施工操作依据和质量检查记录

对检验批的质量保证资料的检查，主要是检查从原材料进场到检验批验收的各个施工工序的操作依据、质量检查情况及质量控制的各项管理制度。由于质量保证资料是工程质量的记录，所以对资料完整性的检查，实际是对施工过程质量控制的再确认，是检验批合格的先决条件。

（2）分项工程质量的验收

分项工程质量合格应符合下列规定：

◆ 分项工程所含的检验批均应符合合格质量的规定；

◆ 分项工程所含的检验批的质量验收记录应完整。

检验批和分项工程之间没有本质区别，其性质相同或相近，差别在于批量的大小而已。因此，将有关的检验批汇集构成分项工程。对分项工程的验收是在检验批验收的基础上进行的，是一个统计过程，没有直接的验收内容，主要是对构成分项工程的检验批的验收资料的完整性的核查，所以在验收分项工程时应注意：

◆ 核对检验批的部位、区段是否全部覆盖分项工程的范围，有无漏、缺、差的部位；

◆ 应对检验批中没有提出结果的项目进行检查验收；

◆ 在检验批验收时不能进行，延续到分项工程验收的项目，如全高垂直度、轴线位移等；

◆ 检验批验收记录的内容及签字人是否齐全、正确。

（3）分部（子分部）工程的质量验收

若干个分项工程组成分部（子分部）工程，分部、子分部工程验收的内容、程序都是一样的，在一个分部工程中只有一个子分部工程时，子分部工程就是分部工程。当分部工程中不只一个子分部工程时，可以按子分部分别进行质量验收，然后应将各子分部工程的质量控制资料进行核查；对地基基础、主体结构和设备安装等分部工程中的子分部工程，由于其事关安全和使用功能，故必须对有关安全和功能的检验和抽样检测结果进行资料核查，观感质量进行综合评价。

分部（子分部）工程的质量验收合格应符合下列规定：

1）分部（子分部）工程所含分项工程的质量均应验收合格。

对分部（子分部）工程所含的分项工程的质量均应验收合格，这项工作实际上也是一个统计工作，在做这项工作时应注意：

①检查每个分项工程验收程序是否正确。

②检查核对分部（子分部）工程所包含的分项工程，是否全面覆盖了分部（子分部）工程的全部内容，有没有遗漏的部分、残缺不全的部分、未被验收的部分存在。

③检查每个分项工程资料是否完整，每份验收资料的格式、内容、签字是否符合要求，规范要求的检查内容是否全数检查，表格内该有的验收意见是否完整。

2）质量控制资料应完整。

对质量控制资料应完整的核查，实际也是一项统计、归纳和核查工作，重点应对三个方面的资料进行核查。

①检查和核对各检验批的验收记录资料是否完整。

②在检验批验收时，其对应具备的资料应准确完整才能验收。

在分部（子分部）工程验收时，主要是检查和归纳各检验批的施工操作依据、质量检查记录，查对其是否配套完整，包括有关施工工艺（企业标准）、原材料、构配件出厂合格证及按规定进行的进场复验检验报告的完整程度。一个分部（子分部）工程是否具有数量和内容完整的质量控制资料，是验收规范指标能否通过验收的关键。

③核对各种资料的内容、数据及验收人员的签字是否规范等。

3）地基与基础、主体结构和设备安装等分部工程有关安全及功能的检验和抽样检测结果应符合有关规定。

对地基与基础、主体结构和设备安装等分部工程有关安全及功能的检验和抽样检测结果应符合有关规定的核查，主要是检查安全及功能两方面的检测资料。要求抽测的与安全和使用功能有关的检测项目在各专业规范中已做出明确规定。在验收时应做好三个方面的工作：

①检查各规范中规定的检测项目是否都进行了检测。

②如果规范规定的检测项目都进行了检测，进一步检查各项检测报告的格式、内容、程序、方法、参数、数据、结果是否符合相关标准要求。

③检测资料的检测程序是否符合要求，要求实行见证取样送检的项目是否按规定取样送检，检测人员、校核人员、审核人员是否签字，检测报告用章是否规范。

4）观感质量验收应符合要求。

分部（子分部）工程观感质量的检查，是由参加分部（子分部）工程施工质量验收的验收人员共同对验收对象工程实体的观感质量做出好、一般、差的评价，在检查评价时应注意以下几点：

①对分部（子分部）工程观感质量的评价是新增内容，其目的有三个：一个是现在的工程量越来越大，越来越复杂，到单位工程全部完工后再来检查，有些项目就看不见了，或者造成看了该返修的不能返修，成为既成事实。二是竣工后一并检查，由于工程涉及的专业多，而检查人员又不能太多，专业不全，不能将专业工程中的问题看出来。三是有些项目完成以后，其工种人员就撤出去了，即使检查出问题来，组织返修花费的人力、物力都比较多。四是专业承包公司合法承包的工程，完工后也应该有一个评价，便于对分包企业的施工质量的管理，便于责任划分。

②对分部工程进行验收检查时，一定要在施工现场对验收的分部工程各个部位全都看到，能操作的应操作，观察其方便性、灵活性或有效性等；能打开看的应打开观看，不能只看外观，应全面了解分部（子分部）的实物质量。

③新验收规范只将观感质量作为辅助项目，只列出评价项目内容，未给出具体的评价标准。观感质量项目基本上是各检验批的一般性验收项目，参加分部工程验收的人员宏观掌握，只要不是明显达不到，就可以评为一般；如果某些部位质量较好，细部处理到位，就可评好；如果有的部位达不到要求，或有明显缺陷，但不影响安全或使用功能，则评为差；如果有影响安全和使用功能的项目，则必须修理后再评价。

分部工程观感质量评价仍坚持施工企业自行检查合格后，由监理单位来验收。参加评价的人员应具备相应资格，由总监理工程师组织，不少于三位监理工程师参加检查，在听取其他参加人员的意见后，共同做出评价，但总监理工程师的意见应为主导意见。在做评价时，可分项目评价，也可分大的方面综合评价，最后对分部做出评价。

（4）单位工程施工质量的验收

单位工程施工质量验收是《建筑工程施工质量验收统一标准》中主要内容之一。在各专业验收规范中没有单位工程验收的有关内容。单位工程施工质量的验收是单位工程竣工验收，是建筑工程投入使用前的最后一次验收，是工程质量验收的最后一道关口，是工程质量的一次总体综合评价，所以规范将其列为强制性条文，列为工程质量管理的一道重要环节。

对单位工程质量的验收，总体上讲还是一个统计性的审核和综合性的评价。单位工程质量验收合格的条件，按照统一标准的要求为：

1）单位（子单位）工程所含分部（子分部）工程的质量均应验收合格

一个单位工程质量要合格，它所包含的分部（子分部）工程的质量均应验收合格，这是基本条件，体现了单位工程质量逐步从检验批、分项到分部（子分部）、到单位（子单位）工程的验收，体现了建筑工程施工质量过程控制的原则，突出了工程质量的特点。

总承包单位应在单位工程验收前进行认真准备，将所有分部、子分部工程质量验收记录表，及时进行收集整理，并列出目次表，按照要求进行组卷，依序装订成册。在检查及整理过程中，应注意以下三点：

①检查各分部工程所含的子分部工程是否齐全。

②检查核对各分部、子分部工程质量验收记录表的质量评价是否完善，有分部、子分部工程质量的综合评价，有质量控制资料的评价，有地基与基础、主体结构和设备安装分部、子分部工程规定的有关安全及功能的检测和抽测项目的检测记录，以及分部、子分部观感质量的评价等。

③检查分部、子分部工程质量验收记录表的验收人员是否是规定的有相应资质的技术人员，并进行了评价和签认。

2）质量控制资料应完整

总承包单位应将各分部、子分部工程应有的质量控制资料进行核查，图纸会审及变更记录，定位测量放线记录，施工操作依据，原材料、构配件等质量证书，按规定进行检验的检测报告，隐蔽工程验收记录，施工中有关试验、测试、检验以及抽样检测项目的检测报告等，由总监理工程师进行核查确认，可按单位工程所含的分部、子分部分别核查、也可综合检查。目的是强调建筑结构、设备性能、使用功能方面主要技术性能的检验。每个检验批规定了"主控项目"，并给出了主要技术性能要求，但检查单位工程的质量控制资料，对主要技术性能进行系统的核查。对一个单位工程来讲，主要是判定保证结构安全和主要使用功能的质量保证资料是否都达到了设计要求，对于其完整程度，通常可以按照以下三个层次进行判定：第一层次是该有的项目都有了；其次为每个项目下的资料都有了；第三个层次为每个资料该有的数据都具备了。

3）单位（子单位）工程所含的分部工程有关安全和功能的检测资料应完整

单位（子单位）工程所含的分部工程有关安全和功能的检测资料共有6大项26个测试项目，其检查的目的是确保工程安全和使用功能。在分部（子分部）工程中提出了一些检测项目，在分部（子分部）工程检查验收时，应进行检测来保证和验证工程的综合质量和最终质量。这种检测应由施工单位来检测，检测过程中可请监理工程师或建设单位有关负责人参加监督检测工作，达到要求后，形成检测记录并签字认可。单位（子单位）工程所含的分部工程有关安全和功能的检测资料完整程度的判定，通常也是按照工程该有的项目、资料和数据三个层次进行检查。

4）主要功能项目的抽检结果应符合相关质量验收规范的规定

主要功能抽检是规范修订的新增内容，目的是综合检验工程质量是否保证工程的功能，满足使用要求。这项抽检多数还是复查性的和验证性的。可以说，使用功能的检查是对建筑工程和设备安装工程最终质量的综合检验，是用户最为关心的内容。

主要功能检测项目已在各分部（子分部）工程中列出，有的是在分部（子分部）完成后检测，有的还要待相关分部（子分部）工程完成后试验检测，有的则需要等单位工程全部完成后进行检测。这些检测项目应在单位工程完工、施工单位向建设单位提交工程验收报告之前全部进行完毕，并将检测报告写好。至于在竣工验收时抽检什么项目，则由验收小组确定。

5）观感质量验收应符合要求

观感质量评价是工程的一项重要评价工作，是全面评价一个分部（子分部）、单位工程的外观及使用功能质量，促进施工过程的管理、成品保护、提高社会效益和环境效益的手段。观感质量检查绝不是单纯的外观检查，而是实地对工程的一个全面检查，核实质量控制资料，核查分项、分部工程验收的正确性，以及对在分项工程中不能检查的项目进行检查等。

系统地对单位工程进行检查，可全面衡量单位工程质量的实际情况，突出对工程整体检验和对用户着想的观点。分项、分部工程的验收，对其本身来讲是产品检验，但对单位工程交付使用来讲，又是施工过程中的质量控制。只有单位工程的验收，才是最终建筑产品的验收。所以在标准中，既加强了对施工过程的质量控制，又严格了对单位工程的最终评价，使建筑工程质量得到了有效保证。

总之，各相关专业质量验收规范是用于对检验批、分项、分部（子分部）工程检验的，"统一标准"用于对单位工程质量验收，是一个统计性的审核和综合性的评价。

1.2.2　建筑工程施工质量验收规则

1. 验收规则涉及的基本术语

现行"统一标准"中给出了 17 个术语，除该标准使用外，还可作为建筑工程各专业施工质量验收规范引用的依据。

（1）建筑工程（building engineering）

为新建、改建或扩建房屋构筑物和附属构筑物设施所进行的规划、勘察、设计和施工、竣工等各项技术工作和完成的工程实体。

（2）建筑工程质量（quality of building engineering）

反映建筑工程满足相关标准规定或合同约定的要求，包括其在安全、使用功能及其在耐久性能、环境保护等方面所有明显和隐含的特征总和。

（3）验收（acceptance）

建筑工程在施工单位自行质量检查评定的基础上，参与建设活动的有关单位共同对检验批、分项、分部、单位工程的质量进行抽样复验，根据相关标准以书面形式对工程质量达到合格与否做出确认。

在施工过程中，由完成者根据规定的标准对完成的工作结果是否达到合格而自行进行质量检查所形成的结论称为"评定"。其他有关各方对质量的共同确认称为"验收"。评定是验收的基础，施工单位不能自行验收，验收结论应由有关各方共同确认，监理不能代替施工单位进行检查，而只能通过旁站观察、抽样检查与复测等形式对施工单位的评定结论加以复核，并签字确认，从而完成验收。

（4）进场验收（site acceptance）

对进入施工现场的材料、构配件、设备等按相关标准规定要求进行检验，对产品达到合格与否做出确认。

（5）检验批（inspection lot）

按同一的生产条件或按规定的方式汇总起来供检验用的，由一定数量样本组成的检验体。检验批是施工质量控制的最小单位，是分项工程乃至整个建筑工程质量验收的基础。

（6）检验（inspection）

对检验项目中的性能进行量测、检查、试验等，并将结果与标准规定要求进行比较，以确定每项性能是否合格。

（7）见证取样检测（evidential testing）

在监理单位或建设单位监督下，由施工单位有关人员现场取样，并送至具备相应资质的检测单位所进行的检测。

（8）交接检验（handing over inspection）

由施工的承接方与完成方经双方检查并对可否继续施工做出确认的活动。

（9）主控项目（dominant item）

建筑工程中的对安全、卫生、环境保护和公众利益起决定性作用的检验项目。

（10）一般项目（general item）

除主控项目以外的检验项目。

（11）抽样检验（sampling inspection）

按照规定的抽样方案，随机地从进场的材料、构配件、设备或建筑工程检验项目中，按检验批抽取一定数量的样本所进行的检验。

（12）抽样方案（sampling scheme）

根据检验项目的特征所确定的抽样数量和方法。

（13）计数检验（counting inspection）

在抽样的样本中，记录每一个体有某种属性或计算每一个体中的缺陷数目的检查方法。

（14）计量检验（quantitative inspection）

在抽样检验的样本中，对每一个体测量其某个定量特征的检查方法。

（15）观感质量（quality of appearance）

通过观察和必要的量测所反映的工程外在质量。

（16）返修（repair）

对工程不符合标准规定的部位采取整修等措施。

(17) 返工 (rework)

对不合格的工程部位采取的重新制作、重新施工等措施。

2. 建筑工程施工质量验收的基本规定

"统一标准"在第三章给出的"基本规定",是新验收规范体系中的核心部分,是建筑工程施工质量验收的最基本规则,是整个标准全过程验收的指导思想。

"统一标准"第 3.0.1 条规定:施工现场质量管理应有相应的施工技术标准,健全的质量管理体系、施工质量检验制度和综合施工质量水平评定考核制度。

施工现场管理可按本标准附录 A 的要求进行检查记录。

本条规定了建筑工程施工单位应建立必要的质量责任制度,对建筑工程施工的质量管理体系提出了较全面的要求,建筑工程的质量控制应为全过程控制。可以从以下几个方面进行要求:

①要有相应的施工技术标准,即操作依据,比如企业标准、工法、操作规程、施工工艺等,是保证国家标准得以实现的基础,所以企业的标准应该高于行业和国家标准。

建筑工程质量是指建筑工程满足相关标准规定或合同约定的要求,包括其在安全、使用功能及其在耐久性能、环境保护等方面所有明显和隐含的或必须履行需要和期望的综合。它直接关系到人民生命财产安全,是全社会关注的焦点和重点之一,制定关于工程质量验收的技术标准,将其确立的关于工程质量合格的质量作为工程质量的统一的最低要求,是政府行使对工程质量管理的最主要和最直接的手段,也是施工企业进行质量控制的最低要求。

②要有健全的质量管理体系,按照质量管理规范的要求建立必要的机构、制度,并赋予其相应的权力和职责,为了可以具有操作性,起码应该满足"统一标准"附录 A 表的要求(表格样式和填写要求见第 2 章表 2-1)。

③要有健全的施工质量检验制度,包括了材料、设备的进场验收检验、施工过程的试验、检验,竣工后的抽检检查,要有具体的规定、明确检验项目和制度等。

④要有综合施工质量水平评定考核制度,将其资质、人员素质、工程实体质量及前三项的要求形成综合效果和成效,包括工程质量的总体评价、企业的质量效益等。

通过施工单位推行生产控制和合格控制的全过程控制,建立和健全生产控制和合格控制的质量管理体系。不仅包括原材料控制、工艺流程控制、施工操作控制、每道工序质量检查、各道相关工序间的交接检验以及专业工种之间等中间交接环节的质量管理和控制要求,还应包括满足施工图设计和功能要求的抽样检验制度等。施工单位还应通过内部的审核和管理者的评审,找出质量管理体系中存在的问题和薄弱环节,并制订改进的措施和跟踪检查落实等措施,使单位的质量管理体系不断健全和完善,是施工单位不断提高建筑工程施工质量的保证。

施工单位还应重视综合质量控制水平,应从施工技术、管理制度、工程质量控制和工程质量等方面对施工企业综合质量控制水平的指标,以达到提高整体素质和经济效益。

"统一标准"第 3.0.2 条规定:建筑工程应按下列规定进行施工质量控制:

①建筑工程采用的主要材料、半成品、成品、建筑构配件、器具和设备应进行现场验收。凡涉及安全、功能的有关产品，应按照各专业工程质量验收规范规定进行复验，并经监理工程师（建设单位技术负责人）检查认可。

②各工序应按施工技术标准进行质量控制，每道工序完成后，应进行检查。

③相关各专业工种之间，应进行交接检验，并形成记录。未经监理工程师（建设单位技术负责人）检查认可，不得进入下道工序施工。

本条比较具体地规定了建筑工程施工质量控制的主要方面。加强工序质量的控制是落实过程控制的基础，工程质量的过程控制是有形的，要落实到有可操作的工序中去。

（1）进场材料构配件的质量控制

◆ 凡运到施工现场的原材料、半成品或构配件，进场前应向项目监理机构提交《工程材料／构配件／设备报审表》（表 1-1），同时附有产品出厂合格证及技术说明书，由施工承包单位按规定要求进行检验的检验或试验报告，经监理工程师审查并确认其质量合格后，方准进场。凡是没有产品出厂合格证明及检验不合格者，不得进场。如果监理工程师认为承包单位提交的有关产品合格证明的文件以及施工承包单位提交的检验和试验报告，仍不足以说明到场产品的质量符合要求时，监理工程师可以再行组织复检或见证取样试验，确认其质量合格后方允许进场。凡是涉及安全、功能的有关产品，比如钢筋、水泥等材料，都应该按照要求进行复检。

工程材料／构配件／设备报审表   表 1-1

工程名称：＿＿＿＿＿＿＿＿＿＿＿＿＿＿＿   编号：＿＿＿＿＿＿

致：＿＿＿＿＿＿＿＿＿＿＿＿＿＿＿＿＿＿＿＿＿＿＿＿＿＿＿（监理单位）

我方于＿＿＿＿＿年＿＿＿月＿＿＿日进场的工程材料／构配件／设备数量如下（见附件）。现将质量证明文件及自检结果报上，拟用于下述部位：

＿＿

＿＿

请予以审核。

附件：1. 数量清单
　　　2. 质量证明文件
　　　3. 检测报告

承包单位项目部（公章）＿＿＿＿＿　项目负责人（签字）：＿＿＿＿＿　日期：＿＿＿年＿＿＿月＿＿＿日

审查意见：

经检查上述工程材料／构配件／设备，符合／不符合设计文件和规范的要求，准许／不准许进场，同意／不同意使用于拟定部位。

项目监理机构（公章）：＿＿＿＿＿　专业监理工程师（签字）：＿＿＿＿＿　日期：＿＿＿年＿＿＿月＿＿＿日

注：本表由承包单位填写，一式三份，审核后建设、监理、承包单位各留一份。

◆ 进口材料的检查、验收，应会同国家商检部门进行。如在检验中发现质量问题或数量不符合规定要求时，应取得供货方及商检人员签署的商务记录，在规定的索赔期内进行索赔。

◆ 凡是采用新工艺、新技术、新材料的工程，事先应进行试验，并应有权威性技术部门的技术鉴定书及有关的质量数据、指标，在此基础上制定有关的质量标准和施工工艺规程，以此作为判断与控制质量的依据。

（2）加强工序质量的控制

对工序质量的控制，主要是设置质量控制点。所谓的质量控制点，是为了保证工序质量而确定的控制对象、关键部位或薄弱环节。设置质量控制点是保证达到工序质量要求的必要前提。

选择作为质量控制点的对象可以是：施工过程中的关键工序或环节以及隐蔽工程；施工中的薄弱环节，或质量不稳定的工序、部位或对象；对后续工程施工或后续工序质量、安全有重大影响的工序、部位或对象；采用新技术、新工艺、新材料的部位或环节；施工上无足够把握的、施工条件困难的或技术难度大的工序或环节。

重要程度及监督控制要求不同的质量控制点，按照检查监督的力度不同我们可以分为见证点和停止点。

◆ 见证点也称 W 点。凡是被列为见证点的质量控制对象，在规定的关键工序（控制点）施工前，施工单位应提前通知监理人员在约定的时间内到现场进行见证和对其施工实施监督。如果监理人员未能在约定时间内到现场见证和监督，则施工单位有权进行该点的相应工序操作和施工。

◆ 停止点也成为待检点或 H 点，它是重要性高于见证点的质量控制点。它通常是针对特殊工程或特殊工序而言。所谓特殊工程通常是指施工过程或工序施工质量不易或不能通过其后的检验和试验而充分得到验证。因此对于特殊的工序或施工过程，或者是某些万一发生质量事故则难以挽救的施工对象，就应设置停止点。

凡列为停止点的控制对象，要求必须在规定的控制点到来之前通知监理方派人员对控制点实施监控，如果监理方未在约定时间到现场监督检查，施工单位应停止进入该停止点相应的工序，并按照合同规定在约定的时间等待监理方，未经认可不能越过该点继续活动。

（3）相关各专业工种之间，应进行交接检验

某个专业工种或施工工序完成后，为了给下道工序提供良好的工作条件，可以使质量得到控制，也分清了质量责任，促进后道工序对前道工序质量进行保护。应当形成书面记录，并经监理工程师签字认可，可以有效地防止发生不必要的纠纷。

"统一标准"第 3.0.3 条是强制性条款：建筑工程施工质量应按下列要求进行验收：

1）建筑工程施工质量应符合本标准和相关专业验收规范的规定

"统一标准"和相关专业验收规范是一个统一的整体，验收时必须配套使用。一般来说按照"统一标准"对单位（子单位）工程进行验收；检验批、分项工程、分部工程（子分部工程）的质量验收由相关质量验收规范完成。由"统一标准"构筑的验收规范

体系是一个整体。

本规范体系只是建筑工程质量验收的标准，它确立了关于合格工程质量的指标，这个指标是基本的，也是最低的。由于达到合格质量指标的方法是多种多样的，因此本规范体系不规定完成任务的具体施工方法，而将这些施工方法交由施工企业自行制定，针对性、指导性更强，更有利于施工企业主观能动性的发挥，鼓励先进施工工艺的应用，激发企业提高施工工艺水平的积极性。

2）建筑工程施工应符合工程勘察、设计文件的要求

工程施工必须满足设计要求，体现设计意图，同时还要满足工程勘察的要求，地基基础等分部工程的施工，必须以工程勘察的结果作为依据。如果在工程施工过程中实际情况和勘察、设计不符时，施工单位有义务也有责任提出意见或建议。

具体措施是：施工企业坚持按图施工的原则；施工图的修改由原设计单位按规定的设计程序进行修改；施工单位在制定施工组织设计时，必须首先阅读工程勘察报告，根据其对施工现场的地质评价建议，进行施工现场的总平面设计，制定地基开挖措施等有关技术措施，以保证工程的顺利进行。

3）参加工程施工质量验收的各方人员应具备规定的资格

参加不同层次验收的各方的人员，都要有相应的资格，具备一定的资质，这主要是为了保证验收结论的正确，从而保证整个验收过程的质量。

验收规范的落实必须由掌握验收规范的人执行，只有具备一定的工程技术理论和工程实践经验的专业人员，才能保证验收规范的正确执行。

需要特别强调的是，施工企业的质量检查员是掌握企业标准和国家标准的具体人员，是施工企业的质量把关人员，要有相应的专业知识和质量管理权利，从业人员必须持证上岗，工程质量监督部门应按规定进行检查。

4）工程质量的验收均应在施工单位自行检查评定的基础上进行

施工单位是生产者的角色，检查验收只是一个手段，好的质量是"脚踏实地"地做出来的，要报给相关单位进行检查验收前，施工单位必须保证生产过程的质量，这是验收的前提，也是分清验收和生产两个阶段责任的关键。

施工单位制定的施工工艺标准体系应不低于国家验收规范质量指标要求。施工企业对检验批、分项、分部、单位工程按操作依据的标准和设计文件自检合格后，再交由监理工程师、总监理工程师进行验收。

5）隐蔽工程在隐蔽前由施工单位通知有关单位进行验收，并形成验收文件

隐蔽工程是指将被其后工程施工所隐蔽的分项、分部工程，在隐蔽前所进行的检查验收。它是对一些已完分项、分部工程质量的最后一道检查，由于检查对象就要被其他工程覆盖，给以后的检查整改造成障碍，所以它是质量控制的一个关键过程。请相关单位有关人员共同组织验收，共同作为见证和确认，形成书面验收文件，供后续工程验收时备查。归纳起来，隐蔽工程的验收应坚持"企业自查、共同验收、形成文件、签字确认、存档备查"的制度。

6）涉及结构安全的试块、试件以及有关材料，应按规定进行见证取样检测

根据建设部《房屋建筑工程和市政基础设施工程实施见证取样和送检的规定》（建[2000]211 号）文件的规定：

①涉及结构安全的试块、试件和材料见证取样和送检的比例不得低于有关技术标准中规定应取样数量的 30%。

②下列试块、试件和材料必须实施见证取样和送检。

A. 用于承重结构的混凝土试块；

B. 用于承重墙体的砌筑砂浆试块；

C. 用于承重结构的钢筋及连接接头试件；

D. 用于承重墙的砖和混凝土小型砌块；

E. 用于拌制混凝土和砌筑砂浆的水泥；

F. 用于承重结构的混凝土中使用的掺加剂；

G. 地下、屋面、厕浴间使用的防水材料；

H. 国家规定必须实行见证取样和送检的其他试块、试件和材料。

③见证人员应由建设单位或该工程的监理单位具备建筑施工试验知识的专业技术人员担任，并应由建设单位或该工程的监理单位书面通知施工单位、检测单位和负责该项工程的质量监督机构。

④在施工过程中，见证人员应按照见证取样和送检计划，对施工现场的取样和送检进行见证，取样人员应在试样或其包装上作出标识、封志。标识和封志应标明工程名称、取样部位、取样日期、样品名称和样品数量，并由见证人员和取样人员签字。见证人员应制作见证记录，并将见证记录归入施工技术档案。见证人员和取样人员应对试样的代表性和真实性负责。

A. 见证取样的试块、试件和材料送检时，应由送检单位填写委托单，委托单应有见证人员和送检人员签字。检测单位应检查委托单及试样上的标识和封志，确认无误后方可进行检测。

B. 检测单位应严格按照有关管理规定和技术标准进行检测，出具公正、真实、准确的检测报告。见证取样和送检的检测报告必须加盖见证取样检测的专用章。

⑤检验批的质量应按主控项目和一般项目验收。

检验批的合格与否取决于组成检验批的主控项目和一般项目的合格与否，这里进一步明确了具体的质量要求。

⑥对涉及结构安全和使用功能的重要分部工程应进行抽样检测。

随着无损或微破损检测技术的发展和在工程中的应用，使对重要的分部分项工程进行原位的抽样检测成为可能，但该检测不能替代过程中的试验保证，是对传统检测保证体系的补充和验证。比如钢筋混凝土结构工程中的混凝土回弹检测和钢筋扫描检测。

⑦承担见证取样检测及有关结构安全检测的单位应具有相应资质。

我国建设行政主管部门先后颁布了多项建设工程质量管理制度，主要有：施工图设计文件审查制度、工程质量监督制度、工程质量检测制度、工程质量保修制度等。

工程质量检测工作是对工程质量进行监督管理的重要手段。工程质量检测机构是对建设工程、建设构件、制品及现场所用的有关建筑材料、设备质量进行检测的法定单位。在建设行政主管部门领导和标准化管理部门指导下开展检测工作，具有相应的检测资质，其出具的检测报告具有法定效力。法定的国家级检测机构出具的检测报告，在国内为最终裁定，在国外具有代表国家的性质。

⑧工程的观感质量应由验收人员通过现场检查，并应共同确认。

观感质量验收，这类检查往往难以定量，只能通过参加验收的相关人员以观察、触摸或简单量测的方式进行，并受个人主观印象的影响，所以检查结果并不给出"合格"或"不合格"的结论，而是综合给出质量评价。评价的结论为"好"、"一般"和"差"三种。对于"差"的项目，能修的则修，不能修的则协商解决。但是所谓的"差"不包括有明显影响结构安全或使用功能的分部工程、单位工程。

7）检验批的质量检验方案

"统一标准"第3.0.4条规定：检验批的质量检验，应根据检验项目的特点在下列抽样方案中进行选择：

①计量、计数或计量—计数等抽样方案。

②一次、二次或多次抽样方案。

③根据生产连续性和生产控制稳定性情况，尚可采用调整型抽样方案。

④对重要的检验项目当可采用简易快速的检验方法时，可选用全数检验方案。

⑤经实践检验有效的抽样方案。

"统一标准"第3.0.5条规定：在制定检验批的抽样方案时，生产方风险（或错判概率 α）和使用方风险（或漏判概率 β）可按下列规定采取。

主控项目：对应于合格质量水平的 α 和 β 均不宜超过5%。

一般项目：对应于合格质量水平的 α 不宜超过5%，β 不宜超过10%。

抽样检查是工程质量检验的主要方法，在工程实践中，要使所有检验批100%合格是不合理也不可能的。上面两条规定了抽样的方法和风险概率的参考控制数据。

（4）建筑工程质量验收项目的划分

建筑工程一般生产周期长，影响因素多，比如：决策、设计、材料、机具设备、施工方法、施工工艺、技术措施、人员素质、工期、工程造价等因素均可能直接或间接地影响工程项目的质量。为了使过程控制的管理理念落到实处，有必要将工程项目进行细化，划分为分项、分部、单位工程进行控制。

1）分项工程和分项工程检验批的划分

"统一标准"第4.0.4条规定：分项工程应按主要工种、材料、施工工艺，设备类别等进行划分。

按工种分类，比如钢筋工的钢筋分项工程、混凝土工的混凝土分项工程等；按所用的材料，比如砖砌体分项，混凝土小型空心砌块砌体分项等；按施工工艺，比如网架制作、网架安装等。

但是对一个比较复杂的建筑物，每层都有钢筋的制作安装，要等到所有钢筋工程全部做完是不可能的；另外为了组织流水施工，我们可以将一个工程量较大的项目分成若干的施工段进行控制，这时也需要将一个分项工程分成若干更好验收控制的检验批。

"统一标准"第 4.0.5 条规定：分项工程可由一个或若干检验批组成，检验批可根据施工及质量控制和专业验收需要按楼层、施工段、变形缝等进行划分。

检验批是工程施工过程中质量控制的最小单元，而分项工程是工程管理和质量管理的最小单元。把分项工程划分成检验批进行验收有助于及时纠正施工中出现的质量问题，确保工程质量，也符合施工实际需要。检验批的划分一般可以按照以下原则进行：

①多层及高层建筑工程中主体分部的分项工程可按楼层或施工段划分检验批，单层建筑工程中的分项工程可按变形缝等划分检验批。

②地基基础分部工程中的分项工程一般划分为一个检验批，有地下层的基础工程可按不同地下层划分检验批。

③屋面分部工程中的分项工程，不同楼层屋面可划分为不同的检验批。

④其他分部工程中的分项工程，一般按楼层划分检验批。

⑤对于工程量较少的分项工程可统一划分为一个检验批。

⑥安装工程一般按一个设计系统或设备组别划分为一个检验批。

⑦室外工程统一划分为一个检验批。散水、台阶、明沟等含在地面检验批中。

地基基础中的土石方、基坑支护子分部工程及混凝土工程中的模板，虽不构成建筑工程实体，但它是建筑工程施工中不可缺少的重要环节和必要条件，其施工质量如何，不仅关系到能否施工和施工安全，也关系到建筑工程的质量，因此也将其列为施工验收分项工程的内容。

2）分部工程的划分

"统一标准"第 4.0.3 条规定：分部工程的划分应按下列原则确定：

①分部工程的划分应按专业性质、建筑部位确定。

②当分部工程较大或较复杂时，可按材料种类、施工特点、施工程序、专业系统及类别等划分为若干子分部工程。

建筑工程是由土建工程和建筑设备安装工程共同组成的。建筑工程可以分为地基与基础、主体结构、建筑装饰装修、建筑屋面、建筑给水排水及采暖、建筑电气、智能建筑、通风与空调、电梯、建筑节能等十个分部工程。

随着建筑技术的发展，出现了很多大体量、建筑功能复杂的建筑物，为了顺应此趋势，可以将一些较为复杂或较大的分部工程划分为若干子分部工程，例如职能建筑分部工程中就包含了火灾及报警消防联动系统、安全防范系统、综合布线系统、智能化集成系统、电源与接地、环境、住宅（小区）智能化系统等子分部工程。

建筑工程的分部（子分部）、分项工程可按表 1-2 采用。

建筑工程的分部工程、分项工程划分　　　　　　　　　　　　　表 1-2

序号	分部工程	子分部工程	分项工程
1	地基与基础	土方	土方开挖，土方回填，场地平整
		基坑支护	灌注桩排桩围护墙，重力式挡土墙，板桩围护墙，型钢水泥土搅拌墙，土钉墙与复合土钉墙，地下连续墙，咬合桩围护墙，沉井与沉箱，钢或混凝土支撑，锚杆（索），与主体结构相结合的基坑支护，降水与排水
		地基处理	素土、灰土地基，砂和砂石地基，土工合成材料地基，粉煤灰地基，强夯地基，注浆加固地基，预压地基，振冲地基，高压喷射注浆地基，水泥土搅拌桩地基，土和灰土挤密桩地基，水泥粉煤灰碎石桩地基，夯实水泥土桩地基，砂桩地基
		桩基础	先张法预应力管桩，钢筋混凝土预制桩，钢桩，泥浆护壁混凝土灌注桩，长螺旋钻孔压灌桩，沉管灌注桩，干作业成孔灌注桩，锚杆静压桩
		混凝土基础	模板、钢筋、混凝土，预应力，现浇结构，装配式结构
		砌体基础	砖砌体，混凝土小型空心砌块砌体，石砌体，配筋砌体
		钢结构基础	钢结构焊接，紧固件连接，钢结构制作，钢结构安装，防腐涂料涂装
		钢管混凝土结构基础	构件进场验收，构件现场拼装，柱脚锚固，构件安装，柱与混凝土梁连接，钢管内钢筋骨架，钢管内混凝土浇筑
		型钢混凝土基础	型钢焊接，紧固件连接，型钢与钢筋连接，型钢构件组装及预拼装，型钢安装，模板，混凝土
		地下防水	主体结构防水，细部构造防水，特殊施工法结构防水，排水，注浆
2	主体结构	混凝土结构	模板，钢筋，混凝土，预应力，现浇结构，装配式结构
		砌体结构	砖砌体，混凝土小型空心砌块砌体，石砌体，配筋砌体，填充墙砌体
		钢结构	钢结构焊接，紧固件连接，钢零部件加工，钢构件组装及预拼装，单层钢结构安装，多层及高层钢结构安装，钢管结构安装，预应力钢索和膜结构，压型金属板，防腐涂料涂装，防火涂料涂装
		钢管混凝土结构	构件现场拼装，构件安装，柱与混凝土梁连接，钢管内钢筋骨架，钢管内混凝土浇筑
		型钢混凝土结构	型钢焊接，紧固件连接，型钢与钢筋连接，型钢构件组装及预拼装，型钢安装，模板，混凝土
		铝合金结构	铝合金焊接，紧固件连接，铝合金零部件加工，铝合金构件组装，铝合金构件预拼装，铝合金框架结构安装，铝合金空间网格结构安装，铝合金面板，铝合金幕墙结构安装，防腐处理
		木结构	方木和原木结构，胶合木结构，轻型木结构，木结构防护

续表

序号	分部工程	子分部工程	分项工程
3	建筑装饰装修	建筑地面	基层铺设，整体面层铺设，板块面层铺设，木、竹面层铺设
		抹灰	一般抹灰，保温层薄抹灰，装饰抹灰，清水砌体勾缝
		外墙防水	外墙砂浆防水层，涂膜防水，透气膜防水
		门窗	木门窗安装，金属门窗安装，塑料门窗安装，特种门安装，门窗玻璃安装
		吊顶	整体面层吊顶，板块面层吊顶，格栅吊顶
		轻质隔墙	板材隔墙，骨架隔墙，活动隔墙，玻璃隔墙
		饰面板	石材安装，陶瓷板安装，木板安装，金属板安装，塑料板安装
		饰面砖	外墙饰面砖粘贴，内墙饰面砖粘贴
		幕墙	玻璃幕墙安装，金属幕墙安装，石材幕墙安装，陶板幕墙安装
		涂饰	水性涂料涂饰，溶剂型涂料涂饰，美术涂饰
		裱糊与软包	裱糊，软包
		细部	橱柜制作与安装，窗帘盒和窗台板制作与安装，门窗套制作与安装，护栏和扶手制作与安装，花饰制作与安装
4	屋面工程	基层与保护	找平层和找坡层，隔汽层，隔离层，保护层
		保温与隔热	板状材料保温层，纤维材料保温层，喷涂硬泡聚氨酯保温层，现浇泡沫混凝土保温层，种植隔热层，架空隔热层，蓄水隔热层
		防水与密封	卷材防水层，涂膜防水层，复合防水层，接缝密封防水
		瓦面与板面	烧结瓦和混凝土瓦铺装，沥青瓦铺装，金属板铺装，玻璃采光顶铺装
		细部构造	檐口，檐沟和天沟，女儿墙和山墙，水落口，变形缝，伸出屋面管道，屋面出入口，反梁过水孔，设施基座，屋脊，屋顶窗
5	建筑给水排水及供暖	室内给水系统	给水管道及配件安装，给水设备安装，室内消火栓系统安装，消防喷淋系统安装，防腐，绝热，管道冲洗、消毒，试验与调试
		室内排水系统	排水管道及配件安装，雨水管道及配件安装，防腐，试验与调试
		室内热水系统	管道及配件安装，辅助设备安装，防腐，绝热，试验与调试
		卫生器具	卫生器具安装，卫生器具给水配件安装，卫生器具排水管道安装，试验与调试
		室内供暖系统	管道及配件安装，辅助设备安装，散热器安装，低温热水地板辐射供暖系统安装，电加热供暖系统安装，燃气红外辐射供暖系统安装，热风供暖系统安装，热计量及调控装置安装，试验与调试，防腐，绝热
		室外给水管网	给水管道安装，室外消火栓系统安装，试验与调试
		室外排水管网	排水管道安装，排水管沟与井池，试验与调试
		室外供热管网	管道及配件安装，系统水压试验，系统调试、防腐，绝热，试验与调试
		室外二次供热管网	管道及配管安装，土建结构，防腐，绝热，试验与调试

序号	分部工程	子分部工程	分项工程
5	建筑给水排水及供暖	建筑饮用水供应系统	管道及配件安装，水处理设备及控制设施安装，防腐，绝热，试验与调试
		建筑中水系统及雨水利用系统	建筑中水系统、雨水利用系统管道及配件安装，水处理设备及控制设施安装，防腐，绝热，试验与调试
		游泳池及公共浴池水系统	管道及配件系统安装，水处理设备及控制设施安装，防腐，绝热，试验与调试
		水景喷泉系统	管道系统及配件安装，防腐，绝热，试验与调试
		热源及辅助设备	锅炉安装，辅助设备及管道安装，安全附件安装，换热站安装，防腐，绝热，试验与调试
		监测与控制仪表	检测仪器及仪表安装，试验与调试
6	通风与空调	送风系统	风管与配件制作，部件制作，风管系统安装，风机与空气处理设备安装，风管与设备防腐，系统调试，旋流风口、岗位送风口、织物（布）风管安装
		排风系统	风管与配件制作，部件制作，风管系统安装，风机与空气处理设备安装，风管与设备防腐，系统调试，吸风罩及其他空气处理设备安装，厨房、卫生间排风系统安装
		防排烟系统	风管与配件制作，部件制作，风管系统安装，风机与空气处理设备安装，风管与设备防腐，系统调试，排烟风阀（口）、常闭正压风口、防火风管安装
		除尘系统	风管与配件制作，部件制作，风管系统安装，风机与空气处理设备安装，风管与设备防腐，系统调试，除尘器及排污设备安装，吸尘罩安装，高温风管绝热
		舒适性空调系统	风管与配件制作，部件制作，风管系统安装，风机与空气处理设备安装，风管与设备防腐，系统调试，组合式空调机组安装，消声器、静电除尘器、换热器、紫外线灭菌器等设备安装，风机盘管、VAV 与 UFAD 地板送风装置、射流喷口等末端设备安装，风管与设备绝热
		恒温恒湿空调系统	风管与配件制作，部件制作，风管系统安装，风机与空气处理设备安装，风管与设备防腐，系统调试，组合式空调机组安装，电加热器、加湿器等设备安装，精密空调机组安装，风管与设备绝热
		净化空调系统	风管与配件制作，部件制作，风管系统安装，风机与空气处理设备安装，风管与设备防腐，系统调试，净化空调机组安装，消声器、静电除尘器、换热器、紫外线灭菌器等设备安装，中、高效过滤器及风机过滤器单元（FFU）等末端设备清洗与安装，洁净度测试，风管与设备绝热
		地下人防通风系统	风管与配件制作，部件制作，风管系统安装，风机与空气处理设备安装，风管与设备防腐，系统调试，风机与空气处理设备安装，过滤吸收器、防爆波活门、防爆超压排气活门等专用设备
		真空吸尘系统	风管与配件制作，部件制作，风管系统安装，风机与空气处理设备安装，风管与设备防腐，管道安装，快速接口安装，风机与滤尘设备安装，系统压力试验及调试
		冷凝水系统	管道系统及部件安装，水泵及附属设备安装，管道、设备防腐与绝热，管道冲洗与管内防腐，系统灌水渗漏及排放试验

续表

序号	分部工程	子分部工程	分项工程
6	通风与空调	空调（冷、热）水系统	管道系统及部件安装，水泵及附属设备安装，管道、设备防腐与绝热，管道冲洗与管内防腐，系统压力试验及调试，板式热交换器，辐射板及辐射供冷、供冷地埋管，热泵机组设备安装
		冷却水系统	管道系统及部件安装，水泵及附属设备安装，管道、设备防腐与绝热，管道冲洗与管内防腐，系统压力试验及调试，冷却塔与水处理设备安装，防冻伴热设备安装
		土壤源热泵换热系统	管道系统及部件安装，水泵及附属设备安装，管道、设备防腐与绝热，管道冲洗与管内防腐，系统压力试验及调试，埋地换热系统与管网安装
		水源热泵换热系统	管道系统及部件安装，水泵及附属设备安装，管道、设备防腐与绝热，管道冲洗与管内防腐，系统压力试验及调试，地表水源换热管及管网安装，除垢设备安装
		蓄能系统	管道系统及部件安装，水泵及附属设备安装，管道、设备防腐与绝热，管道冲洗与管内防腐，系统压力试验及调试，蓄水罐与蓄冰槽、罐安装
		压缩式制冷（热）设备系统	制冷机组及附属设备安装，管道、设备防腐与绝热，系统压力试验及调试，制冷剂管道及部件安装，制冷剂灌注
		吸收式制冷设备系统	制冷机组及附属设备安装，管道、设备防腐与绝热，试验及调试，系统真空试验，溴化锂溶液加灌，蒸汽管道系统安装，燃气或燃油设备安装
		多联机（热泵）空调系统	室外机组安装，室内机组安装，制冷剂管路连接及控制开关安装，风管安装，冷凝水管道安装，制冷剂灌注，系统压力试验及调试
		太阳能供暖空调系统	太阳能集热器安装，其他辅助能源、换热设备安装，蓄能水箱、管道及配件安装，系统压力试验及调试，防腐，绝热，低温热水地板辐射采暖系统安装
		设备自控系统	温度、压力与流量传感器安装，执行机构安装调试，防排烟系统功能测试，自动控制及系统智能控制软件调试
7	建筑电气	室外电气	变压器、箱式变电所安装，成套配电柜、控制柜（屏、台）和动力、照明配电箱（盘）及控制柜安装，梯架、托盘和槽盒安装，导管敷设，电缆敷设，管内穿线和槽盒内敷线，电缆头制作，导线连接，线路绝缘测试，普通灯具安装，专用灯具安装，建筑照明通电试运行，接地装置安装
		变配电室	变压器、箱式变电所安装，成套配电柜、控制柜（屏、台）和动力、照明配电箱（盘）安装，母线槽安装，梯架、托盘和槽盒安装，电缆敷设，电缆头制作，导线连接，线路电气试验，接地装置安装，接地干线敷设
		供电干线	电气设备试验和试运行，母线槽安装，梯架、托盘和槽盒安装，导管敷设，电缆敷设，管内穿线和槽盒内敷线，电缆头制作，导线连接，线路绝缘测试，接地干线敷设
		电气动力	成套配电柜、控制柜（屏、台）和动力、照明配电箱（盘）安装，电动机、电加热器及电动执行机构检查接线，电气设备试验和试运行，梯架、托盘和槽盒安装，导管敷设，电缆敷设，管内穿线和槽盒内敷线，电缆头制作，导线连接，线路绝缘测试，开关、插座、风扇安装
		电气照明	成套配电柜、控制柜（屏、台）和动力、照明配电箱（盘）安装，梯架、托盘和槽盒安装，导管敷设，管内穿线和槽盒内敷线，塑料护套线直敷布线，钢索配线，电缆头制作，导线连接，线路绝缘测试，普通灯具安装，专用灯具安装，开关、插座、风扇安装，建筑照明通电试运行
		备用和不间断电源	成套配电柜、控制柜（屏、台）和动力、照明配电箱（盘）安装，柴油发电机组安装，不间断电源装置（UPS）及应急电源装置（EPS）安装，母线槽安装，导管敷设，电缆敷设，管内穿线和槽盒内敷线，电缆头制作，导线连接，线路绝缘测试，接地装置安装
		防雷及接地安装	接地装置安装，避雷引下线及接闪器安装，建筑物等电位连接

续表

序号	分部工程	子分部工程	分项工程
8	智能建筑	智能化集成系统	设备安装，软件安装，接口及系统调试，试运行
		信息接入系统	安装场地检查
		用户电话交换系统	线缆敷设，设备安装，软件安装，接口及系统调试，试运行
		信息网络系统	计算机网络设备安装，计算机网络软件安装，网络安全设备安装，网络安全软件安装，系统调试，试运行
		综合布线系统	梯架、托盘、槽盒及导管安装，线缆敷设，机柜、机架、配线架安装，信息插座安装，链路或信道测试，软件安装，系统调试，试运行
		移动通信室内信号覆盖系统	安装场地检查
		卫星通信系统	安装场地检查
		有线电视及卫星电视接收系统	梯架、托盘、槽盒和导管安装，线缆敷设，设备安装，软件安装，系统调试，试运行
		公共广播系统	梯架、托盘、槽盒和导管安装，线缆敷设，设备安装，软件安装，系统调试，试运行
		会议系统	梯架、托盘、槽盒和导管安装，线缆敷设，设备安装，软件安装，系统调试，试运行
		信息导引及发布系统	梯架、托盘、槽盒和导管安装，线缆敷设，显示设备安装，机房设备安装，软件安装，系统调试，试运行
		时钟系统	梯架、托盘、槽盒和导管安装，线缆敷设，设备安装，软件安装，系统调试，试运行
		信息化应用系统	梯架、托盘、槽盒和导管安装，线缆敷设，设备安装，软件安装，系统调试，试运行
		建筑设备监控系统	梯架、托盘、槽盒和导管安装，线缆敷设，传感器安装，执行器安装，控制器、箱安装，中央管理工作站和操作分站设备安装，软件安装，系统调试，试运行
		火灾自动报警系统	梯架、托盘、槽盒和导管安装，线缆敷设，探测器类设备安装，控制器类设备安装，其他设备安装，软件安装，系统调试，试运行
		安全技术防范系统	梯架、托盘、槽盒和导管安装，线缆敷设，设备安装，软件安装，系统调试，试运行
		应急响应系统	设备安装，软件安装，系统调试，试运行
		机房	供配电系统，防雷与接地系统，空气调节系统，给水排水系统，综合布线系统，监控与安全防范系统，消防系统，室内装饰装修，电磁屏蔽，系统调试，试运行
		防雷与接地	接地装置，接地线，等电位联结，屏蔽设施，电涌保护器，线缆敷设，系统调试，试运行

续表

序号	分部工程	子分部工程	分项工程
9	建筑节能	围护系统节能	墙体节能、幕墙节能、门窗节能、屋面节能、地面节能
		供暖空调设备及管网节能	供暖节能、通风与空调设备节能，空调与供暖系统冷热源节能，空调与供暖系统管网节能
		电气动力节能	配电节能、照明节能
		监控系统节能	监测系统节能、控制系统节能
		可再生能源	地源热泵系统节能，太阳能光热系统节能，太阳能光伏节能
10	电梯	电力驱动的曳引式或强制式电梯	设备进场验收，土建交接检验，液压系统，导轨，门系统，轿厢，对重，安全部件，悬挂装置，随行电缆，电气装置，整机安装
		液压电梯安装	设备进场验收，土建交接检验，液压系统，导轨，门系统，轿厢，对重，安全部件，悬挂装置，随行电缆，电气装置，整机安装
		自动扶梯、自动人行道安装	设备进场验收，土建交接检验，整机安装

注：本表摘自《建筑工程施工质量验收统一标准》GB 50300-2013 附录 B。

有必要指出的是，2007 年国家又颁布实施了《建筑节能工程施工质量验收规范》GB 50411-2007，建筑工程由原来的九个分部工程增加为十个分部工程。

建筑节能工程为单位建筑工程的一个分部工程。其分项工程和检验批的划分应符合下列规定：

①建筑节能分项工程应按照表 1-3 划分。

②建筑节能工程应按照分项工程进行验收。当建筑节能分项工程的工程量较大时，可以将分项工程划分为若干个检验批进行验收。

③当建筑节能工程验收无法按照上述要求划分分项工程或检验批时，可由建设、监理、施工等各方协商进行划分。但验收项目、验收内容、验收标准和验收记录均应遵守本规范的规定。

④建筑节能分项工程和检验批的验收应单独填写验收记录，节能验收资料应单独组卷。

建筑节能分项工程划分 表 1-3

序号	分项工程	主要验收内容
1	墙体节能工程	主体结构基层；保温材料；饰面层等
2	幕墙节能工程	主体结构基层；隔热材料；保温材料；隔汽层；幕墙玻璃；单元式幕墙板块；通风换气系统；遮阳设施；冷凝水收集排放系统等
3	门窗节能工程	门；窗；玻璃；遮阳设施等
4	屋面节能工程	基层；保温隔热层；保护层；防水层；面层等
5	地面节能工程	基层；保温层；保护层；面层等
6	采暖节能工程	系统制式；散热器；阀门与仪表；热力入口装置；保温材料；调试等

序号	分项工程	主要验收内容
7	通风与空气调节节能工程	系统制式；通风与空调设备；阀门与仪表；绝热材料；调试等
8	空调与采暖系统冷热源及管网节能工程	系统制式；冷热源设备；辅助设备；管网；阀门与仪表；绝热，保温材料；调试等
9	配电与照明节能工程	低压配电电源；照明光源、灯具；附属装置；控制功能；调试等
10	监测与控制节能工程	冷、热源系统的监测控制系统；空调水系统的监测控制系统；通风与空调系统的监测控制系统；监测与计量装置；供配电的监测控制系统；照明自动控制系统；综合控制系统等

注：本表摘自《建筑节能工程施工质量验收规范》GB 50411-2007 表 3.4.1。

3）单位工程的划分

根据"统一标准"第4.0.2条的规定：单位工程的划分应按下列原则确定：

①具备独立施工条件并能形成独立使用功能的建筑物和构筑物为一个单位工程。

②建筑规模较大的单项工程，可将其能形成独立使用功能的部分分为一个子单位工程。

单位工程是由土建和安装工程共同组成的，比如学校的一栋教学楼或城市中的一座电视塔。对于大型的单体建筑，有时了为尽快获得投资效益，常常想将其中的一部分提前使用，同时也有利于强化验收，保证工程质量。子单位工程的划分，由建设单位、监理单位、施工单位商议确定，并报质量监督机构备案。要求所谓的子单位工程必须具有独立施工条件和具有独立的使用功能。

4）室外工程的划分

根据"统一标准"第4.0.6条的规定：室外工程可以根据专业类别和工程规模划分单位（子单位）工程。

室外单位（子单位）工程、分部工程可按表1-4采用。

室外工程划分   表 1-4

单位工程	子单位工程	分部（子分部）工程
室外设施	道路	路基、基层、面层、广场与停车场、人行道、人行地道、挡土墙、附属构筑物
	边坡	土石方、挡土墙、支护
附属建筑及室外环境	附属建筑	车棚，围墙，大门，挡土墙
	室外环境	建筑小品，亭台，水景，连廊，花坛，场坪绿化，景观桥
室外安装	给水排水	室外给水系统，室外排水系统
	供热	室外供热系统
	供冷	供冷管道安装
	电气	室外供电系统，室外照明系统

注：本表摘自《建筑工程施工质量验收统一标准》GB 50300-2013 附录 C。

1.2.3 建筑工程质量验收程序和组织

"统一标准"对建筑工程质量验收的程序和组织有明确的要求。

1. 检验批及分项工程的质量验收程序和组织

"统一标准"第 6.0.1 条规定：检验批及分项工程应由监理工程师（建设单位项目技术负责人）组织施工单位项目专业质量（技术）负责人等进行验收。

检验批由专业监理工程师组织项目专业质量检验员等进行验收；分项工程由专业监理工程师组织项目专业技术负责人等进行验收。

检验批和分项工程是建筑工程质量的基础。因此，所有检验批和分项工程均应由监理工程师或建设单位项目技术负责人组织验收。验收前，施工单位先填好"检验批和分项工程的质量验收记录"（有关监理记录和结论不填），并由项目专业质量检验员和项目专业技术负责人分别在检验批和分项工程质量检验记录中相关栏目签字，然后由监理工程师组织，严格按规定程序进行验收。

本条规定强调了施工单位的自检，同时强调了监理工程师负责验收和检查的原则，在对工程进行检查后，确认其工程质量是否符合标准规定，监理或建设单位人员要签字认可，否则，不得进行下道工序的施工。如果认为有的项目或地方不能满足验收规范的要求时，应及时提出，让施工单位进行返修。

分项工程施工过程中，还应对关键部位随时进行抽查。所有分项工程施工，施工单位应在自检合格后，填写分项工程报检申请表，并附上分项工程评定表。属隐蔽工程的，还应将隐检单报监理单位，监理工程师必须组织施工单位的工程项目负责人和有关人员对每道工序进行检查验收。合格者，签发分项工程验收单。

对一些国家政策允许的建设单位自行管理的工程，即不需要委托监理的工程，由建设单位项目技术负责人行使组织者的权力。

2. 分部工程的质量验收程序和组织

"统一标准"第 6.0.2 条规定：分部工程应由总监理工程师（建设单位项目负责人）组织施工单位项目负责人和技术、质量负责人等进行验收；地基与基础、主体结构分部工程的勘察、设计单位工程项目负责人和施工单位技术、质量部门负责人也应参加相关分部工程验收。

工程监理实行总监理工程师负责制，因此分部工程应由总监理工程师（建设单位项目负责人）组织施工单位的项目负责人和项目技术、质量负责人及有关人员进行验收。因为地基基础、主体结构的主要技术资料和质量问题归技术部门和质量部门掌握，所以要求施工单位的技术、质量负责人也要参加验收。另外，由于地基基础、主体结构技术性能要求严格，技术性强，关系到整个工程的安全，因此规定这些分部工程的勘察、设计单位工程项目负责人也应参加相关分部的工程质量验收。

主要分部工程验收的程序如下：

（1）总监理工程师（建设单位项目负责人）组织验收，介绍工程概况、工程资料审查意见及验收方案、参加验收的人员名单，并安排参加验收的人员签到。

（2）监理（建设）、勘察、设计、施工单位分别汇报合同履约情况和在主要分部各个环节执行法律、法规和工程建设强制性标准的情况。施工单位汇报内容中还应包括工程质量监督机构责令整改问题的完成情况。

（3）验收人员审查监理（建设）、勘察、设计和施工单位的工程资料，并实地查验工程质量。

（4）对验收过程中所发现的和工程质量监督机构提出的有关工程质量验收的问题和疑问，有关单位人员予以解答。

（5）验收人员对主要分部工程的勘察、设计、施工质量和各管理环节等方面作出评价，并分别阐明各自的验收结论。当验收意见一致时，验收人员分别在相应的分部（子分部）工程质量验收记录上签字。

（6）当参加验收各方对工程质量验收意见不一致时，应当协商提出解决的办法，也可请建设行政主管部门或工程质量监督机构协调办理。

验收结束后，监理（建设）单位应在主要分部工程验收合格15日内，将相关的分部（子分部）工程质量验收记录报送工程质量监督机构，并取得工程质量监督机构签发的相应工程质量验收监督记录。主要分部工程未经验收或验收不合格的，不得进入下道工序施工。

3. 单位工程的质量验收程序和组织

"统一标准"第6.0.3条规定：单位工程完工后，施工单位应自行组织有关人员进行检查评定，并向建设单位提交工程验收报告。

该条款为强制性条款。当单位工程达到竣工验收条件后，施工单位应在自查、自评工作完成后，填写工程竣工报验单，如果工程是委托了监理的，应首先将全部竣工资料报送项目监理机构，申请竣工验收。总监理工程师应组织各专业监理工程师对竣工资料及各专业工程的质量情况进行全面检查，对检查出的问题，应督促施工单位及时整改。对需要进行功能试验的项目（包括单机试车和无负荷试车），监理工程师应督促施工单位及时进行试验，并对重要项目进行监督、检查，必要时请建设单位和设计单位参加；监理工程师应认真审查试验报告单并督促施工单位搞好成品保护和现场清理，然后将监理机构审核通过的工程验收报告提交建设单位。

（1）工程竣工验收的条件

"统一标准"6.0.4条规定：建设单位收到工程验收报告后，应由建设单位（项目）负责人组织施工（含分包单位）、设计、监理等单位（项目）负责人进行单位（子单位）工程验收。

该条款为强制性条款。建设单位在收到工程验收报告后，应由建设单位组织相关部门进行竣工验收，并按建设部《房屋建筑工程和市政基础设施工程竣工验收暂行规定》（建【2000】142号）的要求，工程符合下列要求方可进行竣工验收：

1）完成工程设计和合同约定的各项内容。

2）施工单位在工程完工后对工程质量进行了检查，确认工程质量符合有关法律、法规和工程建设强制性标准，符合设计文件及合同要求，并提出工程竣工报告。工程竣工报告应经项目经理和施工单位有关负责人审核签字。

3）对于委托监理的工程项目，监理单位对工程进行了质量评估，具有完整的监理资料，并提出工程质量评估报告。工程质量评估报告应经总监理工程师和监理单位有关负责人审核签字。

4）勘察、设计单位对勘察、设计文件及施工过程中由设计单位签署的设计变更通知书进行了检查，并提出质量检查报告。质量检查报告应经该项目勘察、设计负责人和勘察、设计单位有关负责人审核签字。

5）有完整的技术档案和施工管理资料。

6）有工程使用的主要建筑材料、建筑构配件和设备的进场试验报告。

7）建设单位已按合同约定支付工程款。

8）有施工单位签署的工程质量保修书。

9）城乡规划行政主管部门对工程是否符合规划设计要求进行检查，并出具认可文件。

10）有公安消防、环保等部门出具的认可文件或者准许使用文件。

11）建设行政主管部门及其委托的工程质量监督机构等有关部门责令整改的问题全部整改完毕。

（2）工程竣工验收的程序

工程竣工验收应当按以下程序进行：

1）工程完工后，施工单位向建设单位提交工程竣工报告，申请工程竣工验收。实行监理的工程，工程竣工报告须经总监理工程师签署意见。

2）建设单位收到工程竣工报告后，对符合竣工验收要求的工程，组织勘察、设计、施工、监理等单位和其他有关方面的专家组成验收组，制定验收方案。

3）建设单位应当在工程竣工验收 7 个工作日前将验收的时间、地点及验收组名单书面通知负责监督该工程的工程质量监督机构。

4）建设单位组织工程竣工验收。

①建设、勘察、设计、施工、监理单位分别汇报工程合同履约情况和在工程建设各个环节执行法律、法规和工程建设强制性标准的情况；

②审阅建设、勘察、设计、施工、监理单位的工程档案资料；

③实地查验工程质量；

④对工程勘察、设计、施工、设备安装质量和各管理环节等方面作出全面评价，形成经验收组人员签署的工程竣工验收意见。

参与工程竣工验收的建设、勘察、设计、施工、监理等各方不能形成一致意见时，应当协商提出解决的方法，待意见一致后，重新组织工程竣工验收。

4. 验收备案

"统一标准"第 6.0.7 条规定：单位工程质量验收合格后，建设单位应在规定的时间内将工程竣工验收报告和有关文件，报建设行政管理部门备案。

该条款为强制性条文。建设单位应当自工程竣工验收合格之日起 15 日内，依照《房屋建筑工程和市政基础设施工程竣工验收备案管理暂行办法》的规定，向工程所在地的县级以上地方人民政府建设行政主管部门备案。

凡在中华人民共和国境内新建、扩建、改建各类房屋建筑工程和市政基础设施工程的竣工验收，均应进行备案。竣工备案需要准备的资料有竣工验收报告和有关文件。

工程竣工验收报告主要包括工程概况，建设单位执行基本建设程序情况，对工程勘察、设计、施工、监理等方面的评价，工程竣工验收时间、程序、内容和组织形式，工程竣工验收意见等内容。

工程竣工验收报告还应附有下列文件：

(1) 施工许可证。

(2) 施工图设计文件审查意见。

(3) 工程竣工报告、工程质量评估报告、工程质量检查报告、规划认可书、公安消防、环保等部门出具的认可文件或者准许使用文件。

(4) 验收组人员签署的工程竣工验收意见。

(5) 市政基础设施工程应附有质量检测和功能性试验资料。

(6) 施工单位签署的工程质量保修书。

(7) 法规、规章规定的其他有关文件。

1.2.4 质量验收不符合要求的处理和严禁验收的规定

1. 建筑工程质量验收不符合要求的处理

一般情况下，不合格现象在检验批的验收时就应发现并及时处理，所有质量隐患必须尽快消灭在萌芽状态，影响质量的原因是多种多样的，有人的因素、材料的因素、机械设备的因素、施工工艺的因素和环境因素等。在实际工程中，一旦发现工程质量任一项不符合规定时，必须及时组织有关人员查找、分析原因，并按有关技术管理规定，通过有关方面共同商量，制定补救方案，及时进行处理。当建筑工程质量不符合要求时，应按下列规定进行处理：

(1) 经返工重做或更换器具、设备的检验批，应重新进行验收。

这种情况是指主控项目不能满足验收规范或一般项目超过偏差限制的子项不符合检验规定的要求时，应及时进行处理的检验批。其中，严重的缺陷应推倒重来；一般的缺陷通过返修或更换器具、设备予以解决，应允许施工单位在采取相应的措施后重新验收。如能够符合相应的专业工程质量验收规范，则应认为该检验批合格。

例如某住宅楼一层砌砖，验收时发现砖的强度等级为 MU5，达不到设计要求的 MU10，推倒后重新用 MU10 砖砌筑，其砖砌体工程的质量，应重新按程序进行验收，重新验收时，要对该项目工程按规定的方法抽样、选点、检查和验收，重新填写检验批质量验收记录表。

(2) 经有资质的检测单位检测鉴定能够达到设计要求的检验批，应予以验收。

这种情况是指个别检验批发现试块强度不满足要求等问题，难以确定是否验收时，应请具有资质的法定检测单位检测，当鉴定结果能够达到设计要求时，该检验批应允许通过验收。

例如某钢筋混凝土结构，设计混凝土强度等级为 C40，留置混凝土标准试块在标准养护条件 28 天抗压强度标准值为 37MPa，小于 40MPa，经委托法定检测单位对检验批的实体混凝土强度进行检测，检测结果为 45MPa，这种情况就应按照正常情况给予验收。

（3）经有资质的检测单位检测鉴定达不到设计要求，但经原设计单位核算认可能够满足结构安全和使用功能的检验批，可予以验收。

这种情况是指，一般情况下，规范标准给出了满足安全和功能的最低限度要求，而设计往往在此基础上留有一定的余量。不满足设计要求和符合相应规范标准的要求，两者并不矛盾。

例如某钢筋混凝土结构，设计混凝土强度等级为 C40，留置混凝土标准试块在标准养护条件 28 天抗压强度标准值为 37MPa，小于 40MPa，经委托法定检测单位对检验批的实体混凝土强度进行检测，检测结果为 36.7MPa，小于 40MPa，如原设计计算混凝土强度为 35MPa，而选用了 C40 混凝土。对工程实体检测结果虽然小于 40MPa 的要求，仍大于 35MPa，是安全的。设计单位应出具正式认可文件，由注册结构工程师签字，加盖单位公章。由设计单位承担责任，出具认可证明后，可以进行验收。

（4）经返修或加固处理的分项、分部工程，虽然改变外形尺寸但仍能满足安全使用要求，可按技术处理方案和协商文件进行验收。

这种情况是指为严重缺陷或范围超过检验批的更大范围内的缺陷可能影响结构的安全性和使用功能。若经法定检测单位检测鉴定以后认为达不到规范标准的相应要求，即不能满足最低限度的安全储备和使用功能，则必须按一定的技术方案进行加固处理，使之能保证其满足安全使用的基本要求。这样会造成一些永久性的缺陷，如改变结构的外形尺寸，影响一些次要的使用功能等。为了避免社会财富更大的损失，在不影响安全和主要使用功能的条件下可按照处理技术方案和协商文件进行验收，但不能作为轻视质量而回避责任的一种出路，这是应该特别注意的。这种情况，称为协商验收。

例如某钢筋混凝土柱，截面尺寸为 500mm×500mm，设计混凝土强度等级为 C40，留置混凝土标准试块在标准养护条件 28 天抗压强度标准值为 37MPa，小于 40MPa，经委托法定检测单位对检验批的实体混凝土强度进行检测，检测结果为 33.7MPa，小于 40MPa，如原设计计算混凝土强度为 35MPa，而选用了 C40 混凝土。对工程实体检测结果小于 40MPa 的要求，且小于 35MPa，是不能满足结构安全和使用功能要求的。经与建设单位、监理单位、设计单位协商，采取加大截面的方法进行加固，加固后柱截面增大为 600mm×600mm，经验收确认加固施工质量符合加固技术文件要求，应按加固处理技术文件要求给予验收。本案造成了永久缺陷，只是解决了结构性能问题，而其本质并未达到原设计的要求，必须在交房时将此情况明示给业主。

2. 严禁验收的规定

"统一标准"第 5.0.7 条规定：通过返修或加固处理仍不能满足安全使用要求的分部工程、单位（子单位）工程，严禁验收。本条是保证建筑物最基本安全要求的强制性条文。

这种情况，在实际工程中虽然出现的情况很少，但确实是存在的，通常有两种情况，一是工程质量实在太差，二是补救的代价太大。这类工程无法满足最基本的安全和使用要求，就要求坚决拆除。

一个工程在施工过程中，出现一些质量问题是很正常的现象，关键是管理者如何吸取教训，不犯同样的错误，正确处理好企业短期效益和长期效益、经济效益和社会效益的关系，在思想上重视，在管理上落实，只有这样才能交出合格产品乃至精品工程。

项目 2
建筑工程质量检测常用工具

【项目概述】

本模块主要介绍垂直检测尺和塞尺、内外直角检测尺、卷线器、检测反光镜、对角检测尺、小锤、百格网、钢卷尺、线锤、回弹仪、混凝土钢筋检测仪的功能和使用方法。

【学习目标】通过学习，你将能够：

理解建筑工程质量检测常规仪器设备及工（器）具；
掌握仪器设备及工（器）具的使用方法，并会判断其符合性。

任务 2.1 常见检测设备工具及使用

【任务描述】

建筑工程质量检测离不开各种检测设备和工具，在质量检测过程中人们使用的工具和设备是保证检测数据结果真实可靠的手段。

【学习支持】

建筑工程质量检测常见工具和设备。

【任务实施】

2.1.1 建筑工程质量检测工具包

1.垂直检测尺

垂直检测尺（又称直检测尺或靠尺，见图 2-1），检测尺为可展式结构，合拢长 1m，展开长 2m。

（1）功能：是土建施工和装饰装修工程质量检测使用频率最高的一种检测工具，用来检测墙面、瓷砖是否平整、垂直，地面是否水平、平整。主要用于垂直度检测和水平度检测，与楔形塞尺配合可用于平整度的检测。

（2）使用方法

1）垂直度检测

①用于 1m 检测时，推下仪表盖。活动销推键向上推，将检测尺左侧面靠紧被测面（注意：握尺要垂直，观察红色活动销外露 3～5mm，摆动灵活即可），待指针自行摆动停止时，直读指针所指刻度下行刻度数值，此数值即被测面 1m 垂直度偏差，每格为 1mm。

②用 2m 检测时，将检测尺展开后锁紧连接扣，检测方法同上，直读指针所指上行刻度数值，此数值即被测面 2m 垂直度偏差，每格为 1mm。如被测面不平整，可用右侧上下靠脚（中间靠脚旋出不要）检测。

2）水平度检测

检测尺侧面装有水准管，可检测水平度，用法同普通水平仪。

3）平整度检测

检测尺侧面靠紧被测面，其缝隙大小用契形塞尺检测，其数值即平整度偏差。

4）校正方法

垂直检测时，如发现仪表指针数值偏差，应将检测尺放在标准器上进行校对调正，标准器可自制、将一根长约 2.1m 水平直方木或铝型材，竖直安装在墙面上，由线坠调正垂直，将检测尺放在标准水平物体上，用十字螺丝刀调节水准管"S"螺丝，使气泡居中。

2. 楔形塞尺

楔形塞尺（见图 2-2），一般为金属制成，在其中斜的一面上有刻度，是一种施工用现场测量工具。建筑上一般用来检查平整度、水平度、缝隙等，还直接检查门窗缝。

（1）功能：检测建筑物体上缝隙的大小及物体平面的平整度。

（2）使用方法：

◆ 缝隙大小的检测

使用时将塞尺头部插入缝隙中，插紧后退出，游码刻度就是缝隙大小，检查它们是否符合要求。

图 2-1　垂直检测尺

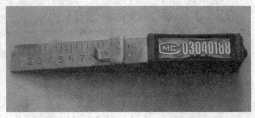
图 2-2　塞尺

◆ 平整度检测

一般与水平尺或垂直检测尺配合使用，将水平尺放于墙面上或地面上，然后用楔形塞尺塞入，以检测墙、地面水平度，垂直度误差。

3. 直角检测尺

内外直角检测尺又称阴阳直角尺（见图 2-3），主要用于检验柱、墙面等阴阳角是否方正。除检测建筑物墙、柱、梁的内外（阴阳）直角的偏差，及一般平面的垂直度与水平度，还可用于检测门窗边角是否呈 90°。通过测量可以知道建筑（构件）转角处是否方正，门窗是否有严重的变形。

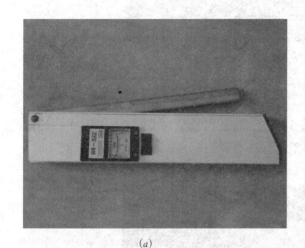
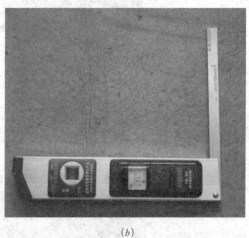

(a)　　　　　　　　　　　　　　(b)

图 2-3　阴阳角尺

(a) 折叠；(b) 展开

内外直角检测尺的规格为：200mm×130mm，测量范围为：±7/130mm，检测精度误差为：0.5mm。

（1）功能：内外直角检测；还可用于检测一般平面的垂直度与水平度。

（2）使用方法：将推键向左推，拉出活动尺，旋转 270° 即可检测，检测时主尺及活动尺都应该紧靠被测面指针所指刻度牌数值即被测面 130mm 长度的直角偏差，每格为 1mm 该尺在检测后离开被检测物体时，指针所指数值不会变动，检测后可将检测尺拿到明亮处看清数值。垂直度及水平度检测：该检测尺装有水准管，可检测一般垂直度及水平偏差。垂直度可用主尺侧面垂直靠正被检测面上检测。

4. 卷线器

卷线器（见图 2-4）是塑料盒式结构，内有尼龙丝线，拉出全长 15m。

（1）功能：检测建筑物体的平直，如砖墙砌体灰缝、踢脚线等（用其他检测工具不易检测物体的平直部位）。

（2）使用方法：检测时，拉紧两端丝线，放在被测处，目测观察对比，检测完毕后，用卷线手柄顺时针旋转，将丝线收入盒内，然后锁上方扣。

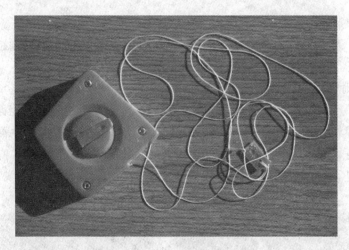

图2-4 卷线器

5. 检测反光镜

检测反光镜（见图 2-5），手柄处有 M 6 螺孔，可装在伸缩杆或对角检测尺上，检测建筑物体的上冒头、背面、弯曲面等肉眼不易直接看到的地方，以便于高处检测。

图2-5 检测反光镜

6. 对角检测尺

对角检测尺为三节伸缩式结构，中节尺设 3 挡刻度线，前端有 M 6 螺栓，可装楔形塞尺、检测镜、活动锤头等，是辅助检测工具。

（1）功能：主要用于检查门、窗洞口等方形物体两对角线长度对比的偏差值，还可与检测反光镜配合用于检测较高处眼睛不能直接观察检查的部位，见图2-6。

（2）使用方法：检测时，大节尺推键应锁定在中节尺上某挡刻度线"0"位，将检测尺两端尖角顶紧侧对角的顶点，固紧小节。检测另 1 对角线时，松开大节尺推键，检测后再固紧目测推键上的刻度所指的数值，此数值就是该物体上两对角线长度比的偏差值（单位：mm）。

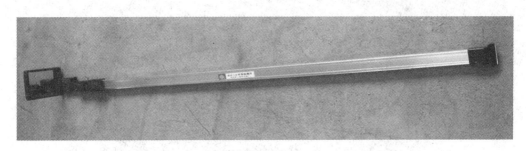

图 2-6　对角检测尺

7. 小锤

小锤（见图 2-7），又称响鼓锤。通过敲击的响声，来检验瓷砖和地砖的空鼓率。小锤有两种规格：

（1）响鼓锤（锤头重 25g）：轻轻敲打抹灰后的墙面，可以判断墙面的空鼓程度及砂灰与砖、水泥冻结的粘合质量。

（2）钢针小锤（锤头重 10g）：小锤轻轻敲打玻璃、马赛克、瓷砖，可以判断空鼓程度及粘合质量。钢针小锤还可拔出塑料手柄，里面是尖头钢针，钢针向被检物上戳几下，可探查出多孔板缝隙、砖缝等砂浆是否饱满等。

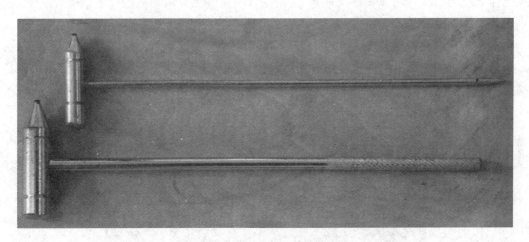

图 2-7　小锤

8. 百格网

百格网（见图 2-8），平面尺寸为 240 mm×115 mm，厚 3mm，采用高透明度工业塑料制成，展开后检测面积等同于标准砖长×宽的面积，其上均布 100 个小格，专用于检测砌体砖面砂浆涂覆的饱满度，即覆盖率（单位%）。

（1）功能：用于测定砌砖砂浆的饱满度，一般要求砂浆的饱满度不能小于 80%。

（2）使用方法：在墙上撬一块砖，把网放在上面，检查砂浆覆盖的格子数量并计算覆盖率。

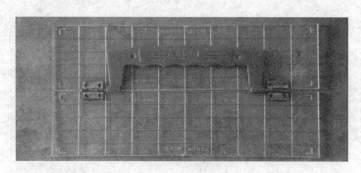

图2-8　百格网

9. 钢卷尺

钢卷尺（见图2-9）是建筑施工和质量检查的常用工量具，用薄钢片制成的带状尺，可卷入塑料圆盒内，故称钢卷尺。钢卷尺规格较多，常用的有1m、2m、5m等。

（1）功能：主要用来度量和检查施工完成的线面尺寸和弧形尺寸。

（2）使用方法：

◆　直接读数法

测量时钢卷尺零刻度对准测量起始点，施以适当拉力（拉尺力以钢卷尺鉴定拉力或尺上标定拉力为准，用弹簧秤衡量），直接读取测量终止点所对应的尺上刻度。

◆　间接读数法

在一些无法直接使用钢卷尺的部位，可以用钢尺或直角尺，使零刻度对准测量点，尺身与测量方向一致；用钢卷尺量取到钢尺或直角尺上某一整刻度的距离，余长用读数法量出。

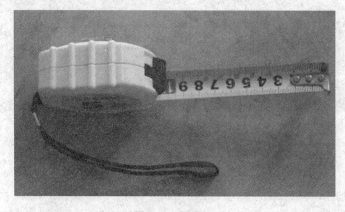

图2-9　钢卷尺

10. 锤球

锤球（见图2-10）用金属制成，上大下尖呈圆锥形，上端中心系一细绳，悬吊后，锤球尖与细绳在同一垂线上。

功能：依靠重力作用检验施工作业线（面）垂直度或在斜坡上丈量水平距离。因垂球易受风力影响,现多用垂直杆代替。

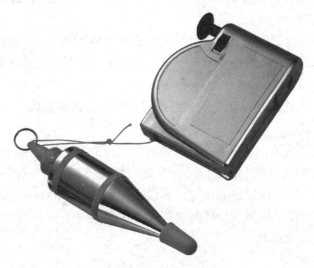

图 2-10 线锤

2.1.2 其他常见检测设备

1. 混凝土回弹仪

混凝土回弹仪(见图 2-11)用以测试混凝土的抗压强度,是现场检测用的最广泛的混凝土抗压强度无损检测仪器,是获取混凝土质量和强度的最快速、最简单和最经济的测试方法。

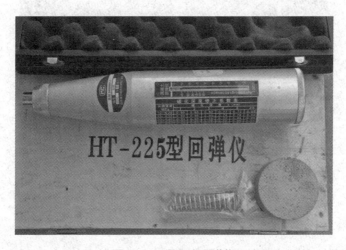

图 2-11 混凝土回弹仪

(1)功能:适于检测一般建筑构件、桥梁及各种混凝土构件(板、梁、柱、桥架)的强度。

（2）使用方法：

◆ 将弹击杆顶住混凝土的表面，轻压仪器，使按钮松开，放松压力时弹击杆伸出，挂钩挂上弹击锤。

◆ 使仪器的轴线始终垂直于混凝土的表面并缓慢均匀施压，待弹击锤脱钩冲击弹击杆后，弹击锤回弹带动指针向后移动至某一位置时，指针块上的示值刻线在刻度尺上示出一定数值即为回弹值。

◆ 使仪器机芯继续顶住混凝土表面进行读数并记录回弹值。如条件不利于读数，可按下按钮，锁住机芯，将仪器移至它处读数。

◆ 逐渐对仪器减压，使弹击杆自仪器内伸出，待下一次使用。

在操作回弹仪的全过程中，都应注意持握回弹仪姿势，一手握住回弹仪中间部位，起扶正的作用；另一手握压仪器的尾部，对仪器施加压力，同时也起辅助扶正作用。回弹仪的操作要领是：保证回弹仪轴线与混凝土测试面始终垂直，用力均匀缓慢，扶正对准测试面，慢推进，快读数。

2. 钢筋位置测定仪

钢筋位置测定仪，以下简称钢筋仪（见图2-12），可用于现有钢筋混凝土工程及新建钢筋混凝土结构施工质量的检测：确定钢筋的位置、布筋情况，已知直径检测混凝土保护层厚度，未知直径同时检测钢筋直径和混凝土保护层厚度。此外，也可对非磁性和非导电介质中的磁性体及导电体的位置进行检测，如墙体内的电缆、水暖管道等。该仪器是一种具有自动检测、数据存储和输出功能的智能型无损检测设备。

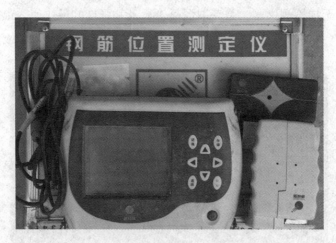

图2-12 钢筋位置测定仪

（1）功能

◆ 检测混凝土结构中钢筋的位置及走向；

◆ 检测钢筋的保护层厚度（已知直径）；

◆ 估测钢筋的直径和保护层厚度；

◆ 探头自校正功能；

◆ 检测数据的存储、查看功能；

◆ 数据传输功能。

（2）使用方法

第一步 获取资料

获取被测构件的设计施工资料，确定被测构件中钢筋的大致位置、走向和直径，并将仪器的钢筋直径参数设置为设计值。如上述资料无法获取，将钢筋直径设置为默认值，用直径测试功能来检测钢筋直径和其保护层厚度。

第二步 确定检测区

根据需要在被测构件上选择一块区域作为检测区，尽量选择表面比较光滑的区域，以便提高检测精度。

第三步 确定主筋（或上层筋）位置

选择一个起始点，沿主筋垂向（对于梁、柱等构件）或上层筋垂向（对于网状布筋的板、墙等）进行扫描，以确定主筋或上层筋的位置，然后平移一定距离，进行另一次扫描，将两次扫描到的点用直线连起来。注意：如果扫描线恰好在箍筋或下层筋上方，则有可能出现找不到钢筋或钢筋位置判定不准确的情况，表现为重复扫描时钢筋位置判定偏差较大。此时应将该扫描线平移两个钢筋直径的距离，再次扫描。

第四步 确定箍筋（或下层筋）位置

在已经确定的两根钢筋的中间位置沿箍筋（或下层筋）垂向进行扫描，以确定箍筋（或下层筋）的位置，然后选择另两根的中间位置进行扫描，将两次扫描到的点用直线连接起来。

第五步 检测保护层厚度和钢筋直径

已知钢筋直径检测保护层厚度：选择仪器的厚度测试功能，设置好编号和钢筋直径参数，在两根箍筋（下层筋）的中间位置沿主筋（上层筋）的垂线方向扫描，确定被测主筋（上层筋）的保护层厚度；在两根主筋（上层筋）的中间位置沿箍筋（下层筋）的垂线方向扫描，确定被测箍筋（下层筋）的保护层厚度。

未知钢筋直径检测保护层厚度和钢筋直径：

选择仪器的直径测试功能，设置好编号，在两根箍筋（下层筋）的中间位置探头平行于钢筋沿主筋（上层筋）的垂线方向扫描，确定被测主筋（上层筋）的精确位置，然后将探头平行放置在被测钢筋的正上方，检测钢筋的直径和该点保护层厚度，在两根主筋（上层筋）的中间位置沿箍筋（下层筋）的垂线方向扫描，确定被测箍筋（下层筋）的精确位置，然后将探头平行放置在被测钢筋的正上方，检测钢筋的直径和该点保护层厚度。

【注意事项】

（1）使用工具、仪器前必须检查量具的工作状态是否可以正常使用；

（2）仪器在使用过程中应当按照使用说明书上的操作要求进行操作，不得违规作业，损坏量具；

（3）检测完后抹干净仪器，并妥善保管。

项目 3
建筑地基与基础分部工程质量验收

【项目概述】

　　地基与基础分部工程包括土方、基坑支护、地基处理、桩基础、混凝土基础、砌体基础、钢结构基础、钢管混凝土结构基础、型钢混凝土结构基础、地下防水等十个子分部工程，共72个分项工程。地基与基础工程的各种原材料、拌和物、制品和配件的质量必须符合设计要求或技术标准规定。施工中应严格检查产品出厂合格证和试验报告，这对保证地基与基础工程的质量有着重要作用。为了加强建筑地基与基础工程质量管理，统一地基与基础工程的质量验收，保证其功能和质量，国家制定了《建筑地基基础工程施工质量验收规范》GB 50202-2002，该规范适用于建筑工程的地基基础工程施工质量验收。

【学习目标】通过学习，你将能够：

熟悉地基与基础工程质量验收的划分；
熟悉地基与基础工程质量控制点及工序质量检查；
掌握地基与基础工程现场常见检测项目内容及方法；
掌握地基与基础工程常见检验批的验收方法；
熟悉地基与基础工程的分项工程、分部（子）工程的验收方法；
熟悉地基与基础工程质量验收资料的分类及收集整理。

任务 3.1　地基基础分部工程验收的基本规定

【任务描述】

　　主要是对地基与基础的地质勘察资料、施工单位专业资质及建立和完善其相应的质量管理体系和质量检查制度、检测及见证试验单位资质证书和计量认证合格证书、地基与基础工程子分部分项的划分、施工过程中出现异常情况的处理作出了明确的规定。

【学习支持】

《建筑工程施工质量验收统一标准》GB 50300-2013 和《建筑地基基础工程施工质量验收规范》GB 50202-2002。

【任务实施】

3.1.1 一般要求

1. 施工勘察

地基基础工程施工前，必须具备完备的地质勘察资料及工程附近管线、建筑物、构筑物和其他公共设施的构造情况，必要时应作施工勘察和调查以确保工程质量及临近建筑的安全。施工勘察要点主要包括：

（1）所有建（构）筑物均应进行施工验槽。遇到下列情况之一时，应进行专门的施工勘察：

◆ 工程地质条件复杂，详勘阶段难以查清时；

◆ 开挖基槽发现土质、土层结构与勘察资料不符时；

◆ 施工中边坡失稳，需查明原因，进行观察处理时；

◆ 施工中，地基土受扰动，需查明其性状及工程性质时；

◆ 为地基处理，需进一步提供勘察资料时；

◆ 建（构）筑物有特殊要求，或在施工时出现新的岩土工程地质问题时。

施工勘察应针对需要解决的岩土工程问题布置工作量，勘察方法可根据具体情况选用施工验槽、钻探取样和原位测试等。

（2）天然地基基础基槽检验

基槽开挖后，应检验下列内容：核对基坑的位置、平面尺寸、坑底标高；核对基坑土质和地下水情况；检查空穴、古墓、古井、防空掩体及地下埋设物的位置、深度、性状。

在进行直接观察时，可用袖珍式贯入仪作为辅助手段。

遇到下列情况之一时，应在基坑底普遍进行轻型动力触探：持力层明显不均匀；浅部有软弱下卧层；有浅埋的坑穴、古墓、古井等，直接观察难以发现时；勘察报告或设计文件规定应进行轻型动力触探时。

采用轻型动力触探进行基槽检验时，检验深度及间距应符合表 3-1 规定

轻型动力触探检验深度及间距表（m）　　　　　　　　　　　表 3-1

排列方式	基槽宽度	检验深度	检验间距
中心一排	< 0.8	1.2	1.0 ~ 1.5m，视地层复杂情况而定
两排错开	0.8 ~ 2.0	1.5	
梅花型	> 2.0	2.1	

遇下列情况之一时，可不进行轻型动力触探：基坑不深处有承压水层，触探可造成冒水涌砂时；持力层为砾石层或卵石层，且其厚度符合设计要求时。

天然地基基础基槽检验应填写验槽记录或检验报告。

（3）深基础施工勘察要点

◆ 当预制打入桩、静力压桩或锤击沉管灌注桩的入土深度与勘察资料不符或对桩端下卧层有怀疑时，应核查桩端下主要受力层范围内的标准贯入击数和岩土工程性质。

◆ 在单柱单桩的大直径桩施工中，如发现地层变化异常或怀疑持力层可能存在破碎带或溶洞等情况时，应对其分布、性质、程度进行核查，评价其对工程安全的影响程度。

◆ 人工挖孔混凝土灌注桩应逐孔进行持力层岩土性质的描述及鉴别，当发现与勘察资料不符时，应对异常之处进行施工勘察，重新评价，并提供处理的技术措施。

（4）地基处理工程勘察要点

◆ 根据地基处理方案，对勘察资料中场地工程地质及水文地质条件进行核查和补充；对详勘阶段遗留问题或地基处理设计中的特殊要求进行有针对性的勘察，提供地基处理所需的岩土工程设计参数，评价现场施工条件及施工对环境的影响。

◆ 当地基处理施工中发生异常情况时，进行施工勘察，查明原因，为调整、变更设计方案提供岩土工程设计参数，并提供处理的技术措施。

地基工程勘察完成应形成施工勘察报告。施工勘察报告应包括下列主要内容：①工程概况；②目的和要求；③原因分析；④工程安全性评价；⑤处理措施及建议。

2. 施工企业的资质

施工单位必须具备相应专业资质，并应建立完善的质量管理体系和质量检验制度。

地基基础工程，专业性较强，没有足够的施工经验，应付不了复杂的地质情况、多变的环境条件和较高的专业标准。为此，必须强调施工企业的资质。对重要的、复杂的地基基础工程应有相应资质的施工单位。资质指企业的信誉、人员的素质、设备的性能及施工实绩。

3. 地基基础工程检测及见证试验

从事地基基础工程检测及见证试验的单位，必须具备省级以上（含省、自治区、直辖市）建设行政主管部门颁发的资质证书和计量行政主管部门颁发的计量认证合格证书。

基础工程为隐蔽工程，工程检测与质量见证试验的结果具有重要的影响，必须有权威性。只有具有一定资质水平的单位才能保证其结果的可靠与准确。

4. 地基基础工程施工异常情况处理

施工过程中出现异常情况时应停止施工，由监理或建设单位组织勘察、设计、施工等有关单位共同分析情况，解决问题，消除质量隐患，并应形成文件资料。

地基基础工程大量都是地下工程，虽有勘探资料，但常有与地质资料不符或没有掌握到的情况发生，致使工程不能顺利进行。为避免不必要的重大事故或损失，遇到施工异常情况出现应停止施工，待妥善解决后再恢复施工。

3.1.2 材料的质量要求

1. 地基基础工程中使用的砂、石子、水泥、钢材、石灰、粉煤灰等原材料的质量、检验项目、批量和检验方法，应符合国家现行标准的规定。

2. 地基基础工程中使用拌和物、制品和配件的质量必须符合设计要求或技术标准规定。

3.1.3 地基与基础子分部工程和分项工程的划分

根据《建筑工程施工质量验收统一标准》GB 50300-2013，地基与基础分部工程的子分部工程和分项工程划分如表 3-2。

地基与基础工程子分部、分项工程划分表

表 3-2

分部工程	子分部工程	分项工程
地基与基础	土方	土方开挖，土方回填，场地平整
	基坑支护	灌注桩排桩围护墙，重力式挡土墙，板桩围护墙，型钢水泥土搅拌墙，土钉墙与复合土钉墙，地下连续墙，咬合桩围护墙，沉井与沉箱，钢或混凝土支撑，锚杆（索），与主体结构相结合的基坑支护，降水与排水
	地基处理	素土、灰土地基，砂和砂石地基，土工合成材料地基，粉煤灰地基，强夯地基，注浆加固地基，预压地基，振冲地基，高压喷射注浆地基，水泥土搅拌桩地基，土和灰土挤密桩地基，水泥粉煤灰碎石桩地基，夯实水泥土桩地基，砂桩地基
	桩基础	先张法预应力管桩，钢筋混凝土预制桩，钢桩，泥浆护壁混凝土灌注桩，长螺旋钻孔压灌桩，沉管灌注桩，干作业成孔灌注桩，锚杆静压桩
	混凝土基础	模板，钢筋，混凝土，预应力，现浇结构，装配式结构
	砌体基础	砖砌体，混凝土小型空心砌块砌体，石砌体，配筋砌体
	钢结构基础	钢结构焊接，紧固件连接，钢结构制作，钢结构安装，防腐涂料涂装
	钢管混凝土结构基础	构件进场验收，构件现场拼装，柱脚锚固，构件安装，柱与混凝土梁连接，钢管内钢筋骨架，钢管内混凝土浇筑
	型钢混凝土结构基础	型钢焊接，紧固件连接，型钢与钢筋连接，型钢构件组装及预拼装，型钢安装，模板，混凝土
	地下防水	主体结构防水，细部构造防水，特殊施工法结构防水，排水，注浆

任务 3.2 土方子分部工程

【任务描述】

主要是对土方工程子分部的土方平衡计算、调配，土方施工时施工单位应采取的措施及准备工作，土方开挖的质量要求及检查内容、方法，临时性挖方的边坡设置要求，土方工程子分部分项的划分，土方开挖工程质量检验标准、检验批验收记录，土方回填质量检验标准、检验批验收记录作出了明确的规定。

【学习支持】

《建筑工程施工质量验收统一标准》GB 50300-2013 和《建筑地基基础工程施工质量验收规范》GB 50202-2002。

【任务实施】

3.2.1 一般规定

1. 土方工程施工前应进行挖、填方的平衡计算，综合考虑土方运距最短、运程合理和各个工程项目的合理施工程序等，做好土方平衡调配，减少重复挖运。

土方的平衡与调配是土方工程施工的一项重要工作。一般先由设计单位提出基本平衡数据，然后由施工单位根据实际情况进行平衡计算。如工程量较大，在施工过程中还应进行多次平衡调整，在平衡计算中，应综合考虑土的可松性、压缩性、沉陷量，施工现场排水设施及取弃土等影响土方量变化的各种因素。

土方平衡调配应尽可能与当地市镇规划和农由水利等结合，将余土一次性运到指定弃土场，取土时，考虑取土地域的环境保护，做到文明施工。

2. 当土方工程挖方较深时，施工单位应采取措施，防止基坑底部土的隆起、基坑壁坍塌，避免危害周边环境。

基底土隆起往往伴随着对周边环境的影响，尤其当周边有地下管线，建（构）筑物、永久性道路时应密切注意，防止周围建（构）筑物不均匀下沉，造成事故。

3. 在挖方前，应做好地面排水和降低地下水位工作。

4. 平整场地的表面坡度应符合设计要求，如设计无要求时，排水沟方向的坡度不应少于2‰。平整后的场地表面应逐点检查。检查点为每 $100 \sim 400m^2$ 取 1 点，但不应少于 10 点；长度、宽度和边坡均为每 20m 取 1 点，每边不应少于 1 点。

5. 土方工程施工，应经常测量和校核其平面位置、水平标高和边坡坡度。平面控制桩和水准控制点采取可靠的保护措施，定期复测和检查。土方不应堆在距基坑上口边缘 1m 范围内。

6. 对雨季和冬季施工还应遵守国家现行有关标准。

3.2.2 土方开挖

1. 土方开挖前应检查定位放线、排水和降低地下水位系统，合理安排土方运输车的行走路线及弃土场。

2. 施工过程中应检查平面位置、水平标高、边坡坡度、压实度、排水、降低地下水位系统，并随时观测周围的环境变化。

如开挖土方属回填土还应检查回填土料、含水量、分层厚度、压实度。

3. 临时性挖方的边坡值应符合表 3-3 的规定。

临时性挖方边坡值

表 3-3

土的类别		检验间距
砂土（不包括细砂、粉砂）		1:1.25 ～ 1:1.50
一般性黏土	硬	1:0.75 ～ 1:1.00
	硬、塑	1:1.00 ～ 1:1.25
	软	1:1.50 或更缓
碎石类土	填充坚硬、硬塑黏性土	1:0.50 ～ 1:1.00
	充填砂土	1:1.00 ～ 1:1.50

注：1. 设计有要求时，应符合设计标准；
2. 如采用降水或其他加固措施，可不受本表限值，但应计算复核；
3. 开挖深度，对软土不应超过 4m，对硬土不应超过 8m。

4. 土方开挖工程质量检验标准应符合表 3-4 的规定。

土方开挖工程质量检验标准（mm）

表 3-4

检验项目	序号	检查项目	允许偏差或允许值					检验方法
			柱基基坑基槽	挖方场地平整		管沟	地(路)面基层	
				人工	机械			
主控项目	1	标高	−50	±30	±50	−50	−50	水准仪
	2	长度、宽度（由设计中心线向两边量）	+200 −50	+300 −100	+500 −150	+100	—	经纬仪，用钢尺量
	3	边坡	设计要求					观察或用坡度尺检查
一般项目	1	表面平整度	20	20	50	20	20	用 2m 靠尺和楔形塞尺检查
	2	基地土性	设计要求					观察或土样分析

注：1. 地（路）面基层的偏差只适用于直接在挖、填方上做地（路）面的基层。
2. 本表所列数值适用于附近无重要建筑物或重要公共设施，且基坑暴露时间不长的条件。

3.2.3　土方回填

1. 土方回填前应清除基底的垃圾、树根等杂物，抽除坑穴积水、清理淤泥，验收基底标高。如在耕植上或松土上填方，应在基底压实后再进行。

2. 对填方土料应按设计要求验收后方可填入。

3. 填方施工过程中应检查排水措施，每层填筑厚度、含水量控制、压实程度、填筑厚度及压实遍数应根据土质、压实系数及所用机具确定。如无试验依据，应符合表 3-5 的规定。

填土施工时的分层厚度及压实遍数　　　　　　　　　　表 3-5

压实机具	分层厚度（mm）	每层压实遍数
平碾	250 ~ 300	6 ~ 8
振动压实机	250 ~ 300	3 ~ 4
柴油打夯机	200 ~ 250	3 ~ 4
人工打夯	< 200	3 ~ 4

说明：填方工程的施工参数如每层填筑厚度、压实遍数及压实系数对重要工程均应做现场试验后确定，或由设计提供。

4. 填方施工结束后，应检查标高、边坡坡度、压实程度等，检验标准应符合表 3-6 的规定。

填土工程质量检验标准（mm）　　　　　　　　　　表 3-6

检验项目	序号	检查项目	允许偏差或允许值					检验方法
			柱基基坑基槽	场地平整		管沟	地(路)面基层	
				人工	机械			
主控项目	1	标高	−50	±30	±50	−50	−50	水准仪
	2	分层压实系数	设计要求					规定方法
一般项目	1	回填土料	设计要求					取样检查或直观鉴别
	2	分层厚度及含水率	设计要求					水准仪及抽样检查
	3	表面平整度	20	20	30	20	20	用靠尺或水准仪

5. 土方回填检验批验收记录及填写范例。

土方回填工程检验批验收，主要包括主控项目检查验收与一般项目检查验收，其检验项目、允许偏差或允许值、检验方法按表 3-7 要求进行。

土的最佳含水量、最大干密度参考表　　　　　　　　　　表 3-7

序号	土的类型	参考值范围	
		最佳含水量（%）	最大干密度（g/cm³）
1	砂土	8 ~ 12	1.80 ~ 1.88
2	黏土	19 ~ 23	1.58 ~ 1.70
3	粉质黏土	12 ~ 15	1.85 ~ 1.95
4	粉土	16 ~ 22	1.61 ~ 1.80

【知识拓展】

3.2.4　场地平整

场地平整是指 ±300mm 以内的挖、填、平整土方的施工。场地平整的基本原则是挖方等于填方，即场地内土方挖填平衡。一般情况下整平后场地假定是水平的，不考虑土的可松性、边坡要求、泄水坡度、取土弃土等因素。

场地平整的施工质量标准按表 3-7 的规定执行。

1. 平整区域的坡度与设计要求相差不应超过 0.1%，排水沟坡度与设计要求相差不应超过 0.05%。

2. 场地平整的允许偏差：

（1）表面标高：人工清理 ±30mm；机械清理 ±50mm。

（2）分层压实系数：按设计要求进行控制，采用规定方法实测压实系数，并按设计要求判定其符合性。土的控制干密度与最大干密度之比称为土的压实系数，土的最大干密度可参考表 3-7。

（3）回填土料：其土质必须符合设计要求。一般冻土、淤泥、膨胀性土、含有机物 > 8% 的土、含可溶性硫酸盐 > 5% 的土不能用作回填土，含水量过大的黏性土不宜使用。

（4）分层厚度及含水量：1）分层厚度必须符合设计要求。设计无规定或无试验依据时，可根据压实机具确定分层厚度及压实遍数，详见表 3-5。2）含水量必须符合设计要求，一般宜按最佳含水量进行控制，土的最佳含水量可参考表 3-7。

（5）表面平整度：用靠尺或水准仪检查，人工施工 ≤ 20mm，机械施工 ≤ 30mm。

任务 3.3　基坑支护子分部工程

【任务描述】

主要是对基坑支护工程子分部施工时应采取的措施及准备工作，基坑支护施工的类型、质量要求及检查内容、方法，基坑支护工程子分部分项的划分，基坑支护工程质量检验标准、检验批验收记录作出了明确的规定。

【学习支持】

《建筑工程施工质量验收统一标准》GB 50300-2013 和《建筑地基基础工程施工质量验收规范》GB 50202-2002。

【任务实施】

3.3.1　一般规定

1. 在基坑（槽）或管沟工程等开挖施工中，现场不宜进行放坡开挖，当可能对邻近建（构）筑物、地下管线、永久性道路产生危害时，应对基坑（槽）、管沟进行支护后再开挖。

在基础工程施工中，如挖方较深、土质较差或有地下水渗流等，可能对邻近建（构）筑物、地下管线、永久性道路等产生危害，或构成边坡不稳定。在这种情况下，不宜进行大开挖施工，应对基坑（槽）管沟壁进行支护。

2. 基坑（槽）、管沟开挖前应做好下述工作：

（1）基坑（槽）、管沟开挖前，应根据支护结构形式、挖深、地质条件、施工方法、周围环境、工期、气候和地面载荷等资料制定施工方案、环境保护措施、监测方案，经审批后方可施工。

（2）土方工程施工前，应对降水、排水措施进行设计，系统应经检查和试运转，一切正常时方可开始施工。

（3）有关围护结构的施工质量验收可按地基、桩基础验收的规定执行，验收合格后方可进行土方开挖。

基坑的支护与开挖方案应进行申报，经批准后才能施工。降水、排水系统对维护基坑的安全极为重要，必须在基坑开挖施工期间安全运转，应时刻检查其工作状况。临近有建筑物或有公共设施，在降水过程中要予以观测，不得因降水而危及这些建筑物或设施的安全。

3. 土方开挖的顺序、方法必须与设计工况相一致，并遵循"开槽支撑，先撑后挖，分层开挖，严禁超挖"的原则。

基坑（槽）、管沟挖土要分层进行，分层厚度应根据工程具体情况（包括土质、环境等）决定，开挖本身是一种卸荷过程，防止局部区域挖土过深、卸载过速，引起土体失稳，降低土体抗剪性能，同时在施工中应不损伤支护结构，以保证基坑的安全。

4. 基坑（槽）、管沟的挖土应分层进行。在施工过程中基坑（槽）、管沟边堆置土方不应超过设计荷载，挖方时不应碰撞或损伤支护结构、降水设施。

5. 基坑（槽）、管沟土方施工中应对支护结构、周围环境进行观察和监测，如出现异常情况应及时处理，待恢复正常后方可继续施工。

6. 基坑（槽）、管沟开挖至设计标高后，应对坑底进行保护，经验槽合格后，方可进行垫层施工。对特大型基坑，宜分区分块挖至设计标高，分区分块及时浇筑垫层。必要时，可加强垫层。

7. 基坑（槽）、管沟土方工程验收必须确保支护结构安全和周围环境安全为前提。当设计有指标时，以设计要求为依据，如无设计指标时应按表 3-8 的规定执行。

基坑变形的监控值（cm）   表 3-8

基坑类别	维护结构墙顶 位移监控值	维护结构墙体最大 位移监控值	地面最大沉降 监控值
一级基坑	3	4	3
二级基坑	6	8	6
三级基坑	8	10	10

注：1. 符合下列情况之一，为一级基坑：

（1）重要工程或支护结构做主体结构的一部分；

（2）开挖深度大于 10m；

（3）与邻近建筑物、重要设施的距离在开挖深度以内的基坑；

（4）基坑范围内有历史文物、近代优秀建筑、重要管线等需严加保护的基坑。

2. 三级基坑为开挖深度小于 7m，且周围环境无特别要求时的基坑。

3. 除一和二级外的基坑属二级基坑。

4. 当周围已有的设施有特殊要求时，尚应符合这些要求。

5. 本表适用于软土地区的基坑工程，对硬土区应执行设计规定。

3.3.2 灌注桩排桩围护墙

1. 灌注桩的检验标准应符合以下规定：

（1）桩位的放样允许偏差如下：

群桩 20mm；

单排桩 10mm。

（2）桩基工程的桩位验收，除设计有规定外，尚应符合相关规定。

（3）灌注桩的桩位偏差必须符合表 3-9 的规定，桩顶标高至少要比设计标高高出 0.5m，桩底清孔质量按不同的成桩工艺有不同的要求。每浇筑 50m³ 必须有 1 组试件，小于 50m³ 的桩，每根桩必须有 1 组试件。

灌注桩的平面位置和垂直度的允许偏差 表 3-9

序号	成孔方法		桩径允许偏差（mm）	垂直度允许偏差（%）	桩位允许偏差（mm）	
					1~3根、单排桩基垂直于中心线方向和群桩基础的边桩	条形桩基沿中心线方向和群桩基础的中间桩
1	泥浆护壁钻孔桩	$D \leq 1000mm$	±50	< 1	$D/6$，且不大于 100	$D/4$，且不大于 150
		$D > 1000mm$	±50		$100+0.01H$	$150+0.01H$
2	套管成孔灌注桩	$D \leq 500mm$	−20	< 1	70	150
		$D > 500mm$			100	150
3	干成孔灌注桩		−20	< 1	70	150
4	人工挖孔桩	混凝土护壁	+50	< 0.5	50	150
		钢套护壁	+50	< 1	100	200

注：1. 桩径允许偏差的负值是指个别断面；
2. 采用复打、反插法施工的桩，其桩径允许偏差不受上表限制；
3. H 为施工现场地面标高与桩顶设计标高的距离，D 为设计桩径。

（4）施工前应对水泥、砂、石子（如现场搅拌）、钢材等原材料进行检查，对施工组织设计中制定的施工顺序、监测手段（包括仪器、方法）也应检查。

（5）施工中应对成孔、清查、放置钢筋笼、灌注混凝土等进行全过程检查，人工挖孔桩尚应复验孔底持力层土（岩）性。嵌岩桩必须有桩端持力层的岩性报告。

沉渣厚度应在钢筋笼放入后，混凝土浇筑前测定，成孔结束后，放钢筋笼、混凝土导管都会造成土体跌落，增加沉渣厚度，因此，沉渣厚度应是二次清孔后的结果。沉渣厚度的检查目前均用重锤，有些地方用较先进的沉渣仪，这种仪器应预先做标定。人工挖孔桩一般对持力层有要求，而且到孔底察看土性是有条件的。

（6）施工结束后，应检查混凝土强度，并应做桩体质量及承载力的检验。

（7）混凝土灌注桩的质量检验标准应符合表 3-10、表 3-11 的规定。

混凝土灌注桩钢筋笼质量检验标准（mm） 表 3-10

检验项目	序号	检查项目	允许偏差	检查方法
主控项目	1	主筋间距	±10	用钢尺量
	2	长度	±100	用钢尺量
一般项目	1	钢筋材质检验	设计要求	抽样送检
	2	箍筋间距	±20	用钢尺量
	3	直径	±10	用钢尺量

说明：灌注桩的钢筋笼有时在现场加工，不是在工厂加工完后运到现场，为此，列出了钢筋笼的质量检验标准。

混凝土灌注桩质量检验标准（mm） 表 3-11

检验项目	序号	检查项目	允许偏差或允许值		检查方法
			单位	数值	
主控项目	1	桩位	见表 3-12		基坑开挖前量护筒，开挖后量桩中心
	2	孔深	mm	+300	只深不浅，用重锤测，或测钻杆、套管长度，嵌岩桩应确保进入设计要求的嵌岩深度
主控项目	3	桩体质量检验	按桩基检测技术规范。如钻芯取样，大直径嵌岩桩应钻至桩尖下 500mm		按桩基检测技术规范
	4	混凝土强度	设计要求		试件报告或钻芯取样送检
	5	承载力	按桩基检测技术规范		按桩基检测技术规范
一般项目	1	垂重度	见表 3-12		测套管或钻杆，或用超声波探测，干施工时吊垂球
	2	桩径	见表 3-12		井径仪或超声波检测，干施工时用钢尺量，人工挖孔桩不包括内衬厚度
	3	泥浆比重（黏土或砂性土中）	1.15 ~ 1.2		用比重计测，清孔后在距孔底 50cm 处取样
	4	泥浆面标高（高于地下水位）	m	0.5 ~ 1.0	目测
	5	沉渣厚度 端承桩	mm	≤ 50	用沉渣仪或重锤测量
		沉渣厚度 摩擦桩	mm	≤ 150	
	6	混凝土塌落度 水下灌注	mm	160 ~ 220	塌落度仪
		混凝土塌落度 干施工	mm	70 ~ 100	
	7	箍筋笼安装深度		±100	用钢尺量
	8	混凝土充盈系数	> 1		检查每根桩的实际灌注量
	9	桩顶标高	mm	+30 −50	水准仪，需扣除桩顶浮浆层及劣质桩体

2. 排桩墙支护的基坑，开挖后应及时支护，每一道支撑施工应确保基坑变形在设计要求的控制范围内。

3. 在含水量地层范围内的排桩墙支护基坑，应有确实可靠的止水措施，确保基坑施工及邻近构筑物的安全。含水地层内的支护结构止水措施不当是造成地下水从坑外向坑内渗漏的主要原因，而大量抽排水会造成基坑（槽）土体流失，致使坑外土体沉降，危及坑外的设施。

3.3.3 土钉墙与复合土钉墙（锚杆及土钉墙支护工程）

1. 锚杆及土钉墙支护工程一般适用于开挖深度不超过5m的基坑。土钉墙与复合土钉墙支护工程施工前应熟悉地质资料、设计图纸及周围环境，降水系统应确保正常工作，必须的施工设备如挖掘机、钻机、压浆泵、搅拌机等应能正常运转。

2. 一般情况下，应遵循分段开挖、分段支护的原则，不宜按一次开挖完成再行支护的方式施工。施工时土钉墙与复合土钉墙的养护应保证应符合相应要求。

3. 施工中应对土钉位置，钻孔直径、深度及角度，土钉插入长度，注浆配比、压力及注浆量，喷锚墙面厚度及强度、土钉应力等进行检查。

4. 每段支护体施工完成后，应检查坡顶或坡面位移，坡顶沉降及周围环境变化，如有异常情况应采取措施，恢复正常后方可继续施工。

5. 锚杆及土钉墙支护工程质量检验应符合表3-12的规定。

锚杆及土钉墙支护工程质量检验标准（mm）　　　　　　　　表3-12

检验项目	序号	检查项目	允许偏差或允许值		检查方法
			单位	数值	
主控项目	1	锚杆土钉长度	mm	±30	用钢尺量
	2	锚杆锁定力	设计要求		现场实测
一般项目	1	锚杆或土钉位置	mm	±100	用钢尺量
	2	钻孔倾斜度	°	±1	用钢尺量
	3	浆体强度	设计要求		试样送检
	4	注浆量	大于理论计算浆量		检查计量数据
	5	土钉墙面厚度	mm	±10	用钢尺量
	6	墙体强度	设计要求		试样送检

3.3.4 降水与排水

1. 降水与排水是配合基坑开挖的安全措施，施工前应有降水与排水设计。当在基坑外降水时，应有降水范围的估算，对重要建筑物或公共设施在降水过程中应监测。

降水会影响周边环境，应有降水范围估算以估计对环境的影响，必要时需有回灌措施，尽可能减少对周边环境的影响。降水运转过程中要设水位观测井及沉降观测点，以估计降水的影响。

2. 常用的降水形式及适用条件见表 3-13；对不同的土质应用不同的降水形式。

降水类型及适用条件　　　　　　　　　　　　　　　　　表 3-13

适用条件 降水类型	渗透系数（cm/s）	可能降低的水位深度（m）
轻型井点 多级轻型井点	$10^{-5} \sim 10^{-2}$	$3 \sim 6$ $6 \sim 12$
喷射井点	$10^{-6} \sim 10^{-3}$	$8 \sim 20$
电渗井点	$< 10^{-6}$	宜配合其他形式降水使用
深井井点	$\geq 10^{-5}$	> 10

注：电渗作为单独的降水措施已不多，在渗透系数不大的地区，为改善降水效果，可用电渗作为辅助手段。

3. 降水系统施工完后，应试运转，如发现井管失效，应采取措施使其恢复正常，如无可能恢复则应报废，另行设置新的井管。

常在降水系统施工后，发现抽出的是混水或无抽水量的情况，这是降水系统的失效，应重新施工直至达到效果为止。

4. 降水系统运转过程中应随时检查观测孔中的水位。

5. 基坑内明排水应设置排水沟及集水井，排水沟纵坡宜控制在 1‰～ 2‰。

6. 降水与排水施工的质量检验标准应符合表 3-14 的规定。

降水与排水施工质量检验标准（mm）　　　　　　　　　　　表 3-14

序号	检查项目	允许偏差或允许值		检查方法
		单位	数值	
1	排水沟坡度	‰	$1 \sim 2$	目测，坑内不积水，沟内排水畅通
2	井管（点）垂直度	%	1	插管时目测
3	井管（点）间距（与设计相比）	%	≤ 150	用钢尺量
4	井管（点）插入深度（与设计相比）	mm	≤ 200	水准仪
5	过滤砂砾料填灌（与计算值相比）	mm	≤ 5	检查回填料用量
6	井点真空度：轻型井点 　　　　　　喷射井点	kPa kPa	> 60 > 93	真空度表
7	电渗井点阴阳级距离：轻型井点 　　　　　　　　　　喷射井点	mm mm	$80 \sim 100$ $120 \sim 150$	用钢尺量

【知识拓展】

3.3.5 地下连续墙

1. 地下连续墙均应设置导墙，导墙形式有预制及现浇两种，现浇导墙形状有"L"型或倒"L"形，可根据不同土质选用。

2. 地下墙施工前宜先试成槽，以检验泥浆的配比、成槽机的选型并可复核地质资料。

3. 作为永久结构的地下连续墙，其抗渗质量标准可按现行国家标准《地下防水工程施工质量验收规范》GB50208 执行。

4. 地下墙槽段间的连接接头形式，应根据地下墙的使用要求选用，且应考虑施工单位的经验，无论选用何种接头，在浇筑混凝土前，接头处必须刷洗干净，不留任何泥砂或污物。

5. 地下墙与地下室结构顶板、楼板、底板及梁之间连接可预埋钢筋或接驳器（锥螺纹或直螺纹），对接驳器也应按原材料检验要求，抽样复验。数量每 500 套为一个检验批，每批应抽查 3 件，复验内容为外观、尺寸、抗拉试验等。

6. 施工前应检验进场的钢材、电焊条。已完工的导墙应检查其净空尺寸，墙面平整度与垂直度。检查泥浆用的仪器、泥浆循环系统应完好。地下连续墙应用商品混凝土。

7. 施工中应检查成槽的垂直度、槽底的淤积物厚度、泥浆比重、钢筋笼尺寸、浇筑导管位置、混凝土上升速度、浇筑面标高、地下墙连接面的清洗程度、商品混凝土的坍落度、锁口管或接头箱的拔出时间及速度等。

8. 成槽结束后应对成槽的宽度、深度及倾斜度进行检验，重要结构每段槽段都应检查，一般结构可抽查总槽段数的 20%，每槽段应抽查 1 个段面。

9. 永久性结构的地下墙，在钢筋笼沉放后应做二次清孔，沉渣厚度应符合要求。

10. 每 50m³ 地下墙应做 1 组试件，每幅槽段不得少于 1 组，在强度满足设计要求后方可开挖土方。

11. 作为永久性结构的地下连续墙，土方开挖后应进行逐段检查，钢筋混凝土底板也应符合现行国家标准《混凝土结构工程施工质量验收规范》GB50204 的规定。

12. 地下墙的钢筋笼检验标准应符合混凝土灌注桩钢筋笼质量检验标准的规定。其他标准应符合表 3-15 的规定。

地下墙质量检验标准 表 3-15

检验项目	序号	检查项目	允许偏差或允许值		检查方法
			单位	数值	
主控项目	1	墙体强度	设计要求		查试件记录或取芯试压
	2	垂直度：永久结构 临时结构	—	1/300 1/150	测声波测槽仪或成槽机上的监测系统

续表

检验项目	序号	检查项目		允许偏差或允许值		检查方法
				单位	数值	
一般项目	1	导墙尺寸	宽度	mm	W+40	用钢尺量，W 为地下墙设计厚度
			地面平整度	mm	< 5	用钢尺量
			导墙平面位置	mm	±10	用钢尺量
	2	沉渣厚度：永久结构 临时结构		mm mm	≤ 100 ≤ 200	重锤测或沉积物测定仪
	3	槽深		mm	+100	重锤测
	4	混凝土塌落度		mm	180 ~ 220	检查计量数据
	5	钢筋笼尺寸		(详表 3-13)		(详表 3-13)
	6	地下墙表面平整度	永久结构 临时结构 插入式结构	mm mm mm	< 100 < 150 < 20	此为均匀黏土层。松散及易塌土层由设计决定
	7	永久结构时的预埋件位置	水平向 垂直向	mm mm	≤ 10 ≤ 20	用钢尺量 水准仪

任务 3.4 地基处理子分部工程

【任务描述】

主要是对地基处理子分部施工时应采取的措施及准备工作，地基处理施工的类型、质量要求及检查内容、方法，地基处理工程子分部分项的划分，地基处理工程质量检验标准、检验批验收记录作出了明确的规定。

【学习支持】

《建筑工程施工质量验收统一标准》GB 50300-2013 和《建筑地基基础工程施工质量验收规范》GB 50202-2002。

【任务实施】

3.4.1 一般规定

在地基基础工程施工中，地基作为承受上部结构质量的基体，必须符合设计要求。然而，设计依据是岩土工程勘察资料，所以现场地质情况是否与岩土工程勘察资料相吻合即成为施工现场地基质量检测的核心。同时临近建筑物和地下设施类型、分布及结构质量情况将直接影响地基基础施工组织，如开挖范围，放坡的要求，支撑的类型及要求，支护的类型、设计、施工等。

1. 建筑物地基的施工应具备下述资料：

(1) 岩土工程勘察资料。

(2) 临近建筑物和地下设施类型、分布及结构质量情况。

(3) 工程设计图纸、设计要求及需达到的标准，检验手段。

2. 砂、石子、水泥、钢材、石灰、粉煤灰等原材料的质量、检验项目、批量和检验方法，应符合国家现行标准的规定。

3. 地基施工结束，宜在一个间歇期后进行质量验收，间歇期由设计确定。

4. 地基加固工程，应在正式施工前进行试验段施工，论证设定的施工参数及加固效果。为验证加固效果所进行的载荷试验，其施加载荷应不低于设计载荷的 2 倍。

5. 对灰土地基、砂和砂石地基、土工合成材料地基、粉煤灰地基、强夯地基、注浆地基、预压地基，其竣工后的结果（地基强度或承载力）必须达到设计要求的标准。检验数量，每单位工程不应少于 3 点，1000m² 以上工程，每 100m² 至少应有 1 点，3000m² 以上工程，每 300m² 至少应有 1 点。每一独立基础下至少应有 1 点，基槽每 20 延米应有 1 点。

6. 对水泥土搅拌复合地基、高压喷射注浆桩复合地基、砂桩地基、振冲桩复合地基、土和灰土挤密桩复合地基、水泥粉煤灰碎石桩复合地基及夯实水泥土桩复合地基，其承载力检验，数量为总数为 1.5% ~ 1%，但不应少于 3 根。

7. 除 5、6 条指定的主控项目外，其他主控项目及一般项目可随意抽查，但复合地基中的水泥土搅拌桩、高压喷射注浆桩、振冲桩、土和灰土挤密桩、水泥粉煤灰碎石桩及夯实水泥土桩至少应抽查 20%。

3.4.2 素土、灰土地基

1. 灰土土料、石灰或水泥（当水泥替代灰土中的石灰时）等材料及配合比应符合设计要求，灰土应搅拌均匀。灰土的土料宜用黏土、粉质黏土。严禁采用冻土、膨胀土和盐渍土等活性较强的土料。

2. 施工过程中应检查分层铺设的厚度、分段施工时上下两层的搭接长度、夯实时加水量、夯压遍数、压实系数。验槽发现有软弱土层或孔穴时，应挖除，并用素土或灰土分层填实。最优含水量可通过击实试验确定。分层厚度可参考表 3-16 所示数值。

灰土最大虚铺厚度   表 3-16

序号	夯实机械	质量（t）	参考分层厚度（mm）	备注
1	石夯、木夯	0.04 ~ 0.08	200 ~ 250	人力送夯，落距 400 ~ 500mm，每夯搭接半夯
2	轻型夯实机械	—	200 ~ 250	蛙式或柴油打夯机
3	压路机	机重 6 ~ 10	200 ~ 300	双轮

3. 施工结束后，应检验灰土地基的承载力。

4. 灰土地基的质量验收标准应符合表 3-17 规定。

灰土地基质量检验标准 表 3-17

检验项目	序号	检查项目	允许偏差或允许值		检查方法
			单位	数值	
主控项目	1	地基承载力	设计要求		按规定方法
	2	配合比	设计要求		按拌和时的体积比
	3	压实系数	设计要求		现场实测
一般项目	1	石灰粒径	mm	≤ 5	筛分法
	2	土料有机值含量	%	≤ 5	实验室焙烧法
	3	土粒粒径	mm	≤ 15	筛分法
	4	含水量（与要求的最优含水量比较）	%	±2	烘干法
	5	分层厚度偏差（与设计要求比较）	mm	±50	水准仪

3.4.3 砂和砂石地基

1. 砂、石等原材料质量、配合比应符合设计要求，砂、石应搅拌均匀。原材料宜用中砂、粗砂、砾砂、碎石（卵石）、石屑。细砂应同时掺入 25% ~ 35% 碎石或卵石。

2. 施工过程中必须检查分层厚度、分段施工时搭接部分的压实情况、加水量、压实遍数、压实系数。砂和砂石地基每层铺筑厚度及最优含水量可按表 3-18 所示数值。

砂和砂石地基每层铺筑厚度及最优含水量 表 3-18

序号	压实方法	每层铺筑厚度（mm）	最优含水量（%）	施工要求	备注
1	平碾法	200 ~ 250	15 ~ 20	用平板式振捣器往复振捣	不宜使用干细砂或含泥量较大的砂所铺筑的砂地基
2	插振法	振捣器插入深度	饱和	1. 用插入式振捣器；2. 插入点间距可根据机械振幅大小决定；3. 不应插至下卧黏性土层；4. 插入振捣完毕后，所留的孔洞应用砂填实	不宜使用细砂或含泥量较大的砂所铺筑的砂地基
3	水撼法	250	饱和	1. 注水高度应超过每次铺筑面层；2. 用钢叉摇撼捣实，插入点间距为 100mm；3. 钢叉分四齿，齿的间距 80mm，长 300mm	
4	夯实法	150 ~ 200	8 ~ 12	1. 用木夯或机械夯；2. 木夯重 40kg，落距 400 ~ 500mm；3. 一夯压半夯，全面夯实	
5	碾压法	250 ~ 350	8 ~ 12	6 ~ 12t 压路机往复碾压	适用于大面积施工的砂和砂石地基

注：在地下水位以下的地基其最下层的铺筑厚度可增加 50mm。

3. 施工结束后，应检验砂石地基的承载力。

4. 砂和砂石地基的质量验收标准应符合表 3-19 的规定。

砂及砂石地基质量检验标准 表 3-19

检验项目	序号	检查项目	允许偏差或允许值		检查方法
			单位	数值	
主控项目	1	地基承载力	设计要求		按规定方法
	2	配合比	设计要求		检查拌和时的体积比或重量比
	3	压实系数	设计要求		现场实测
一般项目	1	砂石料有机质含量	mm	≤ 5	焙烧法
	2	砂石料含泥量	%	≤ 5	水洗法
	3	石粒粒径	mm	≤ 100	筛分法
	4	含水量（与最优含水量比较）	%	±2	烘干法
	5	分层厚度（与设计要求比较）	mm	±50	水准仪

【知识拓展】

3.4.4 土工合成材料地基

1. 施工前应对土工合成材料的物理性能（单位面积的质量、厚度、比重）、强度、延伸率以及土、砂石料等做检验。土工合成材料以 100m^2 为一批，每批应抽查 5%。

土工合成材料所用的品种与性能和填料土类，应根据工程特性和地基土条件，通过现场试验确定，垫层材料宜用黏性土、中砂、粗砂、砾砂、碎石等内摩阻力高的材料。如工程要求垫层排水，垫层材料应具有良好的透水性。

2. 施工过程中应检查清基、回填料铺设厚度及平整度、土工合成材料的铺设方向、接缝搭接长度或缝接状况、土工合成材料与结构的连接状况等。

土工合成材料如用缝接法或胶接法连接，应保证主要受力方向的连接强度不低于所采用材料的抗拉强度。

3. 施工结束后，应进行承载力检验。

4. 土工合成材料地基质量检验标准应符合表 3-20 的规定。

土工合成材料地基质量检验标准 表 3-20

检验项目	序号	检查项目	允许偏差或允许值		检查方法
			单位	数值	
主控项目	1	土工合成材料强度	%	≤ 5	置于夹具上做拉伸试验（结果与设计标准值相比）
	2	土工合成材料延伸率	%	≤ 3	置于夹具上做拉伸试验（结果与设计标准值相比）
	3	地基承载力	设计要求		按规定方法
一般项目	1	土工合成材料搭接长度	mm	≤ 300	用钢尺量
	2	土石料有机质含量	%	≤ 5	焙烧法
	3	层面平整度	mm	≤ 20	用 2m 靠尺
	4	每层铺设厚度	mm	±25	水准仪

任务 3.5 桩基础子分部工程

【任务描述】

主要是对桩基础子分部施工时应采取的措施及准备工作，桩基础施工的类型、质量要求及检查内容、方法，桩基础工程子分部分项的划分，桩基础工程质量检验标准、检验批验收记录作出了明确的规定。

【学习支持】

《建筑工程施工质量验收统一标准》GB 50300-2013 和《建筑地基基础工程施工质量验收规范》GB 50202-2002。

【任务实施】

3.5.1 一般规定

1. 桩位的放样允许偏差如下：

群桩 20mm；

单排桩 10mm。

2. 桩基工程的桩位验收，除设计有规定外，应按下述要求进行：

（1）当桩顶设计标高与施工现场标高相同时，或桩基施工结束后，有可能对桩位进行检查时，桩基工程的验收应在施工结束后进行。

（2）当桩顶设计标高低于施工场地标高，送桩后无法对桩位进行检查时，对打入桩可在每根桩桩顶沉至场地标高时，进行中间验收，待全部桩施工结束，承台或底板开挖到设计标高后，再做最终验收。对灌注桩可对护筒位置做中间验收。

桩顶标高低于施工场地标高时，如不做中间验收，在土方开挖后如有桩顶位移发生不易明确责任，究竟是土方开挖不妥，还是本身桩位不准（打入桩施工不慎，会造成挤土，导致桩位位移），加一次中间验收有利于责任区分，引起打桩及土方施工的重视。

3. 打（压）入桩（预制凝土方桩、先张法预应力管桩、钢桩）的桩位偏差，必须符合表 3-21 的规定。斜桩倾斜度的偏差不得大于倾斜角正切值的 15%（倾斜角是桩的纵向中心线与铅垂线间夹角）。

预制桩桩位的允许偏差（mm）   表 3-21

序号	项　目	允许偏差
1	有基础梁的桩： 1. 垂直基础梁的中心线 2. 沿基础梁的中心线	$100+0.01H$ $150+0.01H$
2	桩数为 1～3 根桩基中的桩	100
3	桩数为 4～16 根桩基中的桩	1/2 桩径或边长
4	桩数为 > 16 根桩基中的桩： 1. 最外边的桩 2. 中间桩	1/2 桩径或边长 1/2 桩径或边长

注：H 为施工现场地面标高与桩顶设计标高的距离。

为保证桩的允许偏差符合规定，在施工中必须考虑合适的顺序及打桩速率。布桩密集的基础工程应有必要的措施来减少沉桩的挤土影响。

4. 灌注桩的桩位偏差必须符合表 3-12 的规定，桩顶标高至少要比设计标高高出 0.5m，桩底清孔质量按不同的成桩工艺有不同的要求，应按相应要求执行。每浇筑 $50m^3$ 必须有 1 组试件，小于 $50m^3$ 的桩，每根桩必须有 1 组试件。

5. 工程桩应进行承载力检验。对于地基基础设计等级为甲级或地质条件复杂，成桩质量可靠性低的灌注桩，应采用静载荷试验的方法进行检验，检验桩数不应少于总数的 1%，且不应少于 3 根，当总桩数不少于 50 根时，不应少于 2 根。

6. 桩身质量应进行检验。对设计等级为甲级或地质条件复杂，成桩质量可靠性低的灌注桩，抽检数量不应少于总数的 30%，且不应少于 20 根；其他桩基工程的抽检数量不应少于总数的 20%，且不应少于 10 根；对混凝土预制桩及地下水位以上且终孔后经过核验的灌注桩，检验数量不应少于总桩数的 10%，且不得少于 10 根。每个柱子承台下不得少于 1 根。

7. 对砂、石子、钢材、水泥等原材料的质量、检验项目、批量和检验方法，应符合国家现行标准的规定。

8. 除本 5、6 条规定的主控项目外，其他主控项目应全部检查，对一般项目，除已明确规定外，其他可按 20% 抽查，但混凝土灌注桩应全部检查。

3.5.2 钢筋混凝土预制桩

1. 桩在现场预制时，应对原材料、钢筋骨架（见表 3-22）、混凝土强度进行检查；采用工厂生产的成品桩时，桩进场后应进行外观及尺寸检查。

预制桩钢筋骨架质量检验标准（mm）   表 3-22

检验项目	序号	检查项目	允许偏差或允许值	检查方法
主控项目	1	主筋距桩顶距离	±5	用钢尺量
	2	多节桩锚固钢筋位置	5	用钢尺量
	3	多节桩预埋铁件	±3	用钢尺量
	4	主筋保护层厚度	±5	用钢尺量
一般项目	1	主筋间距	±5	用钢尺量
	2	桩尖中心线	10	用钢尺量
	3	箍筋间距	±20	用钢尺量
	4	桩顶箍筋网片	±10	用钢尺量
	5	多节桩锚固钢筋长度	±10	用钢尺量

2. 施工中应对桩体垂直度、沉桩情况、桩顶完整状况、接桩质量等进行检查，对电焊接桩，重要工程应做 10% 的焊缝探伤检查。

3. 施工结束后，应对承载力及桩体质量做检验。

4. 对长桩或总锤击数超过 500 击的锤击桩，应符合桩体强度及 28d 龄期的两项条件才能锤击。对短桩，锤击数不多时，满足强度要求一项即可。

5. 钢筋混凝土预制桩的质量检验标准应符合表 3-23 的规定。

钢筋混凝土预制桩质量检验标准（mm）   表 3-23

检验项目	序号	检查项目	允许偏差或允许偏差值		检查方法
			单位	数值	
主控项目	1	桩体质量检验	按桩基检测技术规范		按桩基检测技术规范
	2	桩位偏差	按表 3-21		用钢尺量
	3	承载力	按桩基检测技术规范		按桩基检测技术规范

续表

检验项目	序号	检查项目	允许偏差或允许偏差值		检查方法
			单位	数值	
一般项目	1	砂、石、水泥、钢材等原材料（现场预制时）	符合设计要求		查出厂质量证明文件或抽样送检
	2	混凝土配合比及强度（现场预制时）	符合设计要求		检查称量及试块记录
	3	成品桩外形	表面平整，颜色均匀，掉角深度 < 10mm，蜂窝面积小于总面积 0.5%		直观检查
	4	成品桩裂缝（收缩裂缝或起吊、装运、堆放引起的裂缝）	深度 < 20mm，宽度 < 0.25mm，横向裂缝不超过边长的一半		裂缝测定仪，该项在地下水有侵蚀地区及锤击数超过 500 击的长桩不适用
	5	成品桩尺寸： 横截面边长 桩顶对角线差 桩尖中心线 桩身弯曲矢高 桩顶平整度	mm mm mm mm	±5 < 10 < 10 < 1/1000L < 2	用钢尺量 用钢尺量 用钢尺量 用钢尺量，L 为桩长 用水平尺量
	6	电焊接桩 焊缝质量	钢桩施工质量检验标准		钢桩施工质量检验标准
		电焊结束后停歇时间 上下节平面偏差 节点弯曲矢高	min mm	> 1.0 < 10 < 1/1000L	秒表测定 用钢尺量 用钢尺量，L 为两节桩长
	7	硫磺胶泥接桩： 胶泥浇筑时间 浇筑后停歇时间	min min	< 2 > 7	秒表测定 秒表测定
	8	桩顶标高	mm	±50	水准仪
	9	停锤标准	设计要求		现场实测或查沉桩记录

3.5.3 混凝土灌注桩

混凝土灌注桩主要包括成孔灌注桩、沉管灌注桩、人工挖孔灌注桩等。

依据地质条件不同，成孔灌注桩成孔方法分为干作业成孔和泥浆护壁（湿作业）成孔两类。

干作业成孔灌注桩施工，成孔时若无地下水或地下水很小，基本上不影响工程施工时，称为干作业成孔，主要适用于地下水位低的土层。其施工工艺流程为：场地清理→测量放线定桩位→桩机就位→钻孔取土成孔→清除孔底沉渣→成孔质量检查验收→吊放钢筋笼→浇筑孔内混凝土。

泥浆护壁成孔灌注桩施工，泥浆护壁成孔灌注桩是利用泥浆护壁，钻孔时通过循环泥浆将钻头切削下的土渣排出孔外而成孔，然后吊放钢筋笼，水下灌注混凝土而成桩。

成孔方式有回转钻成孔、潜水钻成孔、冲击钻成孔、冲抓锥成孔、钻斗钻成孔等。其施工工艺流程为：场地清理→测量放线定桩位→埋设护筒→泥浆制备→桩机就位→成孔→清孔→吊放钢筋笼→水下浇筑混凝土。

沉管灌注桩施工又叫套管成孔灌注桩，是目前采用较为广泛的一种灌注桩。依据使用桩锤和成桩工艺不同，分为锤击沉管灌注桩、振动沉管灌注桩、静压沉管灌注桩、振动冲击沉管灌注桩和沉管夯扩灌注桩等。这类灌注桩的施工工艺是：使用锤击式桩锤或振动式桩锤将带有桩尖的钢管沉入土中，造成桩孔，然后放入钢筋笼、浇筑混凝土，最后拔出钢管，形成所需的灌注桩。

人工挖孔灌注桩是指桩孔采用人工挖掘方法进行成孔，然后安放钢筋笼，浇筑混凝土而成的桩。人工挖孔灌注桩其结构上的特点是单桩的承载能力高，受力性能好，既能承受垂直荷载，又能承受水平荷载；人工挖孔灌注桩具有机具设备简单、施工操作方便，占用施工场地小，无噪音，无振动，不污染环境，对周围建筑物影响小，施工质量可靠，可全面展开施工，工期缩短，造价低等优点。

人工挖孔桩的护壁常采用现浇混凝土护壁，也可采用钢护筒或采用沉井护壁等。采用现浇混凝土护壁时的施工工艺流程为：场地清理→测量放线定桩位→开挖土方→支撑护壁模板→设置操作平台→浇筑护壁混凝土→拆除护壁模板，继续下一段护壁施工→清孔→安放钢筋笼→浇筑混凝土。

混凝土灌注桩质量验收要求：

1. 施工前应对水泥、砂、石子（如现场搅拌）、钢材等原材料进行检查，对施工组织设计中制定的施工顺序、监测手段（包括仪器、方法）也应检查。

2. 施工中应对成孔、清查、放置钢筋笼、灌注混凝土等进行全过程检查，人工挖孔桩尚应复验孔底持力层土（岩）性。嵌岩桩必须有桩端持力层的岩性报告。

沉渣厚度应在钢筋笼放入后，混凝土浇筑前测定，成孔结束后，放钢筋笼、混凝土导管都会造成土体跌落，增加沉渣厚度，因此，沉渣厚度应是二次清孔后的结果。

3. 施工结束后，应检查混凝土强度，并应做桩体质量及承载力的检验。

4. 混凝土灌注桩的质量检验标准应符合表3-10混凝土灌注桩钢筋笼质量检验标准、表3-11混凝土灌注桩质量检验标准的规定。

5. 人工挖孔桩、嵌岩桩的质量检验应按本节执行。

【知识拓展】

3.5.4　静力压桩

1. 静力压桩包括锚杆静压桩及其他各种非冲击力沉桩。静力压桩的方法较多，有锚杆静压，液压千斤顶加压、绳索系统加压等，凡非冲击力沉桩均按静力压桩考虑。

2. 施工前应对成品桩（锚杆静压成品桩一般均由工厂制造，运至现场堆放）做外观及强度检验，安装用焊条或半成品硫磺胶泥应有产品合格证书，或送有关部门检验，压桩用压力表、锚杆规格及质量也应进行检查、硫磺胶泥半成品应每100kg做一组试件（3件）。

3. 压桩过程中应检查压力、桩垂直度、接桩间歇时间、桩的连接质量及压入深度，重要工程应对电焊接桩的接头做 10% 的探伤检查。对承受反力的结构应加强观测。

4. 施工结束后，应做桩的承载力及桩体质量检验。

5. 锚杆静压桩质量检验标准应符合表 3-24 的规定。

静力压桩质量检验标准   表 3-24

检验项目	序号	检查项目		允许偏差或允许偏差值		检查方法
				单位	数值	
主控项目	1	桩体质量检验		按桩基检测技术规范		按桩基检测技术规范
	2	桩位偏差		按表 3-21		用钢尺量
	3	承载力		按桩基检测技术规范		按桩基检测技术规范
一般项目	1	成品桩质量	外观	表面平整，颜色均匀，掉角深度 < 10mm，蜂窝面积小于总面积 0.5%		直观
			外形尺寸	钢筋混凝土预制桩质量检验标准		钢筋混凝土预制桩质量检验标准
			强度	设计要求		查合格证或钻芯试压
	2	硫磺胶泥质量（半成品）		设计要求		查合格证或抽样送检
	3	电焊接桩	焊缝质量	钢桩施工质量检验标准		钢桩施工质量检验标准
			电焊结束后停歇时间	min	> 1.0	秒表测定
			硫磺胶泥接桩：胶泥浇筑时间 浇筑后停歇时间	min min	< 2 > 7	秒表测定 秒表测定
	4	电焊条质量		设计要求		查产品合格证书
	5	压桩压力（设计要求时）		%	±5	查压力表读数
	6	接桩时上下节平面偏差 接桩时节点弯曲矢高		mm	< 10 > 1/1000L	用钢尺量 用钢尺量，L 为两节桩长
	7	桩顶标高		mm	±50	水准仪

任务 3.6　地基与基础分部工程验收

【任务描述】

建筑地基基础工程是一个分部工程，包括土方、基坑支护、地基处理、桩基础、混凝土基础、砌体基础、钢结构基础、钢管混凝土结构基础、型钢混凝土结构基础、地下防水十个子分部工程，各子分部工程由若干个分项工程组成，各分项工程又由一个或多个检验批组成。检验批是工程验收的最小单位，是分项工程、分部（子）工程和整个建筑工程质量验收的基础。

【学习支持】

《建筑工程施工质量验收统一标准》GB 50300-2013 和《建筑地基基础工程施工质量验收规范》GB 50202-2002。

【任务实施】

3.6.1 一般规定

1. 分项工程、分部（子分部）工程质量的验收，均应在施工单位自检合格的基础上进行。施工单位确认自检合格后提出工程验收申请，工程验收时应提供下列技术文件和记录：

（1）原材料的质量合格证和质量鉴定文件。

（2）半成品如预制桩、钢桩、钢筋笼等产品合格证书。

（3）施工记录及隐蔽工程验收文件。

（4）检测试验及见证取样文件。

（5）其他必须提供的文件或记录。

2. 对隐蔽工程应进行中间验收。

3. 分部（子分部）工程验收应由总监理工程师或建设单位项目负责人组织勘察、设计单位及施工单位的项目负责人、技术质量负责人，共同按设计要求和《建筑地基基础工程施工质量验收规范》GB 50202-2002 及其他有关规定进行。

4. 验收工作应按下列规定进行：

（1）分项工程的质量验收应分别按主控项目和一般项目验收。

（2）隐蔽工程应在施工单位自检合格后，于隐蔽前通知有关人员检查验收，并形成中间验收文件。

（3）分部（子分部）工程的验收，应在分项工程通过验收的基础上，对必要的部位进行见证检验。

5. 主控项目必须符合验收标准规定，发现问题应立即处理直至符合要求，一般项目应有80%合格。混凝土试件强度评定不合格或对试件的代表性有怀疑时，应采用钻芯取样，检测结果符合设计要求可按合格验收。

3.6.2 地基与基础分部工程验收的程序

检验批的质量验收→分项工程的质量验收→分部（子分部）工程的验收

1. 检验批的质量验收

检验批应由专业监理工程师组织施工单位项目专业质量检查员、专业工长等进行验收。验收前，施工单位先填好"检验批质量验收记录"，并由项目专业质量检查员在验收记录中签字，然后由专业监理工程师组织按规定程序进行。检验批质量验收合格应符合下列规定：

（1）主控项目的质量应经抽查检验合格。

（2）一般项目的质量应经抽查检验合格；有允许偏差值的项目，其抽查点应有80%及其以上在允许偏差范围内，且最大偏差值不得超过允许偏差值的1.5倍。

（3）具有完整的施工操作依据和质量检查记录。

2. 分项工程的质量验收

分项工程的质量验收应在构成分项工程的检验批的质量验收合格的基础上进行，由专业监理工程师组织施工单位项目专业技术负责人等进行验收。分项工程质量验收合格应符合下列规定：

（1）分项工程所含检验批全部施工完成，检验批的质量均验收合格。

（2）分项工程所含检验批的质量验收记录应完整。

3. 分部（子分部）工程的验收

分部（子分部）工程的验收在其所含各分项工程全部验收完成的基础上进行，分部工程应由总监理工程师组织施工单位项目负责人和项目技术负责人等进行验收。勘察、设计单位项目负责人和施工单位技术、质量部门负责人应参加地基与基础分部工程的验收。

分部（子分部）工程质量验收合格应符合下列规定：

（1）分部（子分部）所含分项工程全部施工完成，分项工程质量均应验收合格。

（2）质量控制资料应完整、真实、准确，不得有涂改和伪造，各级技术负责人签字后方可有效。

（3）有关安全、节能、环境保护和主要使用功能的抽样检验结果应符合相应规定。

（4）观感质量检查应符合要求。

4. 地基与基础工程验收的文件和记录见表 3-25

地基与基础工程验收的文件和记录　　　　　　　　　　　　　　　　表 3-25

序号	项目	文件和记录
1	施工图纸和设计变更记录	设计图纸及会审记录、设计变更通知单和材料代用核定单
2	施工方案	施工方法、技术措施、质量保证措施、安全文明施工措施等
3	技术交底记录	施工操作要点、质量要求及注意事项等
4	材料质量证明文件	出厂合格证、型式检验报告、出厂检验报告、进场验收记录和进场检验报告
5	见证取样试验记录	混凝土试件、砂浆试件、钢筋焊接接头试件、钢筋机械连接接头试件等
6	隐蔽工程验收记录	回填土试验报告、地基处理工程回填土试验报告、地基承载力试验报告及相关检测报告
7	桩的检测记录	桩承载力检验报告、桩身质量检验报告
8	验槽记录	地基验槽记录、地基基础钎探记录
9	施工记录	地基基础分部工程相关内容
10	施工日志	逐日施工情况
11	工程检验记录	工序交接检验记录、检验批质量验收记录、观感质量检查记录、安全与功能抽样检验（检测）记录
12	其他必须提供的文件或记录	事故处理报告、技术总结等

3.6.3 地基与基础（子分部）工程验收的内容

1. 统计核查子分部工程和所包含的分项工程数量

地基与基础分部工程所包含的全部子分部工程应全部完成，并验收合格；同时每个分项工程和子分部工程验收过程正确，资料完整，手续符合要求。

2. 核查质量控制资料

分部工程验收时应核查下列资料：

（1）图纸会审、设计变更、洽商记录。

（2）原材料出厂合格证书及检（试）验报告。

（3）施工试验报告及见证检测报告。

（4）隐蔽验收记录。地基与基础应对下列部位进行隐蔽工程验收：

A. 建筑物定位放线。

B. 轴线标高放线记录。

C. 地基验槽记录。

D. 钻挖孔成孔验收记录。

E. 地基土置换验收记录。

F. 钢筋加工安装隐蔽验收记录。

G. 避雷接地焊接隐蔽验收记录。

H. 混凝土浇筑记录。

I. 混凝土现浇结构尺寸偏差验收记录。

（5）施工记录。

（6）分项工程质量验收记录。

（7）新材料、新工艺施工记录。

3. 地基基础工程观感质量验收

地基与基础工程的观感质量验收项目及验收方法，应由有关各方组成的验收人员通过现场检查共同确认，填写地基与基础工程的观感质量验收记录。

项目 4
主体工程分部工程质量验收

【项目概述】

　　建筑主体工程指基于地基基础之上，接受、承担和传递建设工程所有上部荷载，维持结构整体性、稳定性和安全性的承重结构体系。常见的主体工程主要有砌体工程和混凝土工程。砌体工程内容主要包括砌体工程质量控制要点，砌体工程检验批、分项工程、分部工程的验收合格的要求及表格填写。混凝土工程内容主要包括混凝土质量控制要点，混凝土检验批、分项工程、分部工程的验收合格的要求及表格填写。本模块着重讨论砌体结构混凝土结构的施工方法、质量标准、检测验收方法、检验批表格的填写及资料的收集与整理。

【学习目标】通过学习，你将能够：

认知主体工程质量检测和验收的内容；
理解钢筋、砂、石、水泥等材料的进场验收内容和方法，会进行进场验收；
会进行砌体、混凝土施工；
能参与砌体、混凝土施工质量检测验收；
能填写砌体工程、混凝土工程检验批表及其他相关表格填写；
能理解检验批、分项工程、分部工程验收合格的要求。

任务 4.1　砌体子分部工程

【任务描述】

　　砌体结构是由砌块和砌筑砂浆组砌而成的墙、柱作为建筑物主要受力构件的结构，是砖砌体、石砌体和填充墙砌体的统称，主要用于建筑的条形基础、墙、柱。本项目着重讨论砌体结构的施工方法、质量标准及检测验收方法，砌体工程质量控制要点，砌体工程检验批、分项工程、分部工程的验收合格的要求及表格填写。

【学习支持】

《砌体工程质量验收规范》GB 50203-2011 和《砌体工程现场检测技术标准》GB/T 50315-2011。

【任务实施】

4.1.1 砖砌体工程

1. 施工质量控制要点

（1）用于清水墙、柱表面的砖，应边角整齐，色泽均匀。

（2）有冻胀环境和条件的地区，地面以下或防潮层以下的砌体不宜采用多孔砖。

（3）砌筑砖砌体时，砖应提前 1 ~ 2 天浇水湿润。

（4）砌砖工程当采用铺浆法砌筑时，铺浆长度不得超过 750mm；施工期间气温超过 30℃时，铺浆长度不得超过 500mm。

（5）240mm 厚承重墙的每层墙的最上一皮砖，砖砌体的阶台水平面上及挑出层应整砖丁砌。

（6）砖砌平拱过梁的灰缝应砌成楔形缝。灰缝的宽度，在过梁的底面不应小于 5mm；在过梁的顶面不应大于 15mm。拱脚下面应伸入墙内不小于 20mm，拱底应有 1% 的起拱。

（7）砖过梁底部的模板，应在灰缝砂浆强度不低于设计强度的 50% 时，方可拆除。

（8）多孔砖的孔洞应垂直于受压面砌筑。

（9）施工时施砌的蒸压（养）砖产品龄期不应小于 28 天。

（10）竖向灰缝不得出现透明缝、瞎缝和假缝。

（11）砖砌体施工临时间断处补砌时，必须将接槎处表面清理干净，浇水湿润，并填实砂浆，保持灰缝平直。

（12）砌体水平灰缝的砂浆饱满度不得小于 80%。

（13）砖砌体的转角处和交接处应同时砌筑，严禁无可靠措施的内外墙分砌施工。对不能同时砌筑而又必须留置的临时间断处应砌成斜槎，斜槎水平投影长度不应小于高度的 2/3。

（14）非抗震设防及抗震设防烈度为 6 度、7 度地区的临时间断处，当不能留斜槎时，除转角处外，可留直槎，但直槎必须做成凸槎。留直槎处应加设拉结钢筋，拉结钢筋的数量为每 120mm 墙厚放置 16 拉结钢筋（120mm 厚墙放置 26 拉结钢筋），间距沿墙高不应超过 500mm；埋入长度从留槎处算起每边均不应小于 500mm，对抗震设防烈度 6 度、7 度的地区，不应小于 1000mm；末端应有 90° 弯钩。

（15）砖砌体的灰缝应横平竖直，厚薄均匀。水平灰缝厚度宜为 10mm，但不应小于 8mm，也不应大于 12mm。

2. 砖砌体施工质量验收标准

（1）砖的检查数量：每一生产厂家的砖到现场之后，按烧结砖 15 万块、多孔砖 5

万块、灰砂砖及粉煤灰砖 10 万块各为一检验批,抽检数量为 1 组。每一检验批且不超过 250m³ 砌体的各种类型及强度等级的砌筑砂浆,每台搅拌机至少抽检一次。

(2)砖砌体的位置及垂直度允许偏差见表 4-1 规定。

砖砌体的位置及垂直度允许偏差   表 4-1

项次	项目			允许偏差(mm)	检验方法
1	轴线位置偏移			10	用经纬仪和尺检查或用其他测量仪器检查
2	垂直度	每层		5	用 2m 托线板检查
		全高	≤ 10m	10	用经纬仪、吊线和尺检查,或用其他测量仪器检查
			> 10m	20	

(3)砖砌体一般尺寸允许偏差见表 4-2 规定。

砖砌体一般尺寸允许偏差   表 4-2

项次	项目		允许偏差(mm)	检验方法	抽检数量
1	基础顶面和楼面标高		±15	用水平仪和尺检查	不应少于 5 处
2	表面平整度	清水墙、柱	5	用 2m 靠尺和楔形塞尺检查	有代表性自然间 10%,但不应少于 3 间,每间不应少于 2 处
		混水墙、柱	8		
3	门窗洞口高、宽(后塞口)		±5	用尺检查	检验批洞口的 10%,且不应少于 5 处
4	外墙上下窗口偏移		20	以底层窗口为准,用经纬仪或吊线检查	检验批的 10%,且不应少于 5 处
5	水平灰缝平直度	清水墙	7	拉 10m 线和尺检查	有代表性自然间 10%,但不应少于 3 间,每间不应少于 2 处
		混水墙	10		
6	清水墙游丁走缝		20	吊线和尺检查,以每层第一皮砖为准	有代表性自然间 10%,但不应少于 3 间,每间不应少于 2 处

4.1.2 石砌体工程

1. 施工质量控制要点

(1)石砌体采用的石材应质地坚实,无风化剥落和裂纹。用于清水墙、柱表面的石材,尚应色泽均匀。

(2)石材表面的泥垢、水锈等杂质,砌筑前应清除干净。

(3)石砌体的灰缝厚度:毛料石和粗料石砌体不宜大于 20mm;细料石砌体不宜大于 5mm。

(4)砂浆初凝后,如移动已砌筑的石块,应将原砂浆清理干净,重新铺浆砌筑。

(5) 砌筑毛石基础的第一皮石块应座浆,并将大面向下;砌筑料石基础的第一皮石块应用丁砌层座浆砌筑。

(6) 毛石砌体的第一皮及转角处、交接处和洞口处,应用较大的平毛石砌筑。每个楼层(包括基础)砌体的最上一皮,宜选用较大的毛石砌筑。

(7) 料石挡土墙,当中间部分用毛石砌时,丁砌料石伸入毛石部分的长度不应小于200mm。

(8) 挡土墙内侧回填土必须分层夯填,分层松土厚度应为300mm。墙顶土面应有适当坡度使流水向挡土墙外侧面。

2. 施工质量验收标准

(1) 检查数量:同一产地的石材至少应抽检一组。每一检验批且不超过250m³ 砌体的各种类型及强度等级的砌筑砂浆,每台搅拌机应至少抽检一次。

(2) 石砌体的轴线位置及垂直度允许偏差应符合表4-3规定。

石砌体的轴线位置及垂直度允许偏差　　　　　　　　　　　表4-3

项次	项目		允许偏差(mm)						检验方法
			毛石砌体		料石砌体				
					毛料石		粗料石		细料石	
			基础	墙	基础	墙	基础	墙	墙、柱	
1	细线位置		20	15	20	15	15	10	10	用经纬仪和尺检查,或用其他测量仪器检查
2	墙面垂直度	每层	—	20	—	20	—	10	7	用经纬仪、吊线和尺检查或用其他测量仪器检查
		全高	—	30	—	30	—	25	20	

(3) 石砌体的一般尺寸允许偏差应符合表4-4规定。

石砌体的一般尺寸允许偏差　　　　　　　　　　　　　表4-4

项次	项目		允许偏差(mm)							检验方法
			毛石砌体		料石砌体					
			基础	墙	基础	墙	基础	墙	墙、柱	
1	基础和墙砌体顶面标高		±25	±15	±25	±15	±15	±15	±10	用水准仪和尺检查
2	砌体厚度		±30	+20 −10	+30	+20 −10	+15	+10 −5	+10 −5	用尺检查
3	表面平整度	清水墙、柱	—	20	—	20	—	10	5	细料石用2m靠尺和楔形塞尺检查,其他用两直尺垂直灰缝拉2m线和尺检查
		混水墙、柱	—	20	—	20	—	15	—	

续表

项次	项目	允许偏差（mm）							检验方法
		毛石砌体		料石砌体					
		基础	墙	基础	墙	基础	墙	墙、柱	
4	清水墙水平灰缝平直度	—	—	—	—	—	10	5	拉 10m 线和尺检查

4.1.3 填充墙砌体工程

1. 施工质量控制要点

（1）蒸压加气混凝土砌块、轻骨料混凝土小型空心砌块砌筑时，其产品龄期应超过 28d。

（2）空心砖、蒸压加气混凝土砌块、轻骨料混凝土小型空心砌块等的运输、装卸过程中，严禁抛掷和倾倒。进场后应按品种、规格分别堆放整齐，堆置高度不宜超过 2m。加气混凝土砌块应防止雨淋。

（3）填充墙砌体砌筑前块材应提前 2d 浇水湿润。蒸压加气混凝土砌块砌筑时，应向砌筑面适量浇水。

（4）用轻骨料混凝土小型空心砌块或蒸压加气混凝土砌块砌筑墙体时，墙底部应砌烧结普通砖或多孔砖，或普通混凝土小型空心砌块，或现浇混凝土坎台等，其高度不宜小于 200mm。

（5）蒸压加气混凝土砌块砌体和轻骨料混凝土小型空心砌块砌体不应与其他块材混砌。

（6）填充墙砌体留置的拉结钢筋或网片的位置应与块体皮数相符合。拉结钢筋或网片应置于灰缝中，埋置长度应符合设计要求，竖向位置偏差不应超过一皮高度。

（7）填充墙砌筑时应错缝搭砌，蒸压加气混凝土砌块搭砌长度不应小于砌块长度的 1/3；轻骨料混凝土小型空心砌块搭砌长度不应小于 90mm；竖向通缝不应大于 2 皮。

（8）填充墙砌体的灰缝厚度和宽度应正确。空心砖、轻骨料混凝土小型空心砌块的砌体灰缝应为 8 ~ 12mm。蒸压加气混凝土砌块砌体的水平灰缝厚度及竖向灰缝宽度分别宜为 15mm 和 20mm。

（9）填充墙砌至接近梁、板底时，应留一定空隙，待填充墙砌完并应至少间隔 7d后，再将其补砌挤紧。

2. 施工质量验收标准

填充墙砌体一般尺寸的允许偏差应符合表 4-5 规定。

填充墙砌体一般尺寸允许偏差 表 4-5

项次	项目		允许偏差（mm）	检验方法
1	轴线位移		10	用尺检查
	垂直度	小于或等于 3m	5	用 2m 托线板或吊线、尺检查
		大于 3m	10	
2	表面平整度		8	用 2m 靠尺和楔形塞尺检查
3	门窗洞口高、宽（后塞口）		±5	用尺检查
4	外墙上、下窗口偏移		20	用经纬仪或吊线检查

4.1.4 混凝土小型空心砌块砌体工程

1. 施工质量控制要点

（1）施工时所用的小砌块的产品龄期不应小于 28d。

（2）砌筑小砌块时，应清除表面污物和芯柱用小砌块孔洞底部的毛边，剔除外观质量不合格的小砌块。

（3）施工时所用的砂浆，宜选用专用的小砌块砌筑砂浆。

（4）底层室内地面以下或防潮层以下的砌体，应采用强度等级不低于 C20 的混凝土灌实小砌块的孔洞。

（5）小砌块砌筑时，在天气干燥炎热的情况下，可提前洒水湿润小砌块；对轻骨料混凝土小砌块，可提前浇水湿润。小砌块表面有浮水时，不得施工。

（6）承重墙体严禁使用断裂小砌块。

（7）小砌块墙体应对孔错缝搭砌，搭接长度不应小于 90mm。墙体的个别部位不能满足上述要求时，应在灰缝中设置拉结钢筋或钢筋网片，但竖向通缝仍不得超过两皮小砌块。

（8）小砌块应底面朝上反砌于墙上。

（9）浇灌芯柱的混凝土，宜选用专用的小砌块灌孔混凝土，当采用普通混凝土时，其坍落度不应小于 90mm。

（10）需要移动砌体中的砌块或小砌块被撞动时，应重新铺砌。

2. 混凝土小型空心砌块砌体施工质量验收标准

（1）小砌块和芯柱混凝土、砌筑砂浆的强度等级必须符合设计要求。

（2）砌体水平灰缝和竖向灰缝的砂浆饱满度，按净面积计算不得低于 90%。

（3）墙体转角处和纵横交接处应同时砌筑。临时间断处应砌成斜槎，斜槎水平投影长度不应小于斜槎高度。施工洞口可预留直槎，但在洞口砌筑和补砌时，应在直槎上下搭砌的小砌块孔洞内用强度等级不低于 C20（或 Cb20）的混凝土灌实。

（4）小砌块砌体的芯柱在楼盖处应贯通。不得削弱芯柱截面尺寸；芯柱混凝土不得漏灌。

（5）砌体的水平灰缝厚度和竖向灰缝宽度宜为 10mm，但不应小于 8mm，也不应大于 12mm。

【知识拓展】

4.1.5　配筋砌体工程

1. 施工质量控制要点

（1）构造柱浇灌混凝土前，必须将砌体留槎部位和模板浇水湿润，将模板内的落地灰、砖渣和其他杂物清理干净，并在结合面处注入适量与构造柱混凝土相同的去石水泥砂浆。振捣时，应避免触碰墙体，严禁通过墙体传震。

（2）设置在砌体水平灰缝中钢筋的锚固长度不宜小于 50d，且其水平或垂直弯折段的长度不宜小于 20d 和 150mm；钢筋的搭接长度不应小于 55d。

（3）配筋砌块体剪力墙，应采用专用的小砌块砌筑砂浆和专用的小砌块灌孔混凝土。

2. 配筋砌体施工质量验收标准

（1）钢筋的品种、规格、数量和设置部位应符合设计要求。

（2）构造柱、芯柱、组合砌体构件、配筋砌体剪力墙构件的混凝土及砂浆的强度等级应符合设计要求。

（3）构造柱与墙体的连接应符合下列规定：

◆　墙体应砌成马牙槎，马牙槎凹凸尺寸不宜小于 60mm，高度不应超过 300mm，马牙槎应先退后进，对称砌筑；马牙槎尺寸偏差每一构造柱不应超过 2 处。

◆　预留拉结钢筋的规格、尺寸、数量及位置应正确，拉结钢筋应沿墙高每隔 500mm 设 2φ6，伸入墙内不宜小于 600mm，钢筋的竖向移位不应超过 100mm，且竖向移位每一构造柱不得超过 2 处。

◆　施工中不得任意弯折拉结钢筋。

（4）配筋砌体中受力钢筋的连接方式及锚固长度、搭接长度应符合设计要求。

（5）构造柱位置及垂直度的允许偏差应符合表 4-6 规定。

构造柱尺寸允许偏差　　　　　　　　　　　表 4-6

项次	项目			允许偏差（mm）	抽检方法
1	柱中心线位置			10	用经纬仪和尺检查或用其他测量仪器检查
2	柱层间错位			8	用经纬仪和尺检查或用其他测量仪器检查
3	柱垂直度	每层		10	用 2m 托线板检查
		全高	≤ 10m	15	用经纬仪、吊线和尺检查，或用其他测量仪器检查
			> 10m	20	

（6）设置在砌体灰缝中钢筋的防腐保护应相应的规定，且钢筋防护层完好，不应有肉眼可见裂纹、剥落和擦痕等缺陷。

（7）网状配筋砖砌体中，钢筋网规格及放置间距应符合设计规定。每一构件钢筋网沿砌体高度位置超过设计规定一皮砖厚不得多于一处。

（8）钢筋安装位置的允许偏差及检验方法应符合表 4-7 规定。

钢筋安装位置的允许偏差及检验方法　　　　　　　　　　　　　　　表 4-7

项目		允许偏差（mm）	检验方法
受力钢筋保护层厚度	网状配筋砌体	±10	检查钢筋网成品，钢筋网放置位置局部剔缝观察，或用探针刺入灰缝内检查，或用钢筋位置测定仪测定
	组合砖砌体	±5	支模前观察与尺量检查
	配筋小砌块砌体	±10	浇筑灌孔混凝土前观察与尺量检查
配筋小砌块砌体墙凹槽中水平钢筋间距		±10	钢尺量连续三档，取最大值

4.1.6　砌体工程的分部（子分部）工程的验收

1. 砌体工程验收前，应提供下列文件和记录：

（1）设计变更文件；

（2）施工执行的技术标准；

（3）原材料出厂合格证书、产品性能检测报告和进场复验报告；

（4）混凝土及砂浆配合比通知单；

（5）混凝土及砂浆试件抗压强度试验报告单；

（6）砌体工程施工记录；

（7）隐蔽工程验收记录；

（8）分项工程检验批的主控项目、一般项目验收记录；

（9）填充墙砌体植筋锚固力检测记录；

（10）重大技术问题的处理方案和验收记录；

（11）其他必要的文件和记录。

2. 砌体子分部工程验收时，应对砌体工程的观感质量作出总体评价。

3. 当砌体工程质量不符合要求时，应按现行国家标准《建筑工程施工质量验收统一标准》GB-50300 有关规定执行。

4. 有裂缝的砌体应按下列情况进行验收：

（1）对不影响结构安全性的砌体裂缝应予以验收，对明显影响使用功能和观感质量的裂缝应进行处理；

（2）对有可能影响结构安全性的砌体裂缝，应由有资质的检测单位检测鉴定，需返修或加固处理的，待返修或加固处理满足使用要求后进行二次验收。

任务 4.2　混凝土结构子分部工程

【任务描述】

混凝土结构工程主要以混凝土为主制成的结构，包括素混凝土结构、钢筋混凝土结构和预应力混凝土结构等。主要用于建筑的基础、墙、柱、梁。本项目着重讨论混凝土结构的施工方法、质量标准及检测验收方法，混凝土结构工程质量控制要点，混凝土结构工程检验批、分项工程、分部工程的验收合格的要求及表格填写，混凝土结构工程质量验收资料的分类及整理。

【学习支持】

《混凝土结构工程施工质量验收规范》GB 50204-2002 和《混凝土结构设计规范》GB 50010-2002。

【任务实施】

4.2.1 模板工程

1. 施工质量控制要点

（1）模板及其支架应根据工程结构形式、荷载大小、地基土类别、施工设备和材料供应等条件进行设计。模板及其支架应具有足够的承载能力、刚度和稳定性，能可靠地承受浇筑混凝土的重量、侧压力以及施工荷载。

（2）在浇筑混凝土之前，应对模板工程进行验收。模板安装和浇筑混凝土时，应对模板及其支架进行观察和维护。发生异常情况时，应按施工技术方案及时进行处理。

（3）模板及其支架拆除的顺序及安全措施应按施工技术方案执行。

2. 模板安装工程施工质量验收标准

（1）安装现浇结构的上层模板及其支架时，下层楼板应具有承受上层荷载的承载能力，或加设支架；上、下层支架的立柱应对准，并铺设垫板。

（2）在涂刷模板隔离剂时，不得沾污钢筋和混凝土接槎处。

（3）模板安装应满足下列要求：

◆ 模板的接缝不应漏浆；在浇筑混凝土前，木模板应浇水湿润，但模板内不应有积水；

◆ 模板与混凝土的接触面应清理干净并涂刷隔离剂，但不得采用影响结构性能或妨碍装饰工程施工的隔离剂；

◆ 浇筑混凝土前，模板内的杂物应清理干净；

◆ 对清水混凝土工程及装饰混凝土工程，应使用能达到设计效果的模板。

（4）用作模板的地坪、胎模等应平整光洁，不得产生影响构件质量的下沉、裂缝、起砂或起鼓。

（5）对跨度不小于4m的现浇钢筋混凝土梁、板，其模板应按设计要求起拱；当设计无具体要求时，起拱高度宜为跨度的 1/1000 ~ 3/1000。

（6）固定在模板上的预埋件、预留孔和预留洞均不得遗漏，且应安装牢固，其偏差应符合规范的规定。

3. 模板拆除工程施工质量验收标准

（1）底模及其支架拆除时的混凝土强度应符合设计要求；当设计无具体要求时混凝土强度应符合规范的规定。

（2）对后张法预应力混凝土结构构件，侧模宜在预应力张拉前拆除；底模支架的拆除应按施工技术方案执行，当无具体要求时，不应在结构构件建立预应力前拆除。

（3）后浇带模板的拆除和支顶应按施工技术方案执行。

（4）侧模拆除时的混凝土强度应能保证其表面及棱角不受损伤。

（5）模板拆除时，不应对楼层形成冲击荷载。拆除的模板和支架宜分散堆放并及时清运。

4.2.2 钢筋工程

1. 施工质量控制要点

（1）当钢筋的品种、级别或规格需作变更时，应办理设计变更文件。

（2）在浇筑混凝土之前，应进行钢筋隐蔽工程验收，其内容包括：

◆ 纵向受力钢筋的品种、规格、数量、位置等；

◆ 钢筋的连接方式、接头位置、接头数量、接头面积百分率等；

◆ 箍筋、横向钢筋的品种、规格、数量、间距等；

◆ 预埋件的规格、数量、位置等。

2. 原材料质量验收标准

（1）钢筋进场时，应按现行国家标准《钢筋混凝土用热轧带肋钢筋》GB1499 等的规定抽取试件作力学性能和重量检验，检验结果必须符合有关标准的规定。

（2）对有抗震设防要求的结构，其纵向受力钢筋的性能应满足设计要求；当设计无具体要求时，对按一、二、三级抗震等级设计的框架和斜撑构件（含梯段）中的纵向受力钢筋应采用 HRB335E、HRB400E、HRB500E、HRBF335E、HRBF400E 或 HRBF500E 钢筋，其强度和最大力下总伸长率的实测值应符合下列规定：

◆ 钢筋的抗拉强度实测值与屈服强度实测值的比值不应小于 1.25；

◆ 钢筋的屈服强度实测值与屈服强度标准值的比值不应大于 1.30；

◆ 钢筋的最大力下总伸长率不应小于 9%。

（3）当发现钢筋脆断、焊接性能不良或力学性能显著不正常等现象时，应对该批钢筋进行化学成分检验或其他专项检验。

（4）钢筋应平直、无损伤，表面不得有裂纹、油污、颗粒状或片状老锈。

3. 钢筋加工质量验收标准

（1）受力钢筋的弯钩和弯折应符合下列规定：

◆ HPB235 级钢筋末端应作 180 弯钩，其弯弧内直径不应小于钢筋直径的 2.5 倍，弯钩的弯后平直部分长度不应小于钢筋直径的 3 倍；

◆ 当设计要求钢筋末端需作 135° 弯钩时，HRB335 级、HRB400 级钢筋的弯弧内直径不应小于钢筋直径的 4 倍，弯钩的弯后平直部分长度应符合设计要求；

◆　钢筋作不大于 90°的弯折时，弯折处的弯弧内直径不应小于钢筋直径的 5 倍。

（2）除焊接封闭环式箍筋外，箍筋的末端应作弯钩，弯钩形式应符合设计要求；当设计无具体要求时，应符合下列规定：

◆　箍筋弯钩的弯弧内直径除应满足（1）条的规定外尚应不小于受力钢筋直径；

◆　箍筋弯钩的弯折角度：对一般结构不应小于 90°，对有抗震等要求的结构应为 135°；

◆　箍筋弯后平直部分长度：对一般结构不宜小于箍筋直径的 5 倍，对有抗震等要求的结构不应小于箍筋直径的 10 倍。

（3）钢筋调直宜采用机械方法，也可采用冷拉方法。当采用冷拉方法调直钢筋时，HPB235 级钢筋的冷拉率不宜大于 4%，HRB335 级、HRB400 级和 RRB400 级钢筋的冷拉率不宜大于 1%。

（4）钢筋调直后应进行力学性能和重量偏差的检验，其强度应符合有关标准的规定。盘卷钢筋和直条钢筋调直后的伸长率、重量偏差应符合表 4-8 的规定。

盘卷钢筋和直条钢筋调直后的断后伸长率、重量负偏差要求　　　　　　　　表 4-8

钢筋牌号	断伸长率 A（%）	单位长度重量偏差（%）		
		直径6~12mm	直径14~20mm	直径22~50mm
HPB235、HPB300	≥ 21	≤ 10	—	—
HRB335、HRBF335	≥ 16	≤ 8	≤ 6	≤ 5
HRB400、HRBF400	≥ 15	≤ 8	≤ 6	≤ 5
RRB400	≥ 13	≤ 8	≤ 6	≤ 5
HRB500、HRBF500	≥ 14	≤ 8	≤ 6	≤ 5

注：1. 断后伸长率 A 的量测标距为 5 倍钢筋公称直径。
　　2. 重量负偏差（%）按公式（$W_0 - W_d$）/W_0×100 计算，其中 W_0 为钢筋理论重量（kg/m），W_d 为调直后钢筋的实际重量（kg/m）。
　　3. 对直径为 28~40mm 的带肋钢筋，表中断后伸长率可降低 1%；对直径大于 40mm 的带肋钢筋，表中断后伸长率可降低 2%。
　　4. 采用无延伸功能的机械设备调直的钢筋，可不进行本规定的检验。

（5）钢筋加工的形状、尺寸应符合设计要求，其偏差应符合规范规定。

4.钢筋连接质量验收标准

（1）纵向受力钢筋的连接方式应符合设计要求。

（2）在施工现场，应按国家现行标准《钢筋机械连接通用技术规程》JGJ-107、《钢筋焊接及验收规程》JGJ-18 的规定抽取钢筋机械连接接头、焊接接头试件作力学性能检验，其质量应符合有关规程的规定。

（3）钢筋的接头宜设置在受力较小处。同一纵向受力钢筋不宜设置两个或两个以上接头。接头末端至钢筋弯起点的距离不应小于钢筋直径的 10 倍。

（4）在施工现场，应按国家现行标准《钢筋机械连接通用技术规程》JGJ-107、《钢筋焊接及验收规程》JGJ-18 的规定对钢筋机械连接、接头焊接接头的外观进行检查，其质量应符合有关规程的规定。

（5）当受力钢筋采用机械连接接头或焊接接头时，设置在同一构件内的接头宜相互错开。

纵向受力钢筋机械连接接头及焊接接头连接区段的长度为 35 倍 d（d 为纵向受力钢筋的较大直径）且不小于 500mm，凡接头中点位于该连接区段长度内的接头均属于同一连接区段。同一连接区段内纵向受力钢筋机械连接及焊接的接头面积百分率为该区段内有接头的纵向受力钢筋截面面积与全部纵向受力钢筋截面面积的比值。

同一连接区段内，纵向受力钢筋的接头面积百分率应符合设计要求；当设计无要求时，应符合下列规定：

◆ 在受拉区不宜大于 50%；

◆ 接头不宜设置在有抗震设防要求的框架梁端、柱端的箍筋加密区；当无法避开时，对等强度高质量机械连接接头不应大于 50%；

◆ 直接承受动力荷载的结构构件中，不宜采用焊接接头；当采用机械连接接头时，不应大于 50%。

（6）同一构件中相邻纵向受力钢筋的绑扎搭接接头宜相互错开。绑扎搭接接头中钢筋的横向净距不应小于钢筋直径，且不应小于 25mm。

钢筋绑扎搭接接头连接区段的长度为 $1.3l_1$（l_1 为搭接长度），凡搭接接头中点位于该连接区段长度内的搭接接头均属于同一连接区段。同一连接区段内，纵向钢筋搭接接头面积百分率为该区段内有搭接接头的纵向受力钢筋截面面积与全部纵向受力钢筋截面面积的比值。

同一连接区段内，纵向受拉钢筋搭接接头面积百分率应符合设计要求，当设计无具体要求时应符合下列规定：

◆ 对梁类、板类及墙类构件，不宜大于 25%；

◆ 对柱类构件不宜大于 50%；

◆ 当工程中确有必要增大接头面积百分率时，对梁类构件不应大于 50%；对其他构件，可根据实际情况放宽。

纵向受力钢筋绑扎搭接接头的最小搭接长度应符合规范的规定。

（7）在梁、柱类构件的纵向受力钢筋搭接长度范围内，应按设计要求配置箍筋。当设计无具体要求时，应符合下列规定：

◆ 箍筋直径不应小于搭接钢筋较大直径的 0.25 倍；

◆ 受拉搭接区段的箍筋间距不应大于搭接钢筋较小直径的 5 倍，且不应大于 100mm；

◆ 受压搭接区段的箍筋间距不应大于搭接钢筋较小直径的 10 倍，且不应大于 200mm；

◆ 当柱中纵向受力钢筋直径大于 25mm 时，应在搭接接头两个端面外 100mm 范围内各设置两个箍筋，其间距宜为 50mm。

5. 钢筋安装质量验收标准

（1）钢筋安装时，受力钢筋的品种、级别、规格和数量必须符合设计要求。

（2）钢筋安装位置的偏差应符合规范的规定。

4.2.3 混凝土工程

1. 施工质量控制点

（1）结构混凝土的强度等级必须符合设计要求。用于检查结构构件混凝土强度的试件，应在混凝土的浇筑地点随机抽取。取样与试件留置应符合下列规定：

◆ 每拌制 100 盘且不超过 100m³ 的同配合比的混凝土，取样不得少于一次；

◆ 每工作班拌制的同一配合比的混凝土不足 100 盘时，取样不得少于一次；

◆ 当一次连续浇筑超过 100m³ 时，同一配合比的混凝土每 200m³ 取样不得少于一次；

◆ 每一楼层、同一配合比的混凝土，取样不得少于一次；

◆ 每次取样应至少留置一组标准养护试件，同条件养护试件的留置组数应根据实际需要确定。

（2）对有抗渗要求的混凝土结构，其混凝土试件应在浇筑地点随机取样。同一工程、同一配合比的混凝土，取样不应少于一次，留置组数可根据实际需要确定。

（3）混凝土原材料每盘称量的偏差应符合表 4-9 规定。

原材料每盘称量的允许偏差 表 4-9

材料名称	允许偏差
水泥、掺合料	±2%
粗、细骨料	±3%
水、外加剂	±2%

（4）混凝土运输、浇筑及间歇的全部时间不应超过混凝土的初凝时间。同一施工段的混凝土应连续浇筑，并应在底层混凝土初凝之前将上一层混凝土浇筑完毕。当底层混凝土初凝后浇筑上一层混凝土时，应按施工技术方案中对施工技术方案中施工缝的要求进行处理。

（5）混凝土浇筑完毕后，应按施工技术方案及时采取有效的养护措施，并应符合下列规定：

◆ 应在浇筑完毕后的 12h 以内对混凝土加以覆盖并保湿养护；

◆ 混凝土浇水养护的时间：对采用硅酸盐水泥、普通硅酸盐水泥或矿渣硅酸盐水泥拌制的混凝土不得少于 7d，对掺用缓凝型外加剂或有抗渗要求的混凝土不得少于 14d；

◆ 浇水次数应能保持混凝土处于湿润状态，混凝土养护用水应与拌制用水相同；

◆ 采用塑料布覆盖养护的混凝土，其敞露的全部表面应覆盖严密，并应保持塑料面布内有凝结水；

◆ 混凝土强度达到 $1.2N/mm^2$ 前，不得在其上踩踏或安装模板及支架。

2. 现浇结构尺寸偏差

（1）现浇结构不应有影响结构性能和使用功能的尺寸偏差。混凝土设备基础不应有影响结构性能和设备安装的尺寸偏差。对超过尺寸允许偏差且影响结构性能和安装、使用功能的部位，应由施工单位提出技术处理方案，并经监理（建设）单位认可后进行处理。对经处理的部位，应重新检查验收。

（2）现浇结构拆模后的尺寸偏差应符合表 4-10 的规定。

现浇结构尺寸偏差和检验方法 表 4-10

项目		允许偏差(mm)	检验方法
轴线位置	基础	15	钢尺检查
	独立基础	10	
	墙、柱、梁	8	
	剪力墙	5	
垂直度	层高 ≤5m	8	经纬仪或吊线、钢尺检查
	层高 >5m	10	经纬仪或吊线、钢尺检查
	全高（H）	$H/1000$ 且 ≤30	经纬仪、钢尺检查
标高	层高	±10	水准仪或拉线、钢尺检查
	全高	±30	
截面尺寸		+8，-5	钢尺检查
电梯井	井筒长、宽对定位中心线	+25	钢尺检查
	井筒全高（H）垂直度	$H/1000$ 且 ≤30	经纬仪、钢尺检查
表面平整度		8	2m 靠尺和塞尺检查
预埋设施中心线位置	预埋件	10	钢尺检查
	预埋螺栓	5	
	预埋管	5	
预留洞中心线位置		15	钢尺检查

注：检查轴线、中心线位置时，应沿纵、横两个方向量测，并取其中的较大值。

（3）混凝土设备基础拆模后的尺寸偏差应符合表 4-11 的规定。

混凝土设备基础尺寸允许偏差和检验方法 表 4-11

项目		允许偏差(mm)	检验方法
坐标位置		20	钢尺检查
不同平面的标高		0, -20	水准仪或拉线、钢尺检查
平面外形尺寸		±20	钢尺检查
凸台上平面外形尺寸		0, -20	钢尺检查
凹穴尺寸		+20, 0	钢尺检查
平面水平度	每米	5	水平尺、塞尺检查
	全长	10	水准仪或拉线、钢尺检查
垂直度	每米	5	经纬仪或吊线、钢尺检查
	全高	10	
预埋地脚螺栓	标高（顶部）	+20, 0	水准仪或拉线、钢尺检查
	中心距	±2	钢尺检查
预埋地脚螺栓孔	中心线位置	10	钢尺检查
	深度	+20, 0	钢尺检查
	孔垂直度	10	吊线、钢尺检查
预埋活动地脚螺栓锚板	标高	+20, 0	水准仪或拉线、钢尺检查
	中心线位置	5	钢尺检查
	带槽锚板平整度	5	钢尺、塞尺检查
	带螺纹孔锚板平整度	2	钢尺、塞尺检查

注：检查坐标、中心线位置时，应沿纵、横两个方向量测，并取其中的较大值。

4.2.4　结构实体检验

1. 对涉及混凝土结构安全的重要部位应进行结构实体检验。结构实体检验应在监理工程师（建设单位项目专业技术负责人）见证下，由施工项目技术负责人组织实施。承担结构实体检验的试验室应具有相应的资质。

2. 结构实体检验的内容应包括混凝土强度、钢筋保护层厚度以及工程合同约定的项目；必要时可检验其他项目。

3. 对混凝土强度的检验，应以在混凝土浇筑地点制备并与结构实体同条件养护的试件强度为依据。混凝土强度检验用同条件养护试件的留置、养护和强度代表值应符合规范规定。

对混凝土强度的检验，也可根据合同的约定，采用非破损或局部破损的检测方法，按国家现行有关标准的规定进行。

4. 当同条件养护试件强度的检验结果符合现行国家标准《混凝土强度检验评定标准》GBJ-107 的有关规定时，混凝土强度应判为合格。

5. 对钢筋保护层厚度的检验，抽样数量、检验方法、允许偏差和合格条件应符合规范的规定。

6. 当未能取得同条件养护试件强度、同条件养护试件强度被判为不合格或钢筋保护层厚度不满足要求时，应委托具有相应资质等级的检测机构按国家有关标准的规定进行检测。

4.2.5 混凝土结构分部（子分部）工程验收

1. 混凝土结构子分部工程施工质量验收时，应提供下列文件和记录：

（1）设计变更文件；

（2）原材料出厂合格证和进场复验报告；

（3）钢筋接头的试验报告；

（4）混凝土工程施工记录；

（5）混凝土试件的性能试验报告；

（6）装配式结构预制构件的合格证和安装验收记录；

（7）预应力筋用锚具、连接器的合格证和进场复验报告；

（8）预应力筋安装、张拉及灌浆记录；

（9）隐蔽工程验收记录；

（10）分项工程验收记录；

（11）混凝土结构实体检验记录；

（12）工程的重大质量问题的处理方案和验收记录；

（13）其他必要的文件和记录。

2. 混凝土结构子分部工程施工质量验收合格应符合下列规定：

（1）有关分项工程施工质量验收合格；

（2）应有完整的质量控制资料；

（3）观感质量验收合格；

（4）结构实体检验结果满足本规范的要求。

3. 当混凝土结构施工质量不符合要求时，应按下列规定进行处理：

（1）经返工、返修或更换构件、部件的检验批，应重新进行验收；

（2）经有资质的检测单位检测鉴定达到设计要求的检验批应予以验收；

（3）经有资质的检测单位检测鉴定达不到设计要求，但经原设计单位核算并确认仍可满足结构安全和使用功能的检验批，可予以验收；

（4）经返修或加固处理能够满足结构安全使用要求的分项工期，可根据技术处理方案和协商文件进行验收。

4. 混凝土结构工程子分部工程施工质量验收合格后，应将所有的验收文件存档备案。

项目 5
建筑屋面分部工程质量验收

【项目概述】

屋面分部工程包括基层与保护、保温与隔热、防水与密封、瓦面与板面、细部构造五个子分部工程，共 31 个分项工程。屋面工程的各种原材料、拌和物、制品和配件的质量必须符合设计要求或技术标准规定。施工中应严格检查产品出厂合格证和试验报告，这对保证屋面工程的质量有着重要作用。为了加强建筑屋面工程质量管理，统一屋面工程的质量验收，保证其功能和质量，国家制定了《屋面工程质量验收规范》GB 50207-2012，该规范适用于工业与民用建筑屋面工程质量的验收。与其他专业规范不同的是，该规范不仅是施工质量验收规范，还涉及质量管理、材料、设计等方面的问题。

【学习目标】通过学习，你将能够：

熟悉屋面工程质量验收的划分；
熟悉屋面工程质量控制点及工序质量检查；
掌握屋面工程现场常见检测项目内容及方法；
掌握屋面工程常见检验批的验收方法；
熟悉屋面工程的分项工程、分部（子）工程的验收方法；
熟悉屋面工程质量验收资料的分类及收集整理。

任务 5.1 屋面分部工程验收的基本规定

【任务描述】

屋面工程的基本规定，主要是对屋面的防水等级、设防要求、防水层的施工条件、施工过程的质量控制、屋面工程子分部分项的划分，检验批的规定、验收程序以及合格判定作出了明确的要求。

【学习支持】

《屋面工程质量验收规范》GB 50207-2012 和《建筑工程施工质量验收统一标准》GB 50300-2001。

【任务实施】

5.1.1　屋面工程施工质量的控制要求

1. 屋面工程的防水层应由经资质审查合格的防水专业队伍进行施工；作业人员应持有当地建设行政主管部门颁发的上岗证。

防水工程施工属于专业施工范围，承担施工的单位须具有专项资质，要求具有较强的综合能力和施工经验。

2. 施工单位应建立、健全施工质量的检验制度，严格工序管理，作好隐蔽工程的质量检查和记录。屋面工程施工时，应建立各道工序的自检、交接检和专职人员检查的"三检"制度，并有完整的检查记录。每道工序完成，应经监理单位（或建设单位）检查验收，合格后方可进行下道工序的施工。

3. 屋面工程施工前，施工单位应进行图纸会审，并应编制屋面工程专项施工方案，并应经监理单位或建设单位审查确认后执行。

4. 对屋面工程采用的新技术，应按有关规定经过科技成果鉴定、评估或新产品、新技术鉴定。施工单位应对新的或首次采用的新技术进行工艺评价，并应制定相应技术质量标准。

5. 下道工序或相邻工程施工时，对屋面已完成的部分应采取保护措施。伸出屋面的管道、设备或预埋件等，应在防水层施工前安设完毕；屋面防水层完工后，不得在其上凿孔打洞或重物冲击。

6. 屋面工程完工后，应按规范的有关规定对细部构造、接缝、保护层等进行外观检验，并进行淋水或蓄水检验。

屋面工程必须做到无渗漏，才能保证使用的要求。无论是防水层本身还是屋面细部构造，通过外观检验只能看到表面的特征是否符合设计和规范的要求，肉眼很难判断是否会渗漏。只有经过雨后或持续淋水 2h 后使屋面处于工作状态下经受实际考验，才能观察出屋面工程是否有渗漏。能作蓄水检验的屋面，其蓄水时间不应小于 24h，淋水或蓄水检验应做记录并经监理签证。

5.1.2　防水材料的质量要求

防水材料的质量是保证屋面防水的首要条件。

1. 屋面工程所用的防水、保温材料应有产品合格证书和性能检测报告。材料的品种、规格、性能等必须符合国家现行产品标准和设计要求。产品质量应由经过省级以上建设行政主管部门对其资质认可和质量技术监督部门对其计量认证的质量检测单位进行检测。

2. 材料进场后，应按规范规定抽样复验，并提出试验报告；不合格的材料，不得在屋面工程中使用。防水、保温材料进场验收应符合下列规定：

（1）应根据设计要求对材料的质量证明文件进行检查，并应经监理工程师或建设单位代表确认，纳入工程技术档案。

（2）应对材料的品种、规格、包装、外观和尺寸等进行检查验收，并应经监理工程师或建设单位代表确认，形成相应验收记录。

（3）防水、保温材料进场检验项目及材料标准应符合规范的规定。材料进场检验应执行见证取样送检制度，并应提出进场检验报告。

（4）进场检验报告的全部项目指标均达到技术标准规定应为合格；不合格材料不得在工程中使用。

（5）屋面工程使用的材料应符合国家现行有关标准对材料有害物质限量的规定，不得对周围环境造成污染。屋面工程各构造层的组成材料，应分别与相邻层次的材料相容。

（6）屋面工程各分项工程宜按屋面面积每 $500m^2 \sim 1000m^2$ 划分为一个检验批，不足 $500m^2$ 应按一个检验批；每个检验批的抽检数量应按规范要求执行。

5.1.3 屋面子分部工程和分项工程的划分

屋面工程是按材料种类、施工特点、专业类别等划分为若干子分部工程和分项工程，有助于及时纠正施工中出现的质量问题，符合施工实际的需要。屋面子分部工程和分项工程的划分应符合表 5-1 的要求。

屋面工程各子分部工程和分项工程的划分 表 5-1

分部工程	子分部工程	分项工程
屋面工程	基层与保护	找坡层，找平层，隔汽层，隔离层，保护层
	保温与隔热	板状材料保温层，纤维材料保温层，喷涂硬泡聚氨酯保温层；现浇泡沫混凝土保温层，种植隔热层，架空隔热层，蓄水隔热层
	防水与密封	卷材防水层，涂膜防水层，复合防水层，接缝密封防水
	瓦面与板面	烧结瓦和混凝土瓦铺装，沥青瓦铺装，金属板铺装，玻璃采光顶铺装
	细部构造	檐口，檐沟和天沟，女儿墙和山墙，水落口，变形缝，伸出屋面管道，屋面出入口，反梁过水孔，设施基座，屋脊，屋顶窗

任务 5.2　屋面附加层分部工程

【任务描述】

屋面工程的附加层的质量检查与验收是保证屋面工程的质量及其功能的重要手段。

《屋面工程质量验收规范》GB 50207–2012 和《建筑工程施工质量验收统一标准》GB 50300–2013。

【任务实施】

5.2.1 基层与保护层子分部工程

1. 一般规定

（1）适用于与屋面保温层、防水层相关的找坡层、找平层、隔汽层、隔离层、保护层等分项工程的施工质量验收。

（2）屋面混凝土结构层的施工，应符合现行国家标准《混凝土结构工程施工质量验收规范》GB 50204 的有关规定。

（3）天沟纵向找坡不应小于1%，沟底水落差不得超过200mm。

（4）上人屋面或其他使用功能屋面，其保护及铺面的施工除应符合本章的规定外，尚应符合现行国家标准《建筑地面工程施工质量验收规范》GB-50209 等的有关规定。

2. 找坡层和找平层分项工程

（1）一般要求

◆ 装配式钢筋混凝土板的板缝嵌填混凝土时板缝内应清理干净，并应保持湿润；当板缝宽度大于40mm 或上窄下宽时，板缝内应按设计要求配置钢筋；嵌填细石混凝土的强度等级不应低于C20，嵌填深度宜低于板面10 ~ 20mm，且应振捣密实和浇水养护；板端缝应按设计要求增加防裂的构造措施。

◆ 找坡层宜采用轻骨料混凝土；找坡材料应分层铺设和适当压实，表面应平整。

◆ 找平层宜采用水泥砂浆或细石混凝土；找平层的抹平工序应在初凝前完成，压光工序应在终凝前完成，终凝后应进行养护。

◆ 找平层分格缝纵横间距不宜大于6m，分格缝的宽度宜为5 ~ 20mm。

（2）屋面找平层分项工程检验批质量检查与验收

屋面找平层分项工程检验批质量按主控项目和一般项目进行验收，其验收标准、方法和检查数量见表5-2。

找坡层和找平层分项工程检验批质量检验标准和检验方法　　　　表 5-2

项目	序号	项　目	合格质量标准	检验方法	检查数量
主控项目	1	材料的质量及配合比	找坡层和找平层所用材料的质量及配合比，应符合设计要求	检查出厂合格证、质量检验报告和计量措施	应按屋面面积每100m² 抽查一处，每处应为10m²，且不得少于3 处
	2	排水坡度	找坡层和找平层的排水坡度，应符合设计要求	坡度尺检查	

续表

项目	序号	项目	合格质量标准	检验方法	检查数量
一般项目	1	表面质量	找平层应抹平、压光,不得有酥松、起砂、起皮现象	观察检查	
	2	防水层的基层与突出屋面结构的交接处	卷材防水层的基层与突出屋面结构的交接处,以及基层的转角处,找平层应做成圆弧形,且应整齐平顺	观察检查	
	3	分格缝	找平层分格缝的宽度和间距,均应符合设计要求	观察和尺量检查	
	4	表面平整度允许偏差	找坡层:7mm 找平层:5mm	用 2m 靠尺和楔形塞尺检查	

(3)屋面找平层分项工程检验批质量检验的说明

主控项目第二项　屋面找平层是铺设卷材、涂膜防水层的基层。基层找坡正确,能将屋面上的雨水迅速排走,延长防水层的使用寿命。

一般项目第二项　卷材防水层的基层与突出屋面结构的交接处以及基层的转角处,找平层应按技术规范的规定做成圆弧形,以保证卷材防水层的质量,圆弧半径应符合表5-3的要求。

转角处圆弧半径　　　　　　　　　　　表 5-3

卷材种类	圆弧半径(mm)
沥青防水卷材	100 ~ 150
高聚物改性沥青防水卷材	50
合成高分子防水卷材	20

一般项目第三项　卷材、涂膜防水层的不规则拉裂,是由于找平层的开裂造成的,而水泥砂浆找平层的开裂又是难以避免的。找平层合理分格后,可将变形集中到分格缝处。当设计未作规定时,规范规定找平层分格纵横缝的最大间距为6m,分格缝宽度宜为 5 ~ 20mm,深度应与找平层厚度一致。

3. 隔汽层分项工程

(1)一般要求

◆ 隔汽层的基层应平整、干净、干燥。

◆ 隔汽层应设置在结构层与保温层之间;隔汽层应选用气密性、水密性好的材料。

◆ 在屋面与墙的连接处,隔汽层应沿墙面向上连续铺设,高出保温层上表面不得小于150mm。

◆ 隔汽层采用卷材时宜空铺,卷材搭接缝应满粘,其搭接宽度不应小于80mm;隔汽层采用涂料时,应涂刷均匀。

◆ 穿过隔汽层的管线周围应封严，转角处应无折损；隔汽层凡有缺陷或破损的部位，均应进行返修。

（2）隔汽层分项工程检验批质量检查与验收

隔汽层分项工程检验批质量按主控项目和一般项目进行验收，其验收标准、方法和检查数量见表5-4。

隔汽层分项工程检验批质量检验标准和检验方法 　　　表5-4

项目	序号	项目	合格质量标准	检验方法	检查数量
主控项目	1	材料质量	隔汽层所用材料的质量，应符合设计要求	检查出厂合格证、质量检验报告和进场检验报告	应按屋面面积每100m² 抽查一处，每处为10m²，且不得少于3处
	2	整体性	隔汽层不得有破损现象	观察检查	
一般项目	1	卷材隔汽层施工质量	卷材隔汽层应铺设平整，卷材搭接缝应粘结牢固，密封应严密，不得有扭曲、皱折和起泡等缺陷	观察检查	
	2	涂膜隔汽层施工质量	涂膜隔汽层应粘结牢固，表面平整，涂布均匀，不得有堆积、起泡和露底等缺陷	观察检查	

（3）隔汽层分项工程检验批质量检验的说明

主控项目第一项　隔汽层所用材料均为常用的防水卷材或涂料，但隔汽层所用材料的品种和厚度应符合热工设计所必需的水蒸气渗透阻。

4. 隔离层分项工程

（1）一般要求

◆ 块体材料、水泥砂浆或细石混凝土保护层与卷材、涂膜防水层之间，应设置隔离层。

◆ 隔离层可采用干铺塑料膜、土工布、卷材或铺抹低强度等级砂浆。

（2）隔离层分项工程检验批质量检查与验收

隔离层分项工程检验批质量按主控项目和一般项目进行验收，其验收标准、方法和检查数量见表5-5。

隔离层分项工程检验批质量检验标准和检验方法 　　　表5-5

项目	序号	项目	合格质量标准	检验方法	检查数量
主控项目	1	材料质量	隔离层所用材料的质量及配合比，应符合设计要求	检查出厂合格证和计量措施	应按屋面面积每100m² 抽查一处，每处应为10m²，且不得少于3处
	2	整体性	隔离层不得有破损和漏铺现象	观察检查	
一般项目	1	施工质量	塑料膜、土工布、卷材应铺设平整，其搭接宽度不应小于50mm，不得有皱折	观察和尺量检查	
	2	施工质量	低强度等级砂浆表面应压实、平整，不得有起壳、起砂现象	观察检查	

（3）隔离层分项工程检验批质量检验的说明

主控项目第一项 隔离层所用材料的质量必须符合设计要求，当设计无要求时，隔离层所用的材料应能经得起保护层的施工荷载，故建议塑料膜的厚度不应小于 0.4mm，土工布应采用聚酯土工布，单位面积质量不应小于 $200g/m^2$，卷材厚度不应小于 2mm。

主控项目第二项 为了消除保护层与防水层之间的粘结力及机械咬合力，隔离层必须是完全隔离，对隔离层的破损或漏铺部位应及时修复。

5. 保护层分项工程

（1）一般要求

◆ 防水层上的保护层施工，应待卷材铺贴完成或涂料固化成膜，并经检验合格后进行。

◆ 用块体材料做保护层时，宜设置分格缝，分格缝纵横间距不应大于 10m，分格缝宽度宜为 20mm。

◆ 用水泥砂浆做保护层时，表面应抹平压光，并应设表面分格缝，分格面积宜为 $1m^2$。

◆ 用细石混凝土做保护层时，混凝土应振捣密实，表面应抹平压光，分格缝纵横间距不应大于 6m。分格缝的宽度宜为 10 ～ 20mm。

◆ 块体材料、水泥砂浆或细石混凝土保护层与女儿墙和山墙之间，应预留宽度为 30mm 的缝隙，缝内宜填塞聚苯乙烯泡沫塑料，并应用密封材料嵌填密实。

（2）保护层分项工程检验批质量检查与验收

保护层分项工程检验批质量按主控项目和一般项目进行验收，其验收标准、方法和检查数量见表 5-6。

保护层分项工程检验批质量检验标准和检验方法   表 5-6

项目	序号	项目	合格质量标准	检验方法	检查数量
主控项目	1	材料质量	保护层所用材料的质量及配合比，应符合设计要求	检查出厂合格证、质量检验报告和计量措施	应按屋面面积每 100m² 抽查一处，每处应为 10m²，且不得少于 3 处
	2	材料强度	块体材料、水泥砂浆或细石混凝土保护层的强度等级，应符合设计要求	检查块体材料、水泥砂浆或混凝土抗压强度试验报告	
	3	排水坡度	保护层的排水坡度，应符合设计要求	坡度尺检查	
一般项目	1	块体材料保护层	块体材料保护层表面应干净，接缝应平整，周边应顺直，镶嵌应正确，应无空鼓现象	小锤轻击和观察检查	
	2	水泥砂浆、细石混凝土保护层	水泥砂浆、细石混凝土保护层不得有裂纹、脱皮、麻面和起砂等现象	观察检查	
	3	浅色涂料保护层	浅色涂料应与防水层粘结牢固，厚薄应均匀，不得漏涂	观察检查	
	4	保护层的允许偏差	保护层的允许偏差和检验方法应符合表 5-7 的规定	见表 5-7	

保护层的允许偏差和检验方法　　　　　　　　　　　表 5–7

项目	允许偏差(mm)			检验方法
	块体材料	水泥砂浆	细石混凝土	
表面平整度	4.0	4.0	5.0	2m 靠尺和塞尺检查
缝格平直	3.0	3.0	3.0	拉线和尺量检查
接缝高低差	1.5	—	—	直尺和塞尺检查
板块间隙宽度	2.0	—	—	尺量检查
保护层厚度	设计厚度的 10%，且不得大于 5mm			钢针插入和尺量检查

（3）保护层分项工程检验批质量检验的说明：

主控项目第二项　保护层材料强度应符合设计要求，设计无要求时水泥砂浆不应低于 M15，细石混凝土不应低于 C20。

5.2.2　保温与隔热子分部工程

1. 一般规定

（1）本章适用于板状材料、纤维材料、喷涂硬泡聚氨酯、现浇泡沫混凝土保温层和种植、架空、蓄水隔热层分项工程的施工质量验收。

（2）铺设保温层的基层应平整、干燥和干净。保温材料在施工过程中应采取防潮、防水和防火等措施。

（3）保温与隔热工程的构造及选用材料应符合设计要求。

（4）保温材料使用时的含水率，应相当于该材料在当地自然风干状态下的平衡含水率。

（5）保温与隔热工程质量验收除应符合本章规定外，尚应符合现行国家标准《建筑节能工程施工质量验收规范》GB 50411 的有关规定。

（6）保温材料的导热系数、表观密度或干密度、抗压强度或压缩强度、燃烧性能，必须符合设计要求。

（7）种植、架空、蓄水隔热层施工前，防水层均应验收合格。

2. 板状材料保温层分项工程

（1）一般要求

◆　板状材料保温层采用干铺法施工时，板状保温材料应紧靠在基层表面上，应铺平垫稳；分层铺设的板块上下层接缝应相互错开，板间缝隙应采用同类材料的碎屑嵌填密实。

◆　板状材料保温层采用粘贴法施工时，胶粘剂应与保温材料的材性相容，并应贴严、粘牢；板状材料保温层的平面接缝应挤紧拼严，不得在板块侧面涂抹胶粘剂，超过 2mm 的缝隙应采用相同材料板条或片填塞严实。

◆ 板状保温材料采用机械固定法施工时，应选择专用螺钉和垫片；固定件与结构层之间应连接牢固。

（2）分项工程检验批质量检查与验收

隔汽层分项工程检验批质量按主控项目和一般项目进行验收，其验收标准、方法和检查数量见表 5-8。

板状材料保温层分项工程检验批质量检验标准和检验方法　　　表 5-8

项	序号	项目	合格质量标准	检验方法	检查数量
主控项目	1	材料质量	板状保温材料的质量，应符合设计要求	检查出厂合格证、质量检验报告和进场检验报告	应按屋面面积每 100m² 抽查一处，每处应为 10m²，且不得少于 3 处
	2	施工厚度偏差	板状材料保温层的厚度应符合设计要求，其正偏差应不限，负偏差应为 5%，且不得大于 4mm	钢针插入和尺量检查	
	3	热桥部位处理	屋面热桥部位处理应符合设计要求	观察检查	
一般项目	1	保温材料铺设	板状保温材料铺设应紧贴基层，应铺平垫稳，拼缝应严密，粘贴应牢固	观察检查	
	2	固定件、垫片安装	固定件的规格、数量和位置均应符合设计要求；垫片应与保温层表面齐平	观察检查	
	3	表面平整度	板状材料保温层表面平整度的允许偏差为 5mm	2m 靠尺和塞尺检查	
	4	接缝高低差	板状材料保温层接缝高低差的允许偏差为 2mm	直尺和塞尺检查	

（3）分项工程检验批质量检验的说明

主控项目第三项　对严寒和寒冷地区的屋面热桥部位提出要求。屋面与外墙都是外围护结构，一般来说居住建筑外围护结构的内表面大面积结露的可能性不大，结露大都出现在外墙和屋面交接的位置附近，屋面的热桥主要出现在檐口、女儿墙与屋面连接等处，设计时应注意屋面热桥部位的特殊处理，即加强热桥部位的保温，减少采暖负荷。

一般项目第二项　板状保温材料采用机械固定法施工，固定件的规格、数量和位置应符合设计要求。当设计无要求时，固定件数量和位置宜符合表 5-9 的规定。当屋面坡度大于 50% 时，应适当增加固定件数量。

板状保温材料固定件数量和位置　　　表 5-9

板状保温材料	每块板固定件最少数量	固定位置
挤塑聚苯板、模塑聚苯板、硬泡聚氨酯板	各边长均 ≤ 1.2m 时为 4 个，任一边长 >1.2m 时为 6 个	四个角及沿长向中线均匀布置，固定垫片距离板边缘不得大于 150mm

3. 纤维材料保温层分项工程

（1）一般要求

◆ 纤维保温材料应紧靠在基层表面上，平面接缝应挤紧拼严，上下层接缝应相互错开；屋面坡度较大时，宜采用金属或塑料专用固定件将纤维保温材料与基层固定；纤维材料填充后，不得上人踩踏。

◆ 装配式骨架纤维保温材料施工时，应先在基层上铺设保温龙骨或金属龙骨，龙骨之间应填充纤维保温材料，再在龙骨上铺钉水泥纤维板。金属龙骨和固定件应经防锈处理，金属龙骨与基层之间应采取隔热断桥措施。

（2）纤维材料保温层分项工程检验批质量检查与验收

纤维材料保温层分项工程检验批质量按主控项目和一般项目进行验收，其验收标准、方法和检查数量见表5-10。

纤维材料保温层分项工程检验批质量检验标准和检验方法   表5-10

项	序号	项目	合格质量标准	检验方法	检查数量
主控项目	1	材料质量	纤维保温材料的质量应符合设计要求	检查出厂合格证、质量检验报告和进场检验报告	应按屋面面积每100m²抽查一处，每处应为10m²，且不得少于3处
	2	施工厚度偏差	纤维材料保温层的厚度应符合设计要求，其正偏差应不限，毡不得有负偏差，板负偏差应为4%，且不得大于3mm	钢针插入和尺量检查	
	3	热桥部位处理	屋面热桥部位处理应符合设计要求	观察检查	
一般项目	1	保温材料铺设	纤维保温材料铺设应紧贴基层，拼缝应严密，表面应平整	观察检查	
	2	固定件、垫片安装	固定件的规格、数量和位置应符合设计要求；垫片应与保温层表面齐平	观察检查	
	3	骨架和水泥纤维板铺钉	装配式骨架和水泥纤维板应铺钉牢固，表面应平整；龙骨间距和板材厚度应符合设计要求	观察和尺量检查	
	4	抗水蒸气渗透外覆面	具有抗水蒸气渗透外覆面的玻璃棉制品，其外覆面应朝向室内，拼缝应用防水密封胶带封严	观察检查	

（3）纤维材料保温层分项工程检验批质量检验的说明

一般项目第三项 龙骨尺寸和铺设的间距，是根据设计图纸和纤维保温材料的规格尺寸确定的。龙骨断面的高度应与填充材料的厚度一致，龙骨间距应根据填充材料的宽度确定。板材的品种和厚度，应符合设计图纸的要求。在龙骨上铺钉的板材，相当于屋面防水层的基层，所以在铺钉板材时不仅要铺钉牢固，而且要表面平整。

4.喷涂硬泡聚氨酯保温层分项工程

（1）一般要求

◆ 保温层施工前应对喷涂设备进行调试，并应制备试样进行硬泡聚氨酯的性能检测。

◆ 喷涂硬泡聚氨酯的配比应准确计量，发泡厚度应均匀一致。

◆ 喷涂时喷嘴与施工基面的间距应由试验确定。

◆ 一个作业面应分遍喷涂完成，每遍厚度不宜大于 15mm；当日的作业面应当日连续地喷涂施工完毕。

◆ 硬泡聚氨酯喷涂后 20min 内严禁上人；喷涂硬泡聚氨酯保温层完成后，应及时做保护层。

（2）喷涂硬泡聚氨酯保温层分项工程检验批质量检查与验收

喷涂硬泡聚氨酯保温层分项工程检验批质量按主控项目和一般项目进行验收，其验收标准、方法和检查数量见表 5-11。

喷涂硬泡聚氨酯保温层分项工程检验批质量检验标准和检验方法　　　表 5-11

项	序号	项　目	合格质量标准	检验方法	检查数量
主控项目	1	材料质量	喷涂硬泡聚氨酯所用原材料的质量及配合比，应符合设计要求	检查原材料出厂合格证、质量检验报告和计量措施	应按屋面面积每 100m² 抽查一处，每处应为 10m²，且不得少于 3 处
	2	厚度偏差	喷涂硬泡聚氨酯保温层的厚度应符合设计要求，其正偏差应不限，不得有负偏差	钢针插入和尺量检查	
	3	热桥部位处理	屋面热桥部位处理应符合设计要求	观察检查	
一般项目	1	保温材料施工	喷涂硬泡聚氨酯应分遍喷涂，粘结牢固，表面应平整，找坡应正确	观察检查	
	2	表面平整度	允许偏差：5mm	2m 靠尺和塞尺检查	

（3）喷涂硬泡聚氨酯保温层分项工程检验批质量检验的说明

主控项目第一项　为了检验喷涂硬泡聚氨酯保温层的实际保温效果，施工现场应制备试样，检测其导热系数、表观密度和压缩强度。喷涂硬泡聚氨酯的质量，应符合现行行业标准《喷涂聚氨酯硬泡体保温材料》JC/T-998 的要求。

5. 现浇泡沫混凝土保温层分项工程

（1）一般要求

◆ 在浇筑泡沫混凝土前，应将基层上的杂物和油污清理干净；基层应浇水湿润，但不得有积水。

◆ 保温层施工前应对设备进行调试，并应制备试样进行泡沫混凝土的性能检测。

◆ 泡沫混凝土的配合比应准确计量，制备好的泡沫加入水泥料浆中应搅拌均匀。

◆ 浇筑过程中，应随时检查泡沫混凝土的湿密度。

（2）现浇泡沫混凝土保温层分项工程检验批质量检查与验收

现浇泡沫混凝土保温层分项工程检验批质量按主控项目和一般项目进行验收，其验收标准、方法和检查数量见表 5-12。

现浇泡沫混凝土保温层分项工程检验批质量检验标准和检验方法　表 5-12

项	序号	项目	合格质量标准	检验方法	检查数量
主控项目	1	材料质量	现浇泡沫混凝土所用原材料的质量及配合比，应符合设计要求	检查原材料出厂合格证、质量检验报告和计量措施	应按屋面面积每100m²抽查一处，每处应为10m²，且不得少于3处
	2	厚度偏差	现浇泡沫混凝土保温层的厚度应符合设计要求，其正负偏差应为5%，且不得大于5mm	钢针插入和尺量检查	
	3	热桥部位处理	屋面热桥部位处理应符合设计要求	观察检查	
一般项目	1	保温材料施工	现浇泡沫混凝土应分层施工，粘结应牢固，表面应平整，找坡应正确	观察检查	
	2	外观质量	现浇泡沫混凝土不得有贯通性裂缝，以及疏松、起砂、起皮现象	观察检查	
	3	表面平整度	现浇泡沫混凝土保温层表面平整度的允许偏差为5mm	2m 靠尺和塞尺检查	

（3）现浇泡沫混凝土保温层分项工程检验批质量检验的说明

主控项目第一项　为了检验泡沫混凝土保温层的实际保温效果，施工现场应制作试件，检测其导热系数、干密度和抗压强度。主要是为了防止泡沫混凝土料浆中泡沫破裂造成性能指标的降低。

一般项目第二项　现浇泡沫混凝土不得有贯通性裂缝，施工时应重视泡沫混凝土终凝后的养护和成品保护。对已经出现的严重缺陷，应由施工单位提出技术处理方案，并经监理或建设单位认可后进行处理。

6. 种植隔热层分项工程

（1）一般要求

◆　种植隔热层与防水层之间宜设细石混凝土保护层。

种植隔热层的屋面坡度大于 20% 时，其排水层、种植土层应采取防滑措施。

◆　排水层陶粒的粒径不应小于 25mm，大粒径应在下，小粒径应在上；凹凸形排水板宜采用搭接法施工，网状交织排水板宜采用对接法施工；排水层上应铺设过滤层土工布；挡墙或挡板的下部应设泄水孔，孔周围应放置疏水粗细骨料。

◆　过滤层土工布应沿种植土周边向上铺设至种植土高度，并应与挡墙或挡板粘牢；土工布的搭接宽度不应小于 100mm，接缝宜采用粘合或缝合。

◆　种植土的厚度及自重应符合设计要求。种植土表面应低于挡墙高度 100mm。

（2）分项工程检验批质量检查与验收

隔汽层分项工程检验批质量按主控项目和一般项目进行验收，其验收标准、方法和检查数量见表 5-13。

种植隔热层分项工程检验批质量检验标准和检验方法　　表 5-13

项	序号	项　目	合格质量标准	检验方法	检查数量
主控项目	1	材料质量	种植隔热层所用材料的质量应符合设计要求	检查出厂合格证和质量检验报告	应按屋面面积每100m²抽查一处，每处应为10m²，且不得少于3处
	2	排水	排水层应与排水系统连通	观察检查	
	3	泄水孔留设	挡墙或挡板泄水孔的留设应符合设计要求，并不得堵塞	观察和尺量检查	
一般项目	1	隔热材料施工	陶粒应铺设平整、均匀，厚度应符合设计要求	观察和尺量检查	
	2	排水板	排水板应铺设平整，接缝方法应符合国家现行有关标准的规定	观察和尺量检查	
	3	过滤层	过滤层土工布应铺设平整、接缝严密，其搭接宽度的允许偏差为 -10mm	观察和尺量检查	
	4	种植土厚度允许偏差	种植土应铺设平整、均匀，其厚度的允许偏差为 ±5%，且不得大于 30mm	尺量检查	

（3）分项工程检验批质量检验的说明

主控项目第一项　种植隔热层所用材料应符合以下设计要求：

◆　排水层应选用抗压强度大、耐久性好的轻质材料。陶粒堆积密度不宜大于 500kg/m³，铺设厚度宜为 100 ～ 150mm；凹凸形或网状交织排水板应选用塑料或橡胶类材料，并具有一定的抗压强度。

◆　过滤层应选用 200g/m² ～ 400g/m² 的聚酯纤维土工布。

◆　种植土可选用田园土、改良土或无机复合种植土。种植土的湿密度一般为干密度的 1.2 ～ 1.5 倍。

7. 架空隔热层分项工程

（1）一般要求

◆　架空隔热层的高度当设计无要求时，架空隔热层的高度宜为 180 ～ 300mm。

当屋面宽度大于 10m 时，应在屋面中部设置通风屋脊，通风口处应设置通风篦子。

架空隔热制品支座底面的卷材、涂膜防水层，应采取加强措施。

◆　架空隔热制品的质量应符合下列要求：非上人屋面的砌块强度等级不应低于 MU7.5；上人屋面的砌块强度等级不应低于 MU10；混凝土板的强度等级不应低于 C20，板厚及配筋应符合设计要求。

（2）架空隔热层分项工程检验批质量检查与验收

架空隔热层分项工程检验批质量按主控项目和一般项目进行验收，其验收标准、方法和检查数量见表 5-14。

架空隔热层分项工程检验批质量检验标准和检验方法   表 5–14

项	序号	项 目	合格质量标准	检验方法	检查数量
主控项目	1	材料质量	架空隔热制品的质量应符合设计要求	检查材料或构件合格证和质量检验报告	应按屋面面积每 100m² 抽查一处，每处应为 10m²，且不得少于 3 处
	2	架空隔热制品的铺设	架空隔热制品的铺设应平整、稳固，缝隙勾填应密实	观察检查	
一般项目	1	距墙面的距离	架空隔热制品距山墙或女儿墙不得小于 250mm	观察和尺量检查	
	2	架空隔热层做法	架空隔热层的高度及通风屋脊、变形缝做法应符合设计要求	观察和尺量检查	
	3	允许偏差	架空隔热制品接缝高低差的允许偏差为 3mm	直尺和塞尺检查	

（3）架空隔热层分项工程检验批质量检验的说明

一般项目第一项 架空隔热制品与山墙或女儿墙的距离不应小于 250mm，以保证屋面膨胀变形的同时，防止堵塞和便于清理。但间距也不应过大，太宽了将会降低架空隔热的作用。

8. 蓄水隔热层分项工程

（1）一般要求

◆ 蓄水隔热层与屋面防水层之间应设隔离层。

◆ 蓄水池的所有孔洞应预留，不得后凿；所设置的给水管、排水管和溢水管等，均应在蓄水池混凝土施工前安装完毕。

◆ 每个蓄水区的防水混凝土应一次浇筑完毕，不得留施工缝。

◆ 防水混凝土应用机械振捣密实，表面应抹平和压光，初凝后应覆盖养护，终凝后浇水养护不得少于 14d；蓄水后不得断水。

（2）蓄水隔热层分项工程检验批质量检查与验收

蓄水隔热层分项工程检验批质量按主控项目和一般项目进行验收，其验收标准、方法和检查数量见表 5-15。

蓄水隔热层分项工程检验批质量检验标准和检验方法   表 5–15

项	序号	项 目	合格质量标准	检验方法	检查数量
主控项目	1	材料质量	防水混凝土所用材料的质量及配合比应符合设计要求	检查出厂合格证、质量检验报告、进场检验报告和计量措施	按屋面面积每 100m² 抽查一处，每处应为 10m²，且不得少于 3 处
	2	混凝土质量	防水混凝土的抗压强度和抗渗性能应符合设计要求	检查混凝土抗压和抗渗试验报告	
	3	蓄水功能	蓄水池不得有渗漏现象	蓄水至规定高度观察检查	

项	序号	项目	合格质量标准	检验方法	检查数量
一般项目	1	外观质量	防水混凝土表面应密实、平整，不得有蜂窝、麻面、露筋等缺陷	观察检查	
	2	表面的裂缝宽度	防水混凝土表面的裂缝宽度不应大于 0.2mm，并不得贯通	刻度放大镜检查	
	3	进排水管道	蓄水池上所留设的溢水口、过水孔、排水管、溢水管等，其位置、标高和尺寸均应符合设计要求	观察和尺量检查	
	4	允许偏差	蓄水池结构的允许偏差和检验方法应符合表 5-16 的规定	见表 5-16	

蓄水池结构的允许偏差和检验方法　　　　　　　　　　　表 5-16

项目	允许偏差(mm)	检验方法
长度、宽度	+15，-10	尺量检查
厚度	+5	
表面平整度	5	2m 靠尺和塞尺检查
排水坡度	符合设计要求	坡度尺检查

（3）蓄水隔热层分项工程检验批质量检验的说明

主控项目第三项　蓄水池是否有渗漏现象检验，应在池内蓄水至规定高度，蓄水时间不应少于 24h。

5.2.3　防水与密封子分部工程

1. 一般规定

（1）本章适用于卷材防水层、涂膜防水层、复合防水层和接缝密封防水等分项工程的施工质量验收。

（2）防水层施工前，基层应坚实、平整、干净、干燥。

（3）基层处理剂应配比准确，并应搅拌均匀；喷涂或涂刷基层处理剂应均匀一致，待其干燥后应及时进行卷材、涂膜防水层和接缝密封防水施工。

（4）防水层完工并经验收合格后，应及时做好成品保护。

2. 卷材防水层分项工程

（1）一般要求

◆　屋面坡度大于 25% 时，卷材应采取满粘和钉压固定措施。

◆　卷材宜平行屋脊铺贴；上下层卷材不得相互垂直铺贴。

◆　平行屋脊的卷材搭接缝应顺流水方向，卷材搭接宽度应符合表 5-17 的规定；相邻两幅卷材短边搭接缝应错开，且不得小于 500mm；上下层卷材长边搭接缝应错开，且不得小于幅宽的 1/3。

卷材搭接宽度（mm）　　　　　　　　　　　　　表 5-17

卷材类别		搭接宽度
合成高分子防水卷材	胶粘剂	80
	胶粘带	50
	单缝焊	60，有效焊接宽度不小于 25
	双缝焊	80，有效焊接宽度 10×2+ 空腔宽
高聚物改性沥青防水卷材	胶粘剂	100
	自粘	80

◆ 冷粘法铺贴卷材时胶粘剂涂刷应均匀，不应露底，不应堆积；应控制胶粘剂涂刷与卷材铺贴的间隔时间；卷材下面的空气应排尽，并应辊压粘牢固；卷材铺贴应平整顺直，搭接尺寸应准确，不得扭曲、皱折；接缝口应用密封材料封严，宽度不应小于 10mm。

◆ 热粘法铺贴卷材在熔化热熔型改性沥青胶结料时，宜采用专用导热油炉加热，加热温度不应高于 200℃，使用温度不宜低于 180℃；粘贴卷材的热熔型改性沥青胶结料厚度宜为 1.0～1.5mm；采用热熔型改性沥青胶结料粘贴卷材时，应随刮随铺，并应展平压实。

◆ 热熔法铺贴卷材时火焰加热器加热卷材应均匀，不得加热不足或烧穿卷材；卷材表面热熔后应立即滚铺，卷材下面的空气应排尽，并应辊压粘贴牢固；卷材接缝部位应溢出热熔的改性沥青胶，溢出的改性沥青胶宽度宜为 8mm；铺贴的卷材应平整顺直，搭接尺寸应准确，不得扭曲、皱折；厚度小于 3mm 的高聚物改性沥青防水卷材，严禁采用热熔法施工。

◆ 自粘法铺贴卷材时应将自粘胶底面的隔离纸全部撕净；卷材下面的空气应排尽，并应辊压粘贴牢固；铺贴的卷材应平整顺直，搭接尺寸应准确，不得扭曲、皱折；接缝口应用密封材料封严，宽度不应小于 10mm；低温施工时，接缝部位宜采用热风加热，并应随即粘贴牢固。

◆ 焊接法铺贴卷材时，在焊接前卷材应铺设平整、顺直，搭接尺寸应准确，不得扭曲、皱折；卷材焊接缝的结合面应干净、干燥，不得有水滴、油污及附着物；焊接时应先焊长边搭接缝，后焊短边搭接缝；控制加热温度和时间，焊接缝不得有漏焊、跳焊、焊焦或焊接不牢现象；焊接时不得损害非焊接部位的卷材。

◆ 机械固定法铺贴卷材是卷材应采用专用固定件进行机械固定；固定件应设置在卷材搭接缝内，外露固定件应用卷材封严；固定件应垂直钉入结构层有效固定，固定件数量和位置应符合设计要求；卷材搭接缝应粘结或焊接牢固，密封应严密；卷材周边800mm 范围内应满粘。

（2）卷材防水层分项工程检验批质量检查与验收

卷材防水层分项工程检验批质量按主控项目和一般项目进行验收，其验收标准、方法和检查数量见表 5-18。

卷材防水层分项工程检验批质量检验标准和检验方法　　　　表 5-18

项	序号	项 目	合格质量标准	检验方法	检查数量
主控项目	1	材料质量	防水卷材及其配套材料的质量应符合设计要求	检查出厂合格证、质量检验报告和进场检验报告	按屋面面积每100m²抽查一处，每处应为10m²，且不得少于3处
	2	卷材防水层质量	卷材防水层不得有渗漏和积水现象	雨后观察或淋水、蓄水试验	
	3	防水层细部构造	卷材防水层在檐口、檐沟、天沟、水落口、泛水、变形缝和伸出屋面管道的防水构造，应符合设计要求	观察检查	
一般项目	1	搭接缝	卷材的搭接缝应粘结或焊接牢固，密封应严密，不得扭曲、皱折和翘边	观察检查	
	2	防水层的收头	卷材防水层的收头应与基层粘结，钉压应牢固，密封应严密	观察检查	
	3	铺贴方向	卷材防水层的铺贴方向应正确，卷材搭接宽度的允许偏差为 −10mm	观察和尺量检查	
	4	屋面排汽构造	屋面排汽构造的排汽道应纵横贯通，不得堵塞；排汽管应安装牢固，位置正确，封闭应严密	观察检查	

（3）卷材防水层分项工程检验批质量检验的说明

主控项目第二项　防水是屋面的主要功能之一，应检查屋面有无渗漏和积水、排水系统是否通畅，可在雨后或持续淋水 2h 以后进行。有可能作蓄水试验的屋面，其蓄水时间不应少于 24h。

一般项目第二项　卷材防水层的搭接缝质量是卷材防水层成败的关键。搭接缝粘结或焊接牢固，密封严密；搭接缝宽度符合设计要求和规范规定。冷粘法施工胶粘剂的选择至关重要；热熔法施工，卷材的质量和厚度是保证搭接缝的前提，完工的搭接缝以溢出沥青胶为度；热风焊接法关键是焊机的温度和速度的把握，不得出现虚焊、漏焊或焊焦现象。

一般项目第三项　卷材防水层收头是屋面细部构造施工的关键环节。檐口 800mm 范围内的卷材应满粘，卷材端头应压入找平层的凹槽内，卷材收头应用金属压条钉压固定，并用密封材料封严；檐沟内卷材应由沟底翻上至沟外侧顶部，卷材收头应用金属压条钉压固定，并用密封材料封严；女儿墙和山墙泛水高度不应小于 250mm，卷材收头可直接铺至女儿墙压顶下，用金属压条钉压固定，并用密封材料封严；伸出屋面管道泛水高度不应小于 250mm，卷材收头处应用金属箍箍紧，并用密封材料封严；水落口部位的防水层，伸入水落口杯内不应小于 50mm，并应粘结牢固。

3. 涂膜防水层分项工程

（1）一般要求

◆ 防水涂料应多遍涂布，并应待前一遍涂布的涂料干燥成膜后，再涂布后一遍涂料，且前后两遍涂料的涂布方向应相互垂直。

◆ 铺设胎体增强材料时胎体增强材料宜采用聚酯无纺布或化纤无纺布；胎体增强材料长边搭接宽度不应小于50mm，短边搭接宽度不应小于70mm；上下层胎体增强材料的长边搭接缝应错开，且不得小于幅宽的1/3；上下层胎体增强材料不得相互垂直铺设。

◆ 多组分防水涂料应按配合比准确计量，搅拌应均匀，并应根据有效时间确定每次配制的数量。

（2）涂膜防水层分项工程检验批质量检查与验收

涂膜防水层分项工程检验批质量按主控项目和一般项目进行验收，其验收标准、方法和检查数量见表 5-19。

涂膜防水层分项工程检验批质量检验标准和检验方法   表 5-19

项	序号	项 目	合格质量标准	检验方法	检查数量
主控项目	1	材料质量	防水涂料和胎体增强材料的质量应符合设计要求	检查出厂合格证、质量检验报告和进场检验报告	按屋面面积每100m² 抽查一处，每处应为10m²，且不得少于3处
	2	防水层质量	涂膜防水层不得有渗漏和积水现象	雨后观察或淋水、蓄水试验	
	3	防水层细部构造	涂膜防水层在檐口、檐沟、天沟、水落口、泛水、变形缝和伸出屋面管道的防水构造，应符合设计要求	观察检查	
	4	防水层的厚度	涂膜防水层的平均厚度应符合设计要求，且最小厚度不得小于设计厚度的80%	针测法或取样量测	
一般项目	1	防水层与基层的粘结	涂膜防水层与基层应粘结牢固，表面应平整，涂布应均匀，不得有流淌、皱折、起泡和露胎体等缺陷	观察检查	
	2	防水层的收头	涂膜防水层的收头应用防水涂料多遍涂刷	观察检查	
	3	胎体增强材料铺贴	铺贴胎体增强材料应平整顺直，搭接尺寸应准确，应排除气泡，并应与涂料粘结牢固；胎体增强材料搭接宽度的允许偏差为 -10mm	观察和尺量检查	

（3）涂膜防水层分项工程检验批质量检验的说明

主控项目第一项 胎体增强材料主要有聚酯无纺布和化纤无纺布，聚酯无纺布纵向拉力不应小于150N/50mm，横向拉力不应小于100N/50mm，延伸率纵向不应小于10%，横向不应小于20%；化纤无纺布纵向拉力不应小于45N/50mm，横向拉力不应小于 35N/50mm；延伸率纵向不应小于 20%，横向不应小于 25%。

主控项目第二项　防水是屋面的主要功能之一，应检查屋面有无渗漏和积水、排水系统是否通畅，可在雨后或持续淋水 2h 以后进行。有可能作蓄水试验的屋面，其蓄水时间不应少于 24h。

一般项目第三项　胎体增强材料应随防水涂料边涂刷边铺贴，用毛刷或纤维布抹平，与防水涂料完全粘结，如粘结不牢固、不平整，涂膜防水层会出现分层现象。同一层短边搭接缝和上下层搭接缝错开的目的是避免接缝重叠，胎体厚度太大，影响涂膜防水层厚薄均匀度。胎体增强材料搭接宽度的控制，是涂膜防水层整体强度均匀性的保证，规定搭接宽度允许偏差为 10mm。

4. 复合防水层分项工程

（1）一般要求

◆ 卷材与涂料复合使用时，涂膜防水层宜设置在卷材防水层的下面。

◆ 卷材与涂料复合使用时，防水卷材的粘结质量应符合表 5-20 的规定。

防水卷材的粘结质量　　　　　　　　　　　　　　　　　　　　　表 5-20

项目	自粘聚合物改性沥青防水卷材和带自粘层防水卷材	高聚物改性沥青防水卷材胶粘剂	合成高分子防水卷材胶粘剂
粘结剥离强度 (N/10mm)	≥ 10 或卷材断裂	≥ 8 或卷材断裂	≥ 15 或卷材断裂
剪切状态下的粘合强度 (N/10mm)	≥ 20 或卷材断裂	≥ 20 或卷材断裂	≥ 20 或卷材断裂
浸水 168h 后粘结剥离强度保持率 (%)	—	—	≥ 70

◆ 防水涂料作为防水卷材粘结材料复合使用时，应符合相应的防水卷材胶粘剂规定。

（2）复合防水层分项工程检验批质量检查与验收

复合防水层分项工程检验批质量按主控项目和一般项目进行验收，其验收标准、方法和检查数量见表 5-21。

复合防水层分项工程检验批质量检验标准和检验方法　　　　　　　表 5-21

项	序号	项 目	合格质量标准	检验方法	检查数量
主控项目	1	材料质量	复合防水层所用防水材料及其配套材料的质量应符合设计要求	检查出厂合格证、质量检验报告和进场检验报告	按屋面面积 每100m² 抽查一处，每处应为 10m²，且不得少于 3 处
	2	防水层质量	复合防水层不得有渗漏和积水现象	雨后观察或淋水、蓄水试验	
	3	防水层细部构造	复合防水层在天沟、檐沟、檐口、水落口、泛水、变形缝和伸出屋面管道的防水构造，应符合设计要求	观察检查	
一般项目	1	防水层间的粘结	卷材与涂膜应粘贴牢固，不得有空鼓和分层现象	观察检查	
	2	防水层厚度	复合防水层的总厚度应符合设计要求	针测法或取样量测	

（3）复合防水层分项工程检验批质量检验的说明

一般项目第三项　复合防水层的总厚度，主要包括卷材厚度、卷材胶粘剂厚度和涂膜厚度。在复合防水层中，如果防水涂料既是涂膜防水层，又是防水卷材的胶粘剂，那么涂膜厚度应给予适当增加。有关复合防水层的涂膜厚度、涂膜防水层的平均厚度应符合设计要求，且最小厚度不得小于设计厚度的 80%。

5. 接缝密封防水分项工程

（1）一般要求

◆　密封防水部位的基层应牢固，表面应平整、密实，不得有裂缝、蜂窝、麻面、起皮和起砂现象；基层应清洁、干燥，并应无油污、无灰尘；嵌入的背衬材料与接缝壁间不得留有空隙；密封防水部位的基层宜涂刷基层处理剂，涂刷应均匀，不得漏涂。

◆　多组分密封材料应按配合比准确计量，拌合应均匀，并应根据有效时间确定每次配制的数量。

◆　密封材料嵌填完成后，在固化前应避免灰尘、破损及污染，且不得踩踏。

（2）接缝密封防水分项工程检验批质量检查与验收

接缝密封防水分项工程检验批质量按主控项目和一般项目进行验收，其验收标准、方法和检查数量见表 5-22。

接缝密封防水分项工程检验批质量检验标准和检验方法　　　　　表 5-22

项	序号	项目	合格质量标准	检验方法	检查数量
主控项目	1	材料质量	密封材料及其配套材料的质量应符合设计要求	检查出厂合格证、质量检验报告和进场检验报告	每 50m 抽查一处，每处应为 5m，且不得少于 3 处
	2	密封防水质量	密封材料嵌填应密实、连续、饱满，粘结牢固，不得有气泡、开裂、脱落等缺陷	观察检查	
一般项目	1	密封防水部位的基层	密封防水部位的基层应牢固，表面应平整、密实，不得有裂缝、蜂窝、麻面、起皮和起砂现象；基层应清洁、干燥，并应无油污、无灰尘；嵌入的背衬材料与接缝壁间不得留有空隙；密封防水部位的基层宜涂刷基层处理剂，涂刷应均匀，不得漏涂	观察检查	
	2	接缝宽度和嵌填深度	接缝宽度和密封材料的嵌填深度应符合设计要求，接缝宽度的允许偏差为 ±10%	尺量检查	
	3	外观质量	嵌填的密封材料表面应平滑，缝边应顺直，应无明显不平和周边污染现象	观察检查	

（3）接缝密封防水分项工程检验批质量检验的说明

主控项目第一项　改性石油沥青密封材料按耐热度和低温柔性分为 Ⅰ 和 Ⅱ 类，Ⅰ 类产品代号为 "702"，即耐热性为 70℃，低温柔性为 –20℃，适合北方地区使用；Ⅱ 类产品代号为 "801"，即耐热性为 80℃，低温柔性为 –10℃，适合南方地区使用。合成高分子密封材料按密封胶位移能力分为 25、20、12.5、7.5 四个级别，把 25 级、20 级和 12.5 级密封胶称为弹性密封胶，而把 12.5P 级和 7.5P 级密封胶称为塑性密封胶。

主控项目第二项　改性石油沥青密封材料嵌填时采用热灌法施工应由下向上进行，并减少接头；垂直于屋脊的板缝宜先浇灌，同时在纵横交叉处宜沿平行于屋脊的两侧板缝各延伸浇灌 150mm，并留成斜槎。密封材料熬制及浇灌温度应按不同材料要求严格控制。冷嵌法施工应先将少量密封材料批刮到缝槽两侧，分次将密封材料嵌填在缝内，用力压嵌密实。嵌填时密封材料与缝壁不得留有空隙，并防止裹入空气。接头应采用斜槎。采用合成高分子密封材料嵌填时，不管是用挤出枪还是用腻子刀施工，表面都不会光滑平直，可能还会出现凹陷、漏嵌填、孔洞、气泡等现象，故应在密封材料表干前进行修整。如果表干前不修整，则表干后不易修整，且容易将成膜固化的密封材料破坏。上述目的是使嵌填的密封材料饱满、密实，无气泡、孔洞现象。

一般项目第三项　接缝宽度规定不应大于 40mm，且不应小于 10mm。考虑到接缝宽度太窄密封材料不易嵌填，太宽则会造成材料浪费，故规定接缝宽度的允许偏差为 ±10%。如果接缝宽度不符合上述要求，应进行调整或用聚合物水泥砂浆处理。

任务 5.3　瓦面与板面子分部工程

【任务描述】

瓦面与板面是直接承受风吹日晒雨淋的子分部工程，要保证屋面能承受荷载、防水排水等，该项子分部工程的质量检验至关重要。

【学习支持】

《屋面工程质量验收规范》GB 50207-2012 和《建筑工程施工质量验收统一标准》GB 50300-2001。

【任务实施】

一般规定：

1. 适用于烧结瓦、混凝土瓦、沥青瓦和金属板、玻璃采光顶铺装等分项工程的施工质量验收。

2. 瓦面与板面工程施工前，主体结构质量应验收合格，并做好资料经监理认可存档。

3. 木质望板、檩条、顺水条、挂瓦条等构件，均应做防腐、防蛀和防火处理；金属顺水条、挂瓦条以及金属板、固定件，均应做防锈处理。

4. 瓦材或板材与山墙及突出屋面结构的交接处，均应做泛水处理。

5. 在大风及地震设防地区或屋面坡度大于 100% 时，瓦材应采取固定加强措施。

6. 在瓦材的下面应铺设防水层或防水垫层，其品种、厚度和搭接宽度均应符合设计要求。

7. 严寒和寒冷地区的檐口部位，应采取防雪融冰坠的安全措施。

5.3.1 烧结瓦和混凝土瓦铺装分项工程

1. 一般要求

（1）平瓦和脊瓦应边缘整齐，表面光洁，不得有分层、裂纹和露砂等缺陷；平瓦的瓦爪与瓦槽的尺寸应配合。

（2）基层应平整、干净、干燥；持钉层厚度应符合设计要求；顺水条应垂直正脊方向铺钉在基层上，顺水条表面应平整，其间距不宜大于500mm；挂瓦条的间距应根据瓦片尺寸和屋面坡长经计算确定；挂瓦条应铺钉平整、牢固，上棱应成一直线。

（3）挂瓦应从两坡的檐口同时对称进行。瓦后爪应与挂瓦条挂牢，并应与邻边、下面两瓦落槽密合；檐口瓦、斜天沟瓦应用镀锌铁丝拴牢在挂瓦条上，每片瓦均应与挂瓦条固定牢固；整坡瓦面应平整，行列应横平竖直，不得有翘角和张口现象；正脊和斜脊应铺平挂直，脊瓦搭盖应顺主导风向和流水方向。

（4）烧结瓦和混凝土瓦屋面檐口挑出墙面的长度不宜小于300mm；脊瓦在两坡面瓦上的搭盖宽度，每边不应小于40mm；脊瓦下端距坡面瓦的高度不宜大于80mm；瓦头伸入檐沟、天沟内的长度宜为50～70mm；金属檐沟、天沟伸入瓦内的宽度不应小于150mm；瓦头挑出檐口的长度宜为50～70mm；突出屋面结构的侧面瓦伸入泛水的宽度不应小于50mm。

2. 烧结瓦和混凝土瓦铺装分项工程检验批质量检查与验收

烧结瓦和混凝土瓦铺装分项工程检验批质量按主控项目和一般项目进行验收，其验收标准、方法和检查数量见表5-23。

烧结瓦和混凝土瓦铺装分项工程检验批质量检验标准和检验方法　　表5-23

项	序号	项目	合格质量标准	检验方法	检查数量
主控项目	1	材料质量	瓦材及防水垫层的质量应符合设计要求	检查出厂合格证、质量检验报告和进场检验报告	按屋面面积 每100m² 抽查一处，每处应为10m²，且不得少于3处
	2	防水质量	烧结瓦、混凝土瓦屋面不得有渗漏现象	雨后观察或淋水试验	
	3	铺装加固	瓦片必须铺置牢固。在大风及地震设防地区或屋面坡度大于100%时，应按设计要求采取固定加强措施	观察或手扳检查	
一般项目	1	挂瓦条、瓦面、檐口施工	挂瓦条应分档均匀，铺钉应平整、牢固；瓦面应平整，行列应整齐，搭接应紧密，檐口应平直	观察检查	
	2	脊瓦施工	脊瓦应搭盖正确，间距应均匀，封固应严密；正脊和斜脊应顺直，应无起伏现象	观察检查	
	3	泛水施工	泛水做法应符合设计要求，并应顺直整齐、结合严密	观察检查	
	4	铺装尺寸	烧结瓦和混凝土瓦铺装的有关尺寸应符合设计要求	尺量检查	

3. 烧结瓦和混凝土瓦铺装分项工程检验批质量检验的说明

主控项目第二项　由于烧结瓦、混凝土瓦屋面形状、构造、防水做法多种多样，屋面上的天窗、屋顶采光窗、封口封檐等情况也十分复杂，这些在设计图纸中均会有明确的规定，所以施工时必须按照设计施工，以免造成屋面渗漏。

一般项目第一项　挂瓦条的间距是根据瓦片的规格和屋面坡度的长度确定的，而瓦片则直接铺设在其上。所以只有将挂瓦条铺设平整、牢固，才能保证瓦片铺设的平整、牢固，也才能做到行列整齐、檐口平直。

一般项目第二项　脊瓦起封闭两坡面瓦之间缝隙的作用，如脊瓦搭接不正确、封闭不严密，就可能导致屋面渗漏。另外，在铺设脊瓦时宜拉线找直、找平，使脊瓦在屋脊上铺成一条直线，以保证外表美观。

5.3.2　板面子分部工程

1. 金属板铺装分项工程

（1）一般要求

◆　金属板材应边缘整齐，表面应光滑，色泽应均匀，外形应规则，不得有翘曲、脱膜和锈蚀等缺陷。

◆　金属板材应用专用吊具安装，安装和运输过程中不得损伤金属板材。

◆　金属板材应根据要求板型和深化设计的排板图铺设，并应按设计图纸规定的连接方式固定。

◆　金属板固定支架或支座位置应准确，安装应牢固。

◆　金属板屋面檐口挑出墙面的长度不应小于 200mm；金属板伸入檐沟、天沟内的长度不应小于 100mm；泛水板与突出屋面墙体的搭接高度不应小于 250mm；金属泛水板、变形缝盖板与金属板的搭接宽度不应小于 200mm；金属屋脊盖板在两坡面金属板上的搭盖宽度不应小于 250mm。

（2）金属板铺装分项工程检验批质量检查与验收

金属板铺装分项工程检验批质量按主控项目和一般项目进行验收，其验收标准、方法和检查数量见表 5-24。

金属板铺装分项工程检验批质量检验标准和检验方法　　　　表 5-24

项	序号	项目	合格质量标准	检验方法	检查数量
主控项目	1	材料质量	金属板材及其辅助材料的质量应符合设计要求	检查出厂合格证、质量检验报告和进场检验报告	按屋面面积每 100m² 抽查一处，每处应为 10m²，且不得少于 3 处
	2	防水质量	金属板屋面不得有渗漏现象	雨后观察或淋水试验	

续表

项	序号	项目	合格质量标准	检验方法	检查数量
一般项目	1	金属板铺装及排水坡度	金属板铺装应平整、顺滑；排水坡度应符合设计要求	坡度尺检查	
	2	咬口锁边	压型金属板的咬口锁边连接应严密、连续、平整，不得扭曲和裂口	观察检查	
	3	紧固件连接	压型金属板的紧固件连接应采用带防水垫圈的自攻螺钉，固定点应设在波峰上；所有自攻螺钉外露的部位均应密封处理	观察检查	
	4	纵（横）向搭接	金属面绝热夹芯板的纵向和横向搭接应符合设计要求	观察检查	
	5	细部构造	金属板的屋脊、檐口、泛水，直线段应顺直，曲线段应顺畅	观察检查	
	6	铺装允许偏差	金属板材铺装的允许偏差和检验方法应符合表 5-25 的规定	见表 5-24	

金属板铺装的允许偏差和检验方法   表 5-25

项目	允许偏差(mm)	检验方法
檐口与屋脊的平行度	15	拉线和尺量检查
金属板对屋脊的垂直度	单坡长度的 1/800，且不大于 25	
金属板咬缝的平整度	10	
檐口相邻两板的端部错位	6	
金属板铺装的有关尺寸	符合设计要求	尺量检查

（3）金属板铺装分项工程检验批质量检验的说明

主控项目第一项　金属板材的合理选材，不仅可以满足使用要求，而且可以最大限度地降低成本，因此应给予高度重视。以彩色涂层钢板及钢带（简称彩涂板）为例，彩涂板的选择主要是指力学性能、基板类型和镀层质量，以及正面涂层性能和反面涂层性能。

力学性能主要依据用途、加工方式和变形程度等因素进行选择。在强度要求不高、变形不复杂时，可采用 TDC51D、TDC52D 系列的彩涂板；当对成形性有较高要求时，应选择 TDC53D、TDC54D 系列的彩涂板；对于有承重要求的构件，应根据设计要求选择合适的结构钢，如 TS280GD、TS350GD 系列的彩涂板。

基板类型和镀层重量主要依据用途、使用环境的腐蚀性、使用寿命和耐久性等因素进行选择。基板类型和镀层重量是影响彩涂板耐腐蚀性的主要因素，通常彩涂板应选用热镀锌基板和热镀铝锌基板。电镀锌基板由于受工艺限制，镀层较薄、耐腐蚀性相对较差，而且成本较高，因此很少使用。镀层重量应根据使用环境的腐蚀性来确定。

正面涂层性能主要依据涂料种类、涂层厚度、涂层色差、涂层光泽、涂层硬度、涂层柔韧性和附着力、涂层的耐久性等选择。正面涂层性能主要依据用途、使用环境来选择。

主控项目第二项　金属板屋面主要包括压型金属板和金属面绝热夹芯板两类。压型金属板的板型可分为高波板和低波板，其连接方式分为紧固件连接、咬口锁边连接；金属面绝热夹芯板是由彩涂钢板与保温材料在工厂制作而成，屋面用夹芯板的波形应为波形板，其连接方式为紧固件连接。

金属板屋面要做到不渗漏，对金属板的连接和密封处理是防水技术的关键。金属板铺装完成后，应对局部或整体进行雨后观察或淋水试验。

一般项目第四项　金属面绝热夹芯板的连接方式，是采用紧固件将夹芯板固定在檩条上。夹芯板的纵向搭接位于檩条处，两块板均应伸至支承构件上，每块板支座长度不应小于50mm，夹芯板纵向搭接长度不应小于200mm，搭接部位均应设密封防水胶带；夹芯板的横向搭接尺寸应按具体板型确定。

2. 玻璃采光顶铺装分项工程

（1）一般要求

◆　玻璃采光顶的预埋件应位置准确，安装应牢固。

◆　采光顶玻璃及玻璃组件的制作，应符合现行行业标准《建筑玻璃采光顶》JG/T 231的有关规定。

◆　采光顶玻璃表面应平整、洁净，颜色应均匀一致。

◆　玻璃采光顶与周边墙体之间的连接应符合设计要求。

（2）玻璃采光顶铺装分项工程检验批质量检查与验收

玻璃采光顶铺装分项工程检验批质量按主控项目和一般项目进行验收，其验收标准、方法和检查数量见表5-26。

玻璃采光顶铺装分项工程检验批质量检验标准和检验方法　　　　　表5-26

项	序号	项目	合格质量标准	检验方法	检查数量
主控项目	1	材料质量	采光顶玻璃及其配套材料的质量，应符合设计要求	检查出厂合格证和质量检验报告	按屋面面积每100m²抽查一处，每处应为10m²，且不得少于3处
	2	防水质量	玻璃采光顶不得有渗漏现象	雨后观察或淋水试验	
	3	耐候密封胶	硅酮耐候密封胶的打注应密实、连续、饱满，粘结应牢固，不得有气泡、开裂、脱落等缺陷	观察检查	
一般项目	1	采光顶铺装及排水坡度	玻璃采光顶铺装应平整、顺直，排水坡度应符合设计	观察和坡度尺检查	
	2	采光顶的冷凝水收集和排除	玻璃采光顶的冷凝水收集和排除构造，应符合设计要求	观察检查	

续表

项	序号	项目	合格质量标准	检验方法	检查数量
一般项目	3	明框玻璃采光顶安装	明框玻璃采光顶的外露金属框或压条应横平竖直，压条安装应牢固；隐框玻璃采光顶的玻璃分格拼缝应横平竖直，均匀一致	观察和手扳检查	
	4	点支承玻璃采光顶的安装	点支承玻璃采光顶的支承装置应安装牢固，配合应严密；支承装置不得与玻璃直接接触	观察检查	
	5	玻璃采光顶的密封胶缝	采光顶玻璃的密封胶缝应横平竖直，深浅应一致，宽窄应均匀，应光滑顺直	观察检查	
	6	明框采光顶铺装的允许偏差	明框玻璃采光顶铺装的允许偏差和检验方法，应符合表 5-27 的规定	见表 5-27	
	7	隐框采光顶铺装的允许偏差	隐框玻璃采光顶铺装的允许偏差和检验方法，应符合表 5-28 的规定	见表 5-28	
	8	点支承采光顶铺装的允许偏差	点支承玻璃采光顶铺装的允许偏差和检验方法，应符合表 5-29 的规定	见表 5-29	

明框玻璃采光顶铺装的允许偏差和检验方法　　　　　　　表 5-27

项目		允许偏差(mm)		检验方法
		铝构件	钢构件	
通长构件水平度（纵向或横向）	构件长度 ≤ 30m	10	15	水准仪检查
	构件长度 ≤ 60m	15	20	
	构件长度 ≤ 90m	20	25	
	构件长度 ≤ 150m	25	30	
	构件长度 >150m	30	35	
单一构件直线度（纵向或横向）	构件长度 ≤ 2m	2	3	拉线和尺量检查
	构件长度 >2m	3	4	
相邻构件平面高低差		1	2	直尺和塞尺检查
通长构件直线度（纵向或横向）	构件长度 ≤ 35m	5	7	经纬仪检查
	构件长度 >35m	7	9	
分格框对角线差	对角线长度 ≤ 2m	3	4	尺量检查
	对角线长度 >2m	3.5	5	

隐框玻璃采光顶铺装的允许偏差和检验方法   表 5-28

项目		允许偏差(mm)	检验方法
通长接缝水平度 （纵向或横向）	接缝长度 ≤ 30m	10	水准仪检查
	接缝长度 ≤ 60m	15	
	接缝长度 ≤ 90m	20	
	接缝长度 ≤ 150m	25	
	接缝长度 >150m	30	
相邻板块的平面高低差		1	直尺和塞尺检查
相邻板块的接缝直线度		2.5	拉线和尺量检查
通长接缝直线度 （纵向或横向）	接缝长度 ≤ 35m	5	经纬仪检查
	接缝长度 >35m	7	
玻璃间接缝宽度（与设计尺寸比）		2	尺量检查

点支承玻璃采光顶铺装的允许偏差和检验方法   表 5-29

项目		允许偏差(mm)	检验方法
通长接缝水平度 （纵向或横向）	接缝长度 ≤ 30m	10	水准仪检查
	接缝长度 ≤ 60m	15	
	接缝长度 >60m	20	
相邻板块的平面高低差		1	直尺和塞尺检查
相邻板块的接缝直线度		2.5	拉线和尺量检查
通长接缝直线度 （纵向或横向）	接缝长度 ≤ 35m	5	经纬仪检查
	接缝长度 >35m	7	
玻璃间接缝宽度（与设计尺寸比）		2	尺量检查

（3）玻璃采光顶铺装分项工程检验批质量检验的说明

主控项目第一项　硅酮结构密封胶使用前，应经国家认可的检测机构进行与其相接触的有机材料相容性和被粘结材料的剥离粘结性试验，并应对邵氏硬度、标准状态拉伸粘结性能进行复验。硅酮结构密封胶生产商应提供其结构胶的变位承受能力数据和质量保证书。

主控项目第二项　玻璃采光顶按其支承方式分为框支承和点支承两类。框支承玻璃采光顶的连接，主要按采光顶玻璃组装方式确定。当玻璃组装为镶嵌方式时，玻璃四周应用密封胶条镶嵌；当玻璃组装为胶粘方式时，中空玻璃的两层玻璃之间的周边以及隐框和半隐框构件的玻璃与金属框之间，应采用硅酮结构密封胶粘结。点支承玻璃采光顶的组装方式，支承装置与玻璃连接件的结合面之间应加衬垫，并有竖向调节作用。采光顶玻璃的接缝宽度应能满足玻璃和胶的变形要求，且不应小于10mm；接缝厚度宜为接缝宽度的50%～70%；玻璃接缝密封宜采用位移能力级别为25级的硅酮耐候密封胶。

由于玻璃采光顶一般跨度大、坡度小、形状复杂、安全耐久要求高，在风雨同时作用或积雪局部融化屋面积水的情况下，采光顶应具有阻止雨水渗漏室内的性能。玻璃采光顶要做到不渗漏，对采光顶的连接和密封处理必须符合设计要求，采光顶铺装完成后，应对局部或整体进行雨后观察或淋水试验。

任务 5.4　细部构造子分部工程

【任务描述】

本项目适用于檐口、檐沟和天沟、女儿墙和山墙、水落口、变形缝、伸出屋面管道、屋面出入口、反梁过水孔、设施基座、屋脊、屋顶窗等分项工程的施工质量验收。

【学习支持】

《屋面工程质量验收规范》GB 50207-2012 和《建筑工程施工质量验收统一标准》GB 50300-2001。

【任务实施】

一般规定：

1. 细部构造工程各分项工程每个检验批应全数进行检验。

2. 细部构造所使用卷材、涂料和密封材料的质量应符合设计要求，两种材料之间应具有相容性。

3. 屋面细部构造热桥部位的保温处理应符合设计要求。

5.4.1　檐口分项工程

1. 檐口分项工程检验批质量检查与验收

檐口分项工程检验批质量按主控项目和一般项目进行验收，其验收标准、方法和检查数量见表5-30。

檐口分项工程检验批质量检验标准和检验方法　　　　　　　　　　表 5-30

项	序号	项目	合格质量标准	检验方法	检查数量
主控项目	1	防水构造	檐口的防水构造应符合设计要求	观察检查	全数检验
	2	排水坡度	檐口的排水坡度应符合设计要求；檐口部位不得有渗漏和积水现象	坡度尺检查和雨后观察或淋水试验	
一般项目	1	卷材粘贴	檐口 800mm 范围内的卷材应满粘	观察检查	
	2	卷材收头	卷材收头应在找平层的凹槽内用金属压条钉压固定，并应用密封材料封严	观察检查	
	3	涂膜收头	涂膜收头应用防水涂料多遍涂刷	观察检查	
	4	檐口端部处理	檐口端部应抹聚合物水泥砂浆，其下端应做成鹰嘴和滴水槽	观察检查	

2. 檐口分项工程检验批质量检验的说明

主控项目第一项　檐口部位的防水层收头和滴水是檐口防水处理的关键，卷材防水屋面檐口 800mm 范围内的卷材应满粘，卷材收头应采用金属压条钉压，并用密封材料封严；涂膜防水屋面檐口的涂膜收头，应用防水涂料多遍涂刷。檐口下端应做鹰嘴和滴水槽。瓦屋面的瓦头挑出檐口的尺寸、滴水板的设置要求等应符合设计要求。验收时对构造做法必须进行严格检查，确保符合设计和现行相关规范的要求。

一般项目第四项　由于檐口做法属于无组织排水，檐口雨水冲刷量大，檐口端部应采用聚合物水泥砂浆铺抹，以提高檐口的防水能力。为防止雨水沿檐口下端流向墙面，檐口下端应同时做鹰嘴和滴水槽。

5.4.2　檐沟和天沟分项工程

1. 檐沟和天沟分项工程检验批质量检查与验收

檐沟和天沟分项工程检验批质量按主控项目和一般项目进行验收，其验收标准、方法和检查数量见表 5-31。

檐沟和天沟分项工程检验批质量检验标准和检验方法　　　　表 5-31

项	序号	项 目	合格质量标准	检验方法	检查数量
主控项目	1	防水构造	檐沟、天沟的防水构造应符合设计要求	观察检查	全数检验
	2	排水坡度	檐沟、天沟的排水坡度应符合设计要求；沟内不得有渗漏和积水现象	坡度尺检查和雨后观察或淋水、蓄水试验	
一般项目	1	附加层铺设	檐沟、天沟附加层铺设应符合设计要求	观察和尺量检查	
	2	防水层施工	檐沟防水层应由沟底翻上至外侧顶部，卷材收头应用金属压条钉压固定，并应用密封材料封严；涂膜收头应用防水涂料多遍涂刷	观察检查	
	3	檐沟外侧处理	檐沟外侧顶部及侧面均应抹聚合物水泥砂浆，其下端应做成鹰嘴或滴水槽	观察检查	

2. 檐沟和天沟分项工程检验批质量检验的说明

主控项目第一项　檐沟、天沟是排水最集中部位，檐沟、天沟与屋面的交接处，由于构件断面变化和屋面的变形，常在此处发生裂缝。同时，沟内防水层因受雨水冲刷和清扫的影响较大，卷材或涂膜防水屋面檐沟和天沟的防水层下应增设附加层，附加层伸入屋面的宽度不应小于 250mm；防水层应由沟底翻上至外侧顶部，卷材收头应用金属压条钉压，并用密封材料封严；涂膜收头应用防水涂料多遍涂刷；檐沟外侧下端应做成鹰嘴或滴水槽。瓦屋面檐沟和天沟防水层下应增设附加层，附加层伸入屋面的宽度不应小于 500mm；檐沟和天沟防水层伸入瓦内的宽度不应小于 150mm，并应与屋面防水层或防水垫层顺流水方向搭接。烧结瓦、混凝土瓦伸入檐沟、天沟内的长度宜为 50 ~ 70mm，验收时对构造做法必须进行严格检查，确保符合设计和现行相关规范的要求。

5.4.3　女儿墙和山墙分项工程

1.女儿墙和山墙分项工程检验批质量检查与验收

女儿墙和山墙分项工程检验批质量按主控项目和一般项目进行验收，其验收标准、方法和检查数量见表5-32。

檐沟和天沟分项工程检验批质量检验标准和检验方法　　　　　表5-32

项	序号	项目	合格质量标准	检验方法	检查数量
主控项目	1	防水构造	女儿墙和山墙的防水构造应符合设计要求	观察检查	全数检验
	2	排水坡度	女儿墙和山墙的压顶向内排水坡度不应小于5%，压顶内侧下端应做成鹰嘴或滴水槽	观察和坡度尺检查	
	3	墙根部质量	女儿墙和山墙的根部不得有渗漏和积水现象	雨后观察或淋水试验	
一般项目	1	附加层铺设	女儿墙和山墙的泛水高度及附加层铺设应符合设计要求	观察和尺量检查	
	2	防水层施工	女儿墙和山墙的卷材应满粘，卷材收头应用金属压条钉压固定，并应用密封材料封严	观察检查	
	3	涂膜施工	女儿墙和山墙的涂膜应直接涂刷至压顶下，涂膜收头应用防水涂料多遍涂刷	观察检查	

2.女儿墙和山墙分项工程检验批质量检验的说明

主控项目第一项　女儿墙和山墙无论是采用混凝土还是砌体都会产生开裂现象，女儿墙和山墙上的抹灰及压顶出现裂缝也是很常见的，如不做防水设防，雨水会沿裂缝或墙流入室内。泛水部位如不做附加层防水增强处理，防水层收缩易使泛水转角部位产生空鼓，防水层容易破坏。泛水收头若处理不当易产生翘边现象，使雨水从开口处渗入防水层下部。故女儿墙和山墙应按设计要求做好防水构造处理。

一般项目第一项　泛水部位容易产生应力集中导致开裂，因此该部位防水层的泛水高度和附加层铺设应符合设计要求，防止雨水从防水收头处流入室内。附加层在防水层施工前应进行验收，并填写隐蔽工程验收记录。

一般项目第二项　卷材防水层铺贴至女儿墙和山墙时，卷材立面部位应满粘防止下滑。砌体低女儿墙和山墙的卷材防水层可直接铺贴至压顶下，卷材收头用金属压条钉压固定，并用密封材料封严。砌体高女儿墙和山墙可在距屋面不小于250mm的部位留设凹槽，将卷材防水层收头压入凹槽内，用金属压条钉压固定并用密封材料封严，凹槽上部的墙体应做防水处理。混凝土女儿墙和山墙难以设置凹槽，可将卷材防水层直接用金属压条钉压在墙体上，卷材收头用密封材料封严，再做金属盖板保护。

5.4.4　水落口分项工程

1.水落口分项工程检验批质量检查与验收

水落口分项工程检验批质量按主控项目和一般项目进行验收，其验收标准、方法和检查数量见表5-33。

檐沟和天沟分项工程检验批质量检验标准和检验方法　　　表 5-33

项	序号	项目	合格质量标准	检验方法	检查数量
主控项目	1	防水构造	水落口的防水构造应符合设计要求	观察检查	全数检验
	2	水落口设置	水落口杯上口应设在沟底的最低处；水落口处不得有渗漏和积水现象	雨后观察或淋水、蓄水试验	
一般项目	1	水落口的数量和位置	水落口的数量和位置应符合设计要求；水落口杯应安装牢固	观察和手扳检查	
	2	排水坡度	水落口周围直径 500mm 范围内坡度不应小于 5%，水落口周围的附加层铺设应符合设计要求	观察和尺量检查	
	3	防水层及附加层	防水层及附加层伸入水落口杯内不应小于 50mm，并应粘结牢固	观察和尺量检查	

2. 水落口分项工程检验批质量检验的说明

主控项目第二项　水落口杯的安设高度应充分考虑水落口部位增加的附加层和排水坡度加大的尺寸，屋面上每个水落口应单独计算出标高后进行埋设，保证水落口杯上口设置在屋面排水沟的最低处，避免水落口周围积水。为保证水落口处无渗漏和积水现象，屋面防水层施工完成后，应进行雨后观察或淋水、蓄水试验。

一般项目第二项　水落口是排水最集中的部位，由于水落口周围坡度过小，施工困难且不易找准，影响水落口的排水能力。同时，水落口周围的防水层受雨水冲刷是屋面中最严重的，因此水落口周围直径 500mm 范围内增大坡度为不小于 5%，并按设计要求作附加增强处理。

5.4.5　变形缝分项工程

1. 变形缝分项工程检验批质量检查与验收

变形缝分项工程检验批质量按主控项目和一般项目进行验收，其验收标准、方法和检查数量见表 5-34。

变形缝分项工程检验批质量检验标准和检验方法　　　表 5-34

项	序号	项目	合格质量标准	检验方法	检查数量
主控项目	1	防水构造	变形缝的防水构造应符合设计要求	观察检查	全数检验
	2	变形缝防水	变形缝处不得有渗漏和积水现象	雨后观察或淋水试验	
一般项目	1	变形缝泛水及附加层	变形缝的泛水高度及附加层铺设应符合设计要求	观察和尺量检查	
	2	防水层铺贴	防水层应铺贴或涂刷至泛水墙的顶部	观察检查	
	3	等高变形缝顶部	等高变形缝顶部宜加扣混凝土或金属盖板。混凝土盖板的接缝应用密封材料封严，金属盖板应铺钉牢固，搭接缝应顺流水方向，并应做好防锈处理	观察检查	
	4	高低跨变形缝顶部	高低跨变形缝在高跨墙面上的防水卷材封盖和金属盖板，应用金属压条钉压固定，并应用密封材料封严	观察检查	

2. 变形缝分项工程检验批质量检验的说明

主控项目第一项　变形缝是为了防止建筑物产生变形、开裂甚至破坏而预先设置的构造缝，因此变形缝的防水构造应能满足变形要求。变形缝泛水处的防水层下应按设计要求增设防水附加层；防水层应铺贴或涂刷至泛水墙的顶部；变形缝内应填塞保温材料，其上铺设卷材封盖和金属盖板。由于变形缝内的防水构造会被盖板覆盖，故质量检查验收应随工序的开展而进行，并及时做好隐蔽工程验收记录。

5.4.6　伸出屋面管道分项工程

1. 伸出屋面管道分项工程检验批质量检查与验收

伸出屋面管道分项工程检验批质量按主控项目和一般项目进行验收，其验收标准、方法和检查数量见表 5-35。

伸出屋面管道分项工程检验批质量检验标准和检验方法　　　　表 5-35

项	序号	项目	合格质量标准	检验方法	检查数量
主控项目	1	防水构造	伸出屋面管道的防水构造应符合设计要求	观察检查	全数检验
	2	管道根部防水	伸出屋面管道根部不得有渗漏和积水现象	雨后观察或淋水试验	
一般项目	1	泛水及附加层	伸出屋面管道的泛水高度及附加层铺设应符合设计要求	观察和尺量检查	
	2	排水坡	伸出屋面管道周围的找平层应抹出高度不小于 30mm 的排水坡	观察和尺量检查	
	3	防水层收头处理	卷材防水层收头应用金属箍固定，并应用密封材料封严；涂膜防水层收头应用防水涂料多遍涂刷	观察检查	

2. 伸出屋面管道分项工程检验批质量检验的说明

主控项目第一项　伸出屋面管道在管壁四周应设附加层做防水增强处理。卷材防水层收头处应用管箍或镀锌铁丝扎紧后用密封材料封严。验收时应按每道工序进行质量检查，并做好隐蔽工程验收记录。

5.4.7　屋面出入口分项工程

1. 屋面出入口分项工程检验批质量检查与验收

屋面出入口分项工程检验批质量按主控项目和一般项目进行验收，其验收标准、方法和检查数量见表 5-36。

屋面出入口分项工程检验批质量检验标准和检验方法　　　　表 5-36

项	序号	项 目	合格质量标准	检验方法	检查数量
主控项目	1	防水构造	屋面出入口的防水构造应符合设计要求	观察检查	全数检验
	2	管道根部防水	屋面出入口处不得有渗漏和积水现象	雨后观察或淋水试验	
一般项目	1	防水层收头及附加层	屋面垂直出入口防水层收头应压在压顶圈下，附加层铺设应符合设计要求	观察检查	
	2	防水层收头	屋面水平出入口防水层收头应压在混凝土踏步下，附加层铺设和护墙应符合设计要求	观察检查	
	3	泛水高度	屋面出入口的泛水高度不应小于 250mm	观察和尺量检查	

2. 屋面出入口分项工程检验批质量检验的说明

主控项目第一项　屋面出入口有垂直出入口和水平出入口两种，构造上有很大的区别，防水处理做法也多有不同，设计应根据工程实际情况做好屋面出入口的防水构造设计。施工和验收时，其做法必须符合设计要求，附加层及防水层收头处理等应做好隐蔽工程验收记录。

5.4.8 屋脊分项工程

1. 屋脊分项工程检验批质量检查与验收

屋脊分项工程检验批质量按主控项目和一般项目进行验收，其验收标准、方法和检查数量见表 5-37。

屋脊分项工程检验批质量检验标准和检验方法　　　　表 5-37

项	序号	项 目	合格质量标准	检验方法	检查数量
主控项目	1	防水构造	屋脊的防水构造应符合设计要求	观察检查	全数检验
	2	屋脊防水	屋脊处不得有渗漏现象	雨后观察或淋水试验	
一般项目	1	屋脊外观	平脊和斜脊铺设应顺直，应无起伏现象	观察检查	
	2	脊瓦搭盖	脊瓦应搭盖正确，间距应均匀，封固应严密	观察和手扳检查	

2. 屋脊分项工程检验批质量检验的说明

主控项目第一项　烧结瓦、混凝土瓦的脊瓦与坡面瓦之间的缝隙，一般采用聚合物水泥砂浆填实抹平。脊瓦下端距坡面瓦的高度不宜超过 80mm，脊瓦在两坡面瓦上的搭盖宽度每边不应小于 40mm。沥青瓦屋面的脊瓦在两坡面瓦上的搭盖宽度每边不应小于 150mm。正脊脊瓦外露搭接边宜顺常年风向一侧；每张屋脊瓦片的两侧各采用 1 个固定钉固定，固定钉距离侧边 25mm；外露的固定钉钉帽应用沥青胶涂盖。

瓦屋面的屋脊处均应增设防水垫层附加层，附加层宽度不应小于 500mm。

5.4.9 屋顶窗分项工程

1. 屋顶窗分项工程检验批质量检查与验收

屋顶窗分项工程检验批质量按主控项目和一般项目进行验收，其验收标准、方法和检查数量见表5-38。

屋顶窗分项工程检验批质量检验标准和检验方法

表 5-38

项	序号	项目	合格质量标准	检验方法	检查数量
主控项目	1	防水构造	屋顶窗的防水构造应符合设计要求	观察检查	全数检验
	2	屋脊防水	屋顶窗及其周围不得有渗漏现象	雨后观察或淋水试验	
一般项目	1	屋脊外观	屋顶窗用金属排水板、窗框固定铁脚应与屋面连接牢固	观察检查	
	2	脊瓦搭盖	屋顶窗用窗口防水卷材应铺贴平整，粘结应牢固	观察检查	

2. 屋顶窗分项工程检验批质量检验的说明

主控项目第一项　屋顶窗所用窗料及相关的各种零部件，均应由屋顶窗的生产厂家配套供应。屋顶窗的防水设计为两道防水设防，即金属排水板采用涂有防氧化涂层的铝合金板，排水板与屋面瓦有效紧密搭接，第二道防水设防采用厚度为3mm的SBS防水卷材热熔施工；屋顶窗的排水设计应充分发挥排水板的作用，同时注意瓦与屋顶窗排水板的距离。因此屋顶窗的防水构造必须符合设计要求。

任务 5.5　屋面分部工程验收

【任务描述】

建筑屋面工程是一个分部工程，包括基层与保护、保温与隔热、防水与密封、瓦面与板面、细部构造五个子分部工程，各子分部工程由若干个分项工程组成，各分项工程又由一个或多个检验批组成。检验批是工程验收的最小单位，是分项工程乃至整个建筑工程质量验收的基础。

【学习支持】

《屋面工程质量验收规范》GB 50207-2012 和《建筑工程施工质量验收统一标准》GB 50300-2001。

【任务实施】

5.5.1 屋面分部工程验收的程序

1. 检验批的质量验收

检验批应由监理工程师组织施工单位项目专业质量或技术负责人等进行验收。验收前，施工单位先填好"检验批和分项工程的质量验收记录"，并由项目专业质量检验员在验收记录中签字，然后由监理工程师组织按规定程序进行。检验批质量验收合格应符合下列规定：

（1）主控项目的质量应经抽查检验合格；

（2）一般项目的质量应经抽查检验合格；有允许偏差值的项目，其抽查点应有80%及其以上在允许偏差范围内，且最大偏差值不得超过允许偏差值的1.5倍；

（3）应具有完整的施工操作依据和质量检查记录。

2. 分项工程的质量验收

分项工程应按构成分项工程的检验批验收合格的基础上进行，由专业监理工程师组织施工单位项目专业质量或技术负责人等进行验收。分项工程质量验收合格应符合下列规定：

（1）分项工程所含检验批的质量均应验收合格；

（2）分项工程所含检验批的质量验收记录应完整。

3. 分部（子分部）工程的验收

分部（子分部）工程的验收在其所含各分项工程验收的基础上进行。屋面工程完工后，施工单位先行自检，并整理施工过程中的有关文件记录（表5-39），确认合格后；报监理单位。分部工程应由总监理工程师（建设单位项目负责人）组织施工单位的技术、质量负责人进行验收。分部（子分部）工程质量验收合格应符合下列规定：

屋面工程验收的文件和记录 表 5-39

序号	项 目	文件和记录
1	防水设计	设计图纸及会审记录、设计变更通知单和材料代用核定单
2	施工方案	施工方法、技术措施、质量保证措施
3	技术交底记录	施工操作要求及注意事项
4	材料质量证明文件	出厂合格证、型式检验报告、出厂检验报告、进场验收记录和进场检验报告
5	施工日志	逐日施工情况
6	工程检验记录	工序交接检验记录、检验批质量验收记录、隐蔽工程验收记录、淋水或蓄水试验记录、观感质量检查记录、安全与功能抽样检验（检测）记录
7	其他技术资料	事故处理报告、技术总结

（1）分部（子分部）所含分项工程的质量均应验收合格；

（2）质量控制资料应完整、真实、准确，不得有涂改和伪造，各级技术负责人签字后方可有效；

（3）安全与功能抽样检验应符合现行国家标准《建筑工程施工质量验收统一标准》GB 50300 的有关规定；

（4）观感质量检查应符合规范的规定。

5.5.2 屋面分部（子分部）工程验收的内容

1. 统计核查子分部工程和所包含的分项工程数量

屋面分部工程所包含的全部子分部工程应全部完成，并验收合格；同时每个分项工程和子分部工程验收过程正确，资料完整，手续符合要求。

2. 核查质量控制资料

分部工程验收时应核查下列资料：

（1）图纸会审、设计变更、洽商记录。

（2）原材料出厂合格证书及检（试）验报告。

（3）施工试验报告及见证检测报告。

（4）隐蔽验收记录。屋面工程应对下列部位进行隐蔽工程验收：

◆ 卷材、涂膜防水层的基层；

◆ 保温层的隔汽和排汽措施；

◆ 保温层的铺设方式、厚度、板材缝隙填充质量及热桥部位的保温措施；

◆ 接缝的密封处理；

◆ 瓦材与基层的固定措施；

◆ 檐沟、天沟、泛水、水落口和变形缝等细部做法；

◆ 在屋面易开裂和渗水部位的附加层；

◆ 保护层与卷材、涂膜防水层之间的隔离层；

◆ 金属板材与基层的固定和板缝间的密封处理；

◆ 坡度较大时，防止卷材和保温层下滑的措施。

（5）施工记录。

（6）分项工程质量验收记录。

（7）新材料、新工艺施工记录。

3. 屋面工程观感质量验收

工程的观感质量应由有关各方组成的验收人员通过现场检查共同确认。屋面工程观感质量检查应符合下列要求：

（1）卷材铺贴方向应正确，搭接缝应粘结或焊接牢固，搭接宽度应符合设计要求，表面应平整，不得有扭曲、皱折和翘边等缺陷。

（2）涂膜防水层粘结应牢固，表面应平整，涂刷应均匀，不得有流淌、起泡和露胎体等缺陷。

（3）嵌填的密封材料应与接缝两侧粘结牢固，表面应平滑，缝边应顺直，不得有气泡、开裂和剥离等缺陷。

（4）檐口、檐沟、天沟、女儿墙、山墙、水落口、变形缝和伸出屋面管道等防水构造，应符合设计要求。

（5）烧结瓦、混凝土瓦铺装应平整、牢固，行列应整齐，搭接应紧密，檐口应顺直；脊瓦应搭盖正确，间距应均匀，封固应严密；正脊和斜脊应顺直，无起伏现象。泛水应顺直整齐，结合应严密。

（6）沥青瓦铺装应搭接正确，瓦片外露部分不得超过切口长度，钉帽不得外露；沥青瓦应与基层钉粘牢固，瓦面应平整，檐口应顺直；泛水应顺直整齐，结合应严密。

（7）金属板铺装应平整、顺滑；连接应正确，接缝应严密；屋脊、檐口、泛水直线段应顺直，曲线段应顺畅。

（8）玻璃采光顶铺装应平整、顺直，外露金属框或压条应横平竖直，压条应安装牢固；玻璃密封胶缝应横平竖直、深浅一致，宽窄应均匀，应光滑顺直。

（9）上人屋面或其他使用功能屋面，其保护及铺面应符合设计要求。

4. 安全和使用功能的检验

（1）检查屋面有无渗漏、积水和排水系统是否通畅，应在雨后或持续淋水 2h 后进行，并应填写淋水试验记录。具备蓄水条件的檐沟、天沟应进行蓄水试验，蓄水时间不得少于 24h，并应填写蓄水试验记录。

（2）屋面工程验收后，应填写分部工程质量验收记录，并应交建设单位和施工单位存档。

（3）对安全与功能有特殊要求的建筑屋面，工程质量验收除应符合本规范的规定外，尚应按合同约定和设计要求进行专项检验（检测）和专项验收。

项目 6
建筑装饰装修分部工程质量验收

【项目概述】

> 建筑装饰装修分部工程包括建筑地面、抹灰、外墙防水、门窗、吊顶、轻质隔墙、饰面板、饰面砖、幕墙、涂饰、裱糊与软包、细部十二个子分部，共44个分项工程。建筑装饰装修工程的各种原材料、制品和配件的质量必须符合设计要求或技术标准规定。施工中应严格检查产品出厂合格证和试验报告，这对保证建筑装饰装修工程的质量有着重要作用。为了加强建筑工程质量管理，统一建筑装饰装修工程的质量验收，保证工程质量，国家制定了《建筑装饰装修工程施工质量验收规范》GB 50210-2001，该规范适用于建筑工程的建筑装饰装修工程施工质量验收。

【学习目标】通过学习，你将能够：

熟悉建筑装饰装修工程质量验收的划分；

熟悉建筑装饰装修工程质量控制点及工序质量检查；

掌握建筑装饰装修工程现场常见检测项目内容及方法；

掌握建筑装饰装修工程常见检验批的验收方法；

熟悉建筑装饰装修工程的分项工程、分部（子）工程的验收方法；

熟悉建筑装饰装修工程质量验收资料的分类及收集整理。

任务 6.1　建筑装饰装修分部工程验收的基本规定

【任务描述】

主要是对建筑装饰装修的设计要求，使用材料、成品、半成品，检测及见证试验单位资质证书和计量认证合格证书、施工单位专业资质、建立和完善其相应的质量管理体系和质量检查制度，建筑装饰装修工程子分部、分项的划分，施工过程中出现异常情况的处理作出了明确的规定。

【学习支持】

《建筑工程施工质量验收统一标准》GB 50300-2013 和《建筑装饰装修工程施工质量验收规范》GB 50210-2001。

【任务实施】

6.1.1 一般要求

建筑装饰装修指为保护建筑物的主体结构、完善建筑物的使用功能和美化建筑物，采用装饰装修材料或饰物，对建筑物的内外表面及空间进行的各种处理过程。

建筑装饰装修工程项目繁多、涉及面广、工程量大、工期较长、工序复杂、工程质量要求高。建筑装饰装修工程合理的施工顺序是工程质量保证的前提。室外工程一般自上而下施工，高层建筑可分段自上而下施工。室内工程应待屋面工程完工后进行，其施工顺序一般为隔墙、隔断→门窗框→暗装管线与预埋件→顶棚抹灰、吊顶→墙面抹灰→楼地面→涂料、刷浆、饰面、罩面→门窗、玻璃→地面面层→裱糊、软包→细部等。

1. 设计要求

（1）建筑装饰装修工程必须进行设计，并出具完整的施工图设计文件。

（2）承担建筑装饰装修工程设计的单位应具备相应的资质，并应建立质量管理体系。由于设计原因造成的质量问题应由设计单位负责。

（3）建筑装饰装修设计应符合城市规划、消防，环保、节能等有关规定。

（4）承担建筑装饰装修工程设计的单位应对建筑物进行必要的了解和实地勘察，设计深度应满足施工要求。

（5）建筑装饰装修工程设计必须保证建筑物的结构安全和主要使用功能。当涉及主体和承重结构改动或增加荷载时，必须由原结构设计单位或具备相应资质的设计单位核查有关原始资料，对既有建筑结构的安全性进行核验、确认。

（6）建筑装饰装修工程的防火、防腐、防虫蛀、防雷和抗震设计应符合现行国家标准的规定。

（7）当墙体或吊顶内的管线可能产生冰冻或结露时，应进行防冻或防结露设计。

2. 材料的质量要求

（1）建筑装饰装修工程所用材料的品种、规格和质量应符合设计要求和国家现行标准的规定。当设计无要求时应符合国家现行标准的规定。严禁使用国家明令淘汰的材料。

（2）建筑装饰装修工程所用材料的燃烧性能应符合现行国家标准《建筑内部装修设计防火规范》GB50222、《建筑设计防火规范》GBJ16 和《高层民用建筑设计防火规范》GB5045 的规定。

（3）建筑装饰装修工程所用材料应符合国家有关建筑装饰装修材料有害物质限量标准的规定。

（4）所有材料进场时应对品种、规格、外观和尺寸进行验收。材料包装应完好，应有产品合格证书、中文说明书及相关性能的检测报告；进口产品应按规定进行商品检验。

（5）进场后需要进行复验的材料种类及项目应符合规范的规定。同一厂家生产的同一品种、同一类型的进场材料应至少抽取一组样品进行复验，当合同另有约定时应按合同执行。

（6）当国家规定或合同约定应对材料进行见证检测时，或对材料的质量发生争议时，应进行见证检测。

（7）承担建筑装饰装修材料检测的单位应具备相应的资质，并应建立质量管理体系。

（8）建筑装饰装修工程所使用的材料在运输、储存和施工过程中，必须采取有效措施防止损坏、变质和污染环境。

（9）建筑装饰装修工程所使用的材料应按设计要求进行防火、防腐和防虫处理。

（10）现场配制的材料如砂浆、胶粘剂等，应按设计要求或产品说明书配制。

3. 施工要求

（1）承担建筑装饰装修工程施工的单位应具备相应的资质，并应建立质量管理体系。施工单位应编施工组织设计并应经过审查批准。施工单位应按有关的施工工艺标准或经审定的施工技术方案施工，并应对施工全过程实行质量控制。

（2）承担建筑装饰装修工程施工的人员应有相应岗位的资格证书。

（3）建筑装饰装修工程的施工质量应符合设计要求和规范的规定，由于违反设计文件和规范规定的施工造成的质量问题应由施工单位负责。

（4）建筑装饰装修工程施工中，严禁违反设计文件擅自改动建筑主体、承重结构或主要使用功能；严禁未经设计确认和有关部门批准擅自拆改水、暖、电、燃气、通讯等配套设施。

（5）施工单位应遵守有关环境保护的法律法规，并应采取有效措施控制施工现场的各种粉尘、废气、废弃物、噪声、振动等对周围环境造成的污染和危害。

（6）施工单位应遵守有关施工安全、劳动保护、防火和防毒的法律法规，应建立相应的管理制度，并应配备必要的设备、器具和标识。

（7）建筑装饰装修工程应在基体或基层的质量验收合格后施工。对既有建筑进行装饰装修前，应对基层进行处理并达到规范的要求。

（8）建筑装饰装修工程施工前应有主要材料的样板或做样板间（件），并应经有关各方确认。

（9）墙面采用保温材料的建筑装饰装修工程，所用保温材料的类型、品种、规格及施工工艺应符合设计要求。

（10）管道、设备等的安装及调试应在建筑装饰装修工程施工前完成，当必须同步进行时，应在饰面层施工前完成。装饰装修工程不得影响管道、设备等的使用和维修。涉及燃气管道的建筑装饰装修工程必须符合有关安全管理的规定。

（11）建筑装饰装修工程的电器安装应符合设计要求和国家现行标准的规定。严禁不经穿管直接埋设电线。

（12）室内外装饰装修工程施工的环境条件应满足施工工艺的要求。施工环境温度不应低于5℃。当必须在低于5℃气温下施工时，应采取保证工程质量的有效措施。

（13）建筑装饰装修工程施工过程中应做好半成品、成品的保护，防止污染和损坏。

（14）建筑装饰装修工程验收前应将施工现场清理干净。

6.1.2　建筑装饰装修子分部工程和分项工程的划分

根据《建筑工程施工质量验收统一标准》GB 50300-2013，建筑装饰装修分部工程的子分部工程和分项工程划分见表6-1：

建筑装饰装修工程子分部、分项工程划分表　　　　　　　表 6-1

分部工程	子分部工程	分项工程
建筑装饰装修	建筑地面	基层铺设，整体面层铺设，板块面层铺设，木、竹面层
	抹灰	一般抹灰，保温层薄抹灰，装饰抹灰，清水砌体勾缝
	外墙防水	外墙砂浆防水，涂膜防水，透气膜防水
	门窗	木门窗安装，金属门窗安装，塑料门窗安装，特种门安装，门窗玻璃安装
	吊顶	整体面层吊顶，板块面层吊顶，格栅吊顶
	轻质隔墙	板材隔墙，骨架隔墙，活动隔墙，玻璃隔墙
	饰面板	石板安装，陶瓷板安装，木板安装，金属板安装，塑料板安装
	饰面砖	外墙饰面砖粘贴，内墙饰面砖粘贴
	幕墙	玻璃幕墙安装，金属幕墙安装，石材幕墙安装，陶板幕墙安装
	涂饰	水性涂料涂饰，溶剂型涂料涂饰，美术涂饰
	裱糊与软包	裱糊、软包
	细部	橱柜制作与安装，窗帘盒和窗台板制作与安装，门窗套制作与安装，护栏和扶手制作与安装，花饰制作与安装

任务 6.2　建筑地面子分部工程

【任务描述】

主要是对建筑地面工程子分部的质量要求、检查内容及检查方法，子分部、分项的划分，质量检验标准、检验批验收记录作出了明确的规定。建筑地面工程（含室外散水、明沟、踏步、台阶和坡道）不包括超净、屏蔽、绝缘、防止放射线以及防腐蚀等特殊要求的地面。

【学习支持】

《建筑工程施工质量验收统一标准》GB 50300—2013、《建筑装饰装修工程施工质量验收规范》GB 50210—2001 和《建筑地面工程施工质量验收规范》GB 50209—2010。

【任务实施】

6.2.1 一般规定

1. 从事建筑地面工程施工的建筑施工企业应有质量管理体系和相应的施工工艺技术标准。

2. 建筑地面工程采用的材料或产品应符合设计要求和国家现行有关标准的规定。无国家现行标准的，应具有省级住房和城乡建设行政主管部门的技术认可文件。材料或产品进场时还应符合下列规定：

(1) 应有质量合格证明文件；

(2) 应对型号、规格、外观等进行验收，对重要材料或产品应抽样进行复验。

暂时没有国家现行标准的建筑地面材料或产品也可进场使用，但必须持有建筑地面工程所在地的省级住房和城乡建设行政主管部门的技术认可文件。

质量合格证明文件指：随同进场材料或产品一同提供的、有效的中文质量状况证明文件。通常包括型式检验报告、出厂检验报告、出厂合格证等。进口产品还应包括出入境商品检验合格证明。

3. 建筑地面工程采用的大理石、花岗石、料石等天然石材以及砖、预制板块、地毯、人造板材、胶粘剂、涂料、水泥、砂、石、外加剂等材料或产品应符合国家现行有关室内环境污染控制和放射性、有害物质限量的规定。材料进场时应具有检测报告。

4. 厕浴间和有防滑要求的建筑地面应符合设计防滑要求。

5. 有种植要求的建筑地面，其构造做法应符合设计要求和现行行业标准《种植屋面工程技术规程》JGJ-155 的有关规定。设计无要求时，种植地面应低于相邻建筑地面50mm 以上或作槛台处理。

6. 地面辐射供暖系统的设计、施工及验收应符合现行行业标准《地面辐射供暖技术规程》JGJ 142 的有关规定。

7. 地面辐射供暖系统施工验收合格后，方可进行面层铺设。面层分格缝的构造做法应符合设计要求。

8. 建筑地面下的沟槽、暗管、保温、隔热、隔声等工程完工后，应经检验合格并做隐蔽记录，方可进行建筑地面工程的施工。

9. 建筑地面工程基层（各构造层）和面层的铺设，均应待其下一层检验合格后方可施工上一层。建筑地面工程各层铺设前与相关专业的分部（子分部）工程、分项工程以及设备管道安装工程之间，应进行交接检验。

10. 建筑地面工程施工时，各层环境温度的控制应符合材料或产品的技术要求，并应符合下列规定：

（1）采用掺有水泥、石灰的拌和料铺设以及用石油沥青胶结料铺贴时，不应低于 5℃；

（2）采用有机胶粘剂粘贴时，不应低于 10℃；

（3）采用砂、石材料铺设时，不应低于 0℃；

（4）采用自流平、涂料铺设时，不应低于 5℃，也不应高于 30℃。

当不能满足环境温度施工时，应采取相应的技术措施。

11. 铺设有坡度的地面应采用基土高差达到设计要求的坡度；铺设有坡度的楼面（或架空地面）应采用在结构楼层板上变更填充层（或找平层）铺设的厚度或以结构起坡达到设计要求的坡度。

12. 寒冷地区建筑物室内接触基土的首层地面施工应符合设计要求，并应符合下列规定：

（1）在冻胀性土上铺设地面时，应按设计要求做好防冻胀土处理后方可施工，并不得在冻胀土层上进行填土施工；

（2）在永冻土上铺设地面时，应按建筑节能要求进行隔热、保温处理后方可施工。

13. 室外散水、明沟、踏步、台阶和坡道等，其面层和基层（各构造层）均应符合设计要求。施工时应按基层铺设中基土和相应垫层以及面层的规范规定执行。

14. 水泥混凝土散水、明沟应设置伸、缩缝，其延长米间距不得大于 10m，对日晒强烈且昼夜温差超过 15℃的地区，其延长米间距宜为 4～6m。水泥混凝土散水、明沟和台阶等与建筑物连接处及房屋转角处应设缝处理。上述缝的宽度应为 15～20mm，缝内应填嵌柔性密封材料。

15. 建筑地面的变形缝应按设计要求设置，并应符合下列规定：

（1）建筑地面的沉降缝、伸缝、缩缝和防震缝，应与结构相应缝的位置一致，且应贯通建筑地面的各构造层；

（2）沉降缝和防震缝的宽度应符合设计要求，缝内清理干净，以柔性密封材料填嵌后用板封盖，并应与面层齐平。

16. 当建筑地面采用镶边时，应按设计要求设置并应符合下列规定：

（1）有强烈机械作用下的水泥类整体面层与其他类型的面层邻接处，应设置金属镶边构件；

（2）具有较大振动或变形的设备基础与周围建筑地面的邻接处，应沿设备基础周边设置贯通建筑地面各构造层的沉降缝（防震缝），缝的处理应执行 15 条的规定；

（3）采用水磨石整体面层时，应用同类材料镶边，并用分格条进行分格；

（4）条石面层和砖面层与其他面层邻接处，应用顶铺的同类材料镶边；

（5）采用木、竹面层和塑料板面层时，应用同类材料镶边；

（6）地面面层与管沟、孔洞、检查井等邻接处，均应设置镶边；

（7）管沟、变形缝等处的建筑地面面层的镶边构件，应在面层铺设前装设；

（8）建筑地面的镶边宜与柱、墙面或踢脚线的变化协调一致。

17. 厕浴间、厨房和有排水（或其他液体）要求的建筑地面面层与相连接各类面层的标高差应符合设计要求。

18. 检验同一施工批次、同一配合比水泥混凝土和水泥砂浆强度的试块，应按每一层（或检验批）建筑地面工程不少于 1 组。当每一层（或检验批）建筑地面工程面积大于 1000m² 时，每增加 1000m² 应增做 1 组试块；小于 1000m² 按 1000m² 计算，取样 1 组；检验同一施工批次、同一配合比的散水、明沟、踏步、台阶、坡道的水泥混凝土、水泥砂浆强度的试块，应按每 150 延长米不少于 1 组。

19. 各类面层的铺设宜在室内装饰工程基本完工后进行。木、竹面层、塑料板面层、活动地板面层、地毯面层的铺设，应待抹灰工程、管道试压等完工后进行。

20. 建筑地面工程施工质量的检验，应符合下列规定：

（1）基层（各构造层）和各类面层的分项工程的施工质量验收应按每一层次或每层施工段（或变形缝）划分检验批，高层建筑的标准层可按每三层（不足三层按三层计）划分检验批。

（2）每检验批应以各子分部工程的基层（各构造层）和各类面层所划分的分项工程按自然间（或标准间）检验，抽查数量应随机检验不应少于 3 间；不足 3 间，应全数检查；其中走廊（过道）应以 10 延长米为 1 间，工业厂房（按单跨计）、礼堂、门厅应以两个轴线为 1 间计算。

（3）有防水要求的建筑地面子分部工程的分项工程施工质量每检验批抽查数量应按其房间总数随机检验不应少于 4 间，不足 4 间，应全数检查。

21. 建筑地面工程的分项工程施工质量检验的主控项目，应达到规范规定的质量标准，认定为合格；一般项目 80% 以上的检查点（处）符合本规范规定的质量要求，其他检查点（处）不得有明显影响使用，且最大偏差值不超过允许偏差值的 50% 为合格。凡达不到质量标准时，应按现行国家标准《建筑工程施工质量验收统一标准》GB 50300 的规定处理。

22. 建筑地面工程的施工质量验收应在建筑施工企业自检合格的基础上，由监理单位或建设单位组织有关单位对分项工程、子分部工程进行检验。

23. 检验方法应符合下列规定：

（1）检查允许偏差应采用钢尺、1m 直尺、2m 直尺、3m 直尺、2m 靠尺、楔形塞尺、坡度尺、游标卡尺和水准仪。

（2）检查空鼓应采用敲击的方法。

（3）检查防水隔离层应采用蓄水方法，蓄水深度最浅处不得小于 10mm，蓄水时间不得少于 24h；检查有防水要求的建筑地面的面层应采用泼水方法。

（4）检查各类面层（含不需铺设部分或局部面层）表面的裂纹、脱皮、麻面和起砂等缺陷，应采用观感的方法。

24. 建筑地面工程完工后，应对面层采取保护措施。

6.2.2 建筑地面工程子分部工程、分项工程的划分

根据《建筑工程施工质量验收统一标准》GB 50300-2013 和《建筑地面工程施工质量验收规范》GB 50209-2010，建筑地面分部工程的子分部工程和分项工程划分见表 6-2：

地基与基础工程子分部、分项工程划分表  表 6-2

分部工程	子分部工程		分项工程
装饰装修工程	建筑地面	基层	基土、灰土垫层、砂垫层和砂石垫层、碎石垫层和碎砖垫层、三合土垫层及四合土垫层、炉渣垫层、水泥混凝土垫层和陶粒混凝土、找平层、隔离层、填充层、绝热层
		整体面层	水泥混凝土面层、水泥砂浆面层、水磨石面层、硬化耐磨面层、防油渗面层、不发火（防爆的）面层、自流平面层、涂料面层、塑胶面层、地面辐射供暖的整体面层
		板块面层	砖面层（陶瓷锦砖、缸砖、陶瓷地砖和水泥花砖面层）、大理石面层和花岗石面层、预制板块面层（水泥混凝土板块、水磨石板块面层）、料石面层（条石、块石面层）、塑料板面层、活动地板面层、地毯面层
		木、竹面层	实木地板面层（条材、块材面层）、实木复合地板面层（条材、块材面层）、中密度（强化）复合地板面层（条材面层）、竹地板面层

6.2.3 基层铺设

1. 一般规定

（1）基层铺设的材料质量、密实度和强度等级（或配合比）等应符合设计要求和规范的规定。

（2）基层铺设前，其下一层表面应干净、无积水。

（3）垫层分段施工时，接槎处应做成阶梯形，每层接槎处的水平距离应错开 0.5～1.0m。接槎处不应设在地面荷载较大的部位。

（4）当垫层、找平层、填充层内埋设暗管时，管道应按设计要求予以稳固。

（5）对有防静电要求的整体地面的基层，应清除残留物，将露出基层的金属物涂绝缘漆两遍晾干。

（6）基层的标高、坡度、厚度等应符合设计要求。基层表面应平整，其允许偏差和检验方法应符合表 6-3 的规定。

基层表面的允许偏差和检验方法 表 6-3

序号			1	2	3	4
项目			表面平整度	标高	坡度	厚度
允许偏差	基土	土	15	0, -50	不大于房间相应尺寸的 2/1000，且不大于 30	个别地方不大于厚度的 1/10，且不大于 20
	垫层	砂、砂石、碎石、碎砖	15	±20		
		灰土、三合土、四合土、炉渣、水泥混凝土、陶粒混凝土	10	±10		
		木搁栅	3	±5		
	垫层地板	拼花实木地板、拼花实木复合地板、软木类地板面层	3	±5		
		其他种类面层	5	±8		
	找平层	用胶结材料做结合层铺设板块面层	3	±5		
		用水泥砂浆做结合层铺设板块面层	5	±8		
		用胶粘剂做结合层铺设拼花木板、浸渍纸层压木实地板、实木复合地板、竹地板、软木地板面层	2	±4		
		金属板面层	3	±4		

续表

序　号			1	2	3	4
项　目			表面平整度	标高	坡度	厚度
允许偏差	填充层	松散材料	7	±4		
		板、块材料	5	±4		
	隔离层	防水、防潮、防油渗	3	±4		
	绝热层	板块材料、浇筑材料、喷涂材料	4	±4		
检验方法			用2m靠尺和楔形塞尺	用水准仪检查	用坡度尺检查	用钢尺检查

2. 基土基层

（1）地面应铺设在均匀密实的基土上。土层结构被扰动的基土应进行换填，并予以压实。压实系数应符合设计要求。

（2）对软弱土层应按设计要求进行处理。

（3）填土应分层摊铺、分层压（夯）实、分层检验其密实度。填土质量应符合现行国家标准《建筑地基基础工程施工质量验收规范》GB-50202的有关规定。

（4）填土时应为最优含水量。重要工程或大面积的地面填土前，应取土样，按击实试验确定最优含水量与相应的最大干密度。

（5）基土工程质量检验标准

1）主控项目

①基土土料要求：基土不应用淤泥、腐殖土、冻土、耕植土、膨胀土和建筑杂物作为填土，填土土块的粒径不应大于50mm。

②土料中氡年度要求：1类建筑基土的氡浓度应符合现行国家标准《民用建筑工程室内环境污染控制规范》GB50325的规定。检验方法：检查检测报告。检查数量：同一工程、同一土源地点检查一组。

③基土压实要求：基土应均匀密实，压实系数应符合设计要求，设计无要求时，不应小于0.9。

2）一般项目

基土表面平整度、标高、坡度、厚度的允许偏差及检查方法应符合表6-3的规定。

3. 灰土垫层

（1）灰土垫层应采用熟化石灰与黏土（或粉质黏土、粉土）的拌和料铺设，其厚度不应小于100mm。

（2）熟化石灰粉可采用磨细生石灰，亦可用粉煤灰代替。

（3）灰土垫层应铺设在不受地下水浸泡的基土上。施工后应有防止水浸泡的措施。

（4）灰土垫层应分层夯实，经湿润养护、晾干后方可进行下一道工序施工。

（5）灰土垫层不宜在冬期施工。当必须在冬期施工时，应采取可靠措施。

（6）灰土垫层质量检验标准

1）主控项目

灰土体积比应符合设计要求。检验方法：观察检查和检查配合比试验报告。检查数量：同一工程、同一体积比检查一次。

2）一般项目

①熟化石灰颗粒粒径不应大于 5mm；黏土（或粉质黏土、粉土）内不得含有有机物质，颗粒粒径不应大于 15mm。

②灰土垫层表面平整度、标高、坡度、厚度的允许偏差及检查方法符合表 6-3 的规定。

4. 砂垫层和砂石垫层

（1）砂垫层厚度不应小于 60mm；砂石垫层厚度不应小于 100mm。

（2）砂石应选用天然级配材料。铺设时不应有粗细颗粒分离现象，压（夯）至不松动为止。

（3）砂垫层和砂石垫层质量检验标准

1）主控项目

①砂和砂石不应含有草根等有机杂质；砂应采用中砂；石子最大粒径不应大于垫层厚度的 2/3。

②砂垫层和砂石垫层的干密度（或贯入度）应符合设计要求。

2）一般项目

①表面不应有砂窝、石堆等现象。

②砂垫层和砂石垫层表面平整度、标高、坡度、厚度的允许偏差及检查方法符合表 6-3 的规定。

5. 碎石垫层和碎砖垫层

（1）碎石垫层和碎砖垫层厚度不应小于 100mm。

（2）垫层应分层压（夯）实，达到表面坚实、平整。

（3）碎石垫层和碎砖垫层质量检验标准

1）主控项目

①碎石的强度应均匀，最大粒径不应大于垫层厚度的 2/3；碎砖不应采用风化、酥松、夹有有机杂质的砖料，颗粒粒径不应大于 60mm。

②碎石、碎砖垫层的密实度应符合设计要求。

2）一般项目

碎石、碎砖垫层表面平整度、标高、坡度、厚度的允许偏差及检查方法符合表 6-3 的规定。

6. 三合土垫层和四合土垫层

（1）三合土垫层应采用石灰、砂（可掺入少量黏土）与碎砖的拌和料铺设，其厚度不应小于 100mm；四合土垫层应采用水泥、石灰、砂（可掺少量黏土）与碎砖的拌和料铺设，其厚度不应小于 80mm。

（2）三合土垫层和四合土垫层均应分层夯实。

（3）碎石垫层和碎砖垫层质量检验标准

1）主控项目

①水泥宜采用硅酸盐水泥、普通硅酸盐水泥；熟化石灰颗粒粒径不应大于 5mm；砂应用中砂，并不得含有草根等有机物质；碎砖不应采用风化、酥松和有机杂质的砖料，颗粒粒径不应大于 60mm。

②三合土、四合土的体积比应符合设计要求。

2）一般项目

三合土垫层和四合土垫层表面平整度、标高、坡度、厚度的允许偏差及检查方法符合表 6-3 的规定。

7. 水泥混凝土垫层和陶粒混凝土垫层

（1）水泥混凝土垫层和陶粒混凝土垫层应铺设在基土上。当气温长期处于 0℃以下，设计无要求时，垫层应设置缩缝，缝的位置、嵌缝做法等应与面层伸、缩缝相一致，并应符合 15 条的规定。

（2）水泥混凝土垫层的厚度不应小于 60mm；陶粒混凝土垫层的厚度不应小于 80mm。

（3）垫层铺设前，当为水泥类基层时，其下一层表面应湿润。

（4）室内地面的水泥混凝土垫层和陶粒混凝土垫层，应设置纵向缩缝和横向缩缝；纵向缩缝、横向缩缝的间距均不得大于 6m。

（5）垫层的纵向缩缝应做平头缝或加肋板平头缝。当垫层厚度大于 150mm 时，可做企口缝。横向缩缝应做假缝。平头缝和企口缝的缝间不得放置隔离材料，浇筑时应互相紧贴。企口缝尺寸应符合设计要求，假缝宽度宜为 5 ～ 20mm，深度宜为垫层厚度的 1/3，填缝材料应与地面变形缝的填缝材料相一致。

（6）工业厂房、礼堂、门厅等大面积水泥混凝土、陶粒混凝土垫层应分区段浇筑。分区段应结合变形缝位置、不同类型的建筑地面连接处和设备基础的位置进行划分，并应与设置的纵向、横向缩缝的间距相一致。

（7）水泥混凝土、陶粒混凝土施工质量检验尚应符合国家现行标准《混凝土结构工程施工质量验收规范》GB50204 和《轻骨料混凝土技术规程》JGJ-51 的有关规定。

（8）水泥混凝土垫层和陶粒混凝土垫层质量检验标准

1）主控项目

①水泥混凝土垫层和陶粒混凝土垫层采用的粗骨料，其最大粒径不应大于垫层厚度的 2/3，含泥量不应大于 3%；砂为中粗砂，其含泥量不应大于 3%。陶粒中粒径小于 5mm 的颗粒含量应小于 10%；粉煤灰陶粒中大于 15mm 的颗粒含量不应大于 5%；陶粒中不得混夹杂物或黏土块。陶粒宜选用粉煤灰陶粒、页岩陶粒等。

②水泥混凝土和陶粒混凝土的强度等级应符合设计要求。陶粒混凝土的密度应在 800 ～ 1400kg/m³ 之间。

2）一般项目

水泥混凝土垫层和陶粒混凝土垫层表面平整度、标高、坡度、厚度的允许偏差及检查方法符合表 6-3 的规定。

8. 找平层

（1）找平层宜采用水泥砂浆或水泥混凝土铺设。当找平层厚度小于 30mm 时，宜用水泥砂浆做找平层；当找平层厚度不小于 30mm 时，宜用细石混凝土做找平层。

（2）找平层铺设前，当其下一层有松散填充料时，应予铺平振实。

（3）有防水要求的建筑地面工程，铺设前必须对立管、套管和地漏与楼板节点之间进行密封处理，并应进行隐蔽验收；排水坡度应符合设计要求。

（4）在预制钢筋混凝土板上铺设找平层前，板缝填嵌的施工应符合下列要求：

◆ 预制钢筋混凝土板相邻缝底宽不应小于 20mm。

◆ 填嵌时，板缝内应清理干净，保持湿润。

◆ 填缝应采用细石混凝土，其强度等级不应小于 C20。填缝高度应低于板面 10 ～ 20mm，且振捣密实；填缝后应养护。当填缝混凝土的强度等级达到 C15 后方可继续施工。

◆ 当板缝底宽大于 40mm 时，应按设计要求配置钢筋。

（5）在预制钢筋混凝土板上铺设找平层时，其板端应按设计要求做防裂的构造措施。

（6）找平层质量检验标准

1）主控项目

①找平层采用碎石或卵石的粒径不应大于其厚度的 2/3，含泥量不应大于 2%；砂为中粗砂，其含泥量不应大于 3%。

②水泥砂浆体积比、水泥混凝土强度等级应符合设计要求，且水泥砂浆体积比不应小于 1 : 3（或相应强度等级）；水泥混凝土强度等级不应小于 C15。

③有防水要求的建筑地面工程的立管、套管、地漏处不应渗漏，坡向应正确、无积水。

④在有防静电要求的整体面层的找平层施工前，其下敷设的导电地网系统应与接地引下线和地下接电体有可靠连接，经电性能检测且符合相关要求后进行隐蔽工程验收。

2）一般项目

①找平层与其下一层结合应牢固，不应有空鼓。

②找平层表面应密实，不应有起砂、蜂窝和裂缝等缺陷。

找平层表面平整度、标高、坡度、厚度的允许偏差及检查方法符合表 6-3 的规定。

9. 隔离层

（1）隔离层材料的防水、防油渗性能应符合设计要求。

（2）隔离层的铺设层数（或道数）、上翻高度应符合设计要求。有种植要求的地面隔离层的防根穿刺等应符合现行行业标准《种植屋面工程技术规程》JGJ-155 的有关规定。

（3）在水泥类找平层上铺设卷材类、涂料类防水、防油渗隔离层时，其表面应坚固、洁净、干燥。铺设前，应涂刷基层处理剂。基层处理剂应采用与卷材性能相容的配套材料或采用与涂料性能相容的同类涂料的底子油。

（4）当采用掺有防渗外加剂的水泥类隔离层时，其配合比、强度等级、外加剂的复合掺量等应符合设计要求。

（5）铺设隔离层时，在管道穿过楼板面四周，防水、防油渗材料应向上铺涂，并超过套管的上口；在靠近柱、墙处，应高出面层 200～300mm 或按设计要求的高度铺涂。阴阳角和管道穿过楼板面的根部应增加铺涂附加防水、防油渗隔离层。

（6）隔离层兼作面层时，其材料不得对人体及环境产生不利影响，并应符合现行国家标准《食品安全性毒理学评价程序和方法》GB15193.1 和《生活饮用水卫生标准》GB5749 的有关规定。

（7）防水隔离层铺设后，应按规范规定进行蓄水检验，并做记录。

（8）隔离层施工质量检验还应符合现行国家标准《屋面工程施工质量验收规范》GB50207 的有关规定。

（9）找平层质量检验标准

1）主控项目

①隔离层材料应符合设计要求和国家现行有关标准的规定。

②卷材类、涂料类隔离层材料进入施工现场，应对材料的主要物理性能指标进行复验。

③厕浴间和有防水要求的建筑地面必须设置防水隔离层。楼层结构必须采用现浇混凝土或整块预制混凝土板，混凝土强度等级不应小于C20；房间的楼板四周除门洞外应做混凝土翻边，高度不应小于 200mm，宽同墙厚，混凝土强度等级不应小于C20。施工时结构层标高和预留孔洞位置应准确，严禁乱凿洞。

④水泥类防水隔离层的防水等级和强度等级应符合设计要求。

⑤防水隔离层严禁渗漏，排水的坡向应正确、排水通畅。

2）一般项目

①隔离层厚度应符合设计要求。

②隔离层与其下一层应粘结牢固，不应有空鼓；防水涂层应平整、均匀，无脱皮、起壳、裂缝、鼓泡等缺陷。

③隔离层表面平整度、标高、坡度、厚度的允许偏差及检查方法符合表 6-3 的规定。

10. 填充层

（1）填充层材料的密度应符合设计要求。

（2）填充层的下一层表面应平整。当为水泥类时，尚应洁净、干燥，并不得有空鼓、裂缝和起砂等缺陷。

（3）采用松散材料铺设填充层时，应分层铺平拍实；采用板、块状材料铺设填充层时，应分层错缝铺贴。

（4）有隔声要求的楼面，隔声垫在柱、墙面的上翻高度应超出楼面 20mm，且应收口于踢脚线内。地面上有竖向管道时，隔声垫应包裹管道四周，高度同卷向柱、墙面的高度。隔声垫保护膜之间应错缝搭接，搭接长度应大于 100mm，并用胶带等封闭。

（5）隔声垫上部应设置保护层，其构造做法应符合设计要求。当设计无要求时，混凝土保护层厚度不应小于 30mm，内配间距不大于 200×200mm 的 Φ6mm 钢筋网片。

（6）有隔声要求的建筑地面工程尚应符合现行国家标准《建筑隔声评价标准》GB/T50121、《民用建筑隔声设计规范》GBJ118 的有关要求。

（7）填充层质量检验标准

1）主控项目

①填充层材料应符合设计要求和国家现行有关标准的规定。

②填充层的厚度、配合比应符合设计要求。

③对填充材料接缝有密闭要求的应密封良好。

2）一般项目

①松散材料填充层铺设应密实；板块状材料填充层应压实、无翘曲。

②填充层的坡度应符合设计要求，不应有倒泛水和积水现象。

③填充层表面平整度、标高、厚度的允许偏差及检查方法符合表 6-3 的规定。

④用作隔声的填充层，其表面允许偏差应符合表 6-3 中隔离层的规定。

6.2.4　整体面层铺设

1. 一般规定

整体面层指水泥混凝土（含细石混凝土）面层、水泥砂浆面层、水磨石面层、硬化耐磨面层、防油渗面层、不发火（防爆）面层、自流平面层、涂料面层、塑胶面层、地面辐射供暖的整体面层等。

（1）铺设整体面层时，水泥类基层的抗压强度不得小于 1.2MPa，表面应粗糙、洁净、湿润并不得有积水。铺设前宜凿毛或涂刷界面剂。硬化耐磨面层、自流平面层的基层处理应符合设计及产品的要求。

（2）铺设整体面层时，地面变形缝的位置应符合相关的规定；大面积水泥类面层应设置分格缝。

（3）整体面层施工后，养护时间不应少于 7d；抗压强度应达到 5MPa 后方准上人行走；抗压强度应达到设计要求后方可正常使用。

（4）当采用掺有水泥拌和料做踢脚线时，不得用石灰混合砂浆打底。

（5）水泥类整体面层的抹平工作应在水泥初凝前完成，压光工作应在水泥终凝前完成。

（6）整体面层的允许偏差和检验方法应符合表 6-4 的规定。

整体面层的允许偏差和检验方法 表 6-4

	序号	1	2	3
	项目	表面平整度	踢脚线上口平直	缝格顺直
允许偏差 （mm）	水泥混凝土面层	5	4	3
	水泥砂浆面层	4	4	3
	普通水磨石面层	3	3	3
	高级水磨石面层	2	3	3
	硬化耐磨面层	4	4	3
	防油渗混凝土和不发火（防爆）面层	5	4	3

续表

序号		1	2	3
项目		表面平整度	踢脚线上口平直	缝格顺直
允许偏差 (mm)	自流平面层	2	3	2
	涂料面层	2	3	2
	塑胶面层	2	3	2
检验方法		用 2m 靠尺和 楔形塞尺	拉 5m 线和用钢尺检查	

2. 水泥混凝土面层

（1）水泥混凝土面层厚度应符合设计要求。

（2）水泥混凝土面层铺设不得留施工缝。当施工间隙超过允许时间规定时，应对接槎处进行处理。

（3）水泥混凝土面层质量检验标准

1）主控项目

①水泥混凝土采用的粗骨料，最大粒径不应大于面层厚度的 2/3，细石混凝土面层采用的石子粒径不应大于 15mm。

②防水水泥混凝土中掺入的外加剂的技术性能应符合国家现行有关标准的规定，外加剂的品种和掺量应经试验确定。

③面层的强度等级应符合设计要求，且强度等级不应小于 C20。

④面层与下一层应结合牢固，且应无空鼓和开裂。当出现空鼓时，空鼓面积不应大于 400cm²，且每自然间或标准间不应多于 2 处。

2）一般项目

①面层表面应洁净，不应有裂纹、脱皮、麻面、起砂等缺陷。

②面层表面的坡度应符合设计要求，不应有倒泛水和积水现象。

③踢脚线与柱、墙面应紧密结合，踢脚线高度和出柱、墙厚度应符合设计要求且均匀一致。当出现空鼓时，局部空鼓长度不应大于 300mm，且每自然间或标准间不应多于 2 处。

④楼梯、台阶踏步的宽度、高度应符合设计要求。楼层梯段相邻踏步高度差不应大于 10mm；每踏步两端宽度差不应大于 10mm，旋转楼梯梯段的每踏步两端宽度的允许偏差不应大于 5mm。踏步面层应做防滑处理，齿角应整齐，防滑条应顺直、牢固。

⑤水泥混凝土面层的允许偏差应符合表 6-4 的规定。

3. 水泥砂浆面层

（1）水泥砂浆面层的厚度应符合设计要求。

（2）水泥砂浆面层质量检验标准

1）主控项目

①水泥宜采用硅酸盐水泥、普通硅酸盐水泥，不同品种、不同强度等级的水泥不应

混用；砂应为中粗砂，当采用石屑时，其粒径应为 1 ~ 5mm，且含泥量不应大于 3%；防水水泥砂浆采用的砂或石屑，其含泥量不应大于 1%。

②防水水泥砂浆中掺入的外加剂的技术性能应符合国家现行有关标准的规定，外加剂的品种和掺量应经试验确定。

③水泥砂浆的体积比（强度等级）应符合设计要求，且体积比应为 1:2，强度等级不应小于 M15。

④有排水要求的水泥砂浆地面，坡向应正确、排水通畅；防水水泥砂浆面层不应渗漏。

⑤面层与下一层应结合牢固，且应无空鼓和开裂。当出现空鼓时，空鼓面积不应大于 400cm^2，且每自然间或标准间不应多于 2 处。

2）一般项目

①面层表面的坡度应符合设计要求，不应有倒泛水和积水现象。

②面层表面应洁净，不应有裂纹、脱皮、麻面、起砂等现象。

③踢脚线与柱、墙面应紧密结合，踢脚线高度及出柱、墙厚度应符合设计要求且均匀一致。当出现空鼓时，局部空鼓长度不应大于 300mm，且每自然间或标准间不应多于 2 处。

④台阶踏步的宽度、高度应符合设计要求。楼层梯段相邻踏步高度差不应大于 10mm；每踏步两端宽度差不应大于 10mm，旋转楼梯梯段的每踏步两端宽度的允许偏差不应大于 5mm。踏步面层应做防滑处理，齿角应整齐，防滑条应顺直、牢固。

⑤水泥砂浆面层的允许偏差应符合表 6-4 的规定。

4. 水磨石面层

（1）水磨石面层应采用水泥与石粒拌和料铺设，有防静电要求时，拌和料内应按设计要求掺入导电材料。面层厚度除有特殊要求外，宜为 12 ~ 18mm，且宜按石粒粒径确定。水磨石面层的颜色和图案应符合设计要求。

（2）白色或浅色的水磨石面层应采用白水泥；深色的水磨石面层宜采用硅酸盐水泥、普通硅酸盐水泥或矿渣硅酸盐水泥；同颜色的面层应使用同一批水泥。同一彩色面层应使用同厂、同批的颜料；其掺入量宜为水泥重量的 3% ~ 6% 或由试验确定。

（3）水磨石面层的结合层采用水泥砂浆时，强度等级应符合设计要求且不应小于 M10，稠度宜为 30 ~ 35mm。

（4）防静电水磨石面层中采用导电金属分格条时，分格条应经绝缘处理，且十字交叉处不得碰接。

（5）普通水磨石面层磨光遍数不应少于 3 遍。高级水磨石面层的厚度和磨光遍数应由设计确定。

（6）水磨石面层磨光后，在涂草酸和上蜡前，其表面不得污染。

（7）防静电水磨石面层应在表面经清净、干燥后，在表面均匀涂抹一层防静电剂和地板蜡，并应做抛光处理。

（8）水泥砂浆面层质量检验标准

1）主控项目

①水磨石面层的石粒应采用白云石、大理石等岩石加工而成，石粒应洁净无杂物，其粒径除特殊要求外应为 6～16mm；颜料应采用耐光、耐碱的矿物原料，不得使用酸性颜料。

②水磨石面层拌和料的体积比应符合设计要求，且水泥与石粒的比例应为 1：1.5～1：2.5。

③防静电水磨石面层应在施工前及施工完成表面干燥后进行接地电阻和表面电阻检测，并应做好记录。

④面层与下一层结合应牢固，且应无空鼓、裂纹。当出现空鼓时，空鼓面积不应大于 400cm²，且每自然间或标准间不应多于 2 处。

2）一般项目

①面层表面应光滑，且应无裂纹、砂眼和磨痕；石粒应密实，显露应均匀；颜色图案应一致，不混色；分格条应牢固、顺直和清晰。

②踢脚线与柱、墙面应紧密结合，踢脚线高度及出柱、墙厚度应符合设计要求且均匀一致。当出现空鼓时，局部空鼓长度不应大于 300mm，且每自然间或标准间不应多于 2 处。

③楼梯、台阶踏步的宽度、高度应符合设计要求。楼层梯段相邻踏步高度差不应大于 10mm；每踏步两端宽度差不应大于 10mm，旋转楼梯梯段的每踏步两端宽度的允许偏差不应大于 5mm。踏步面层应做防滑处理，齿角应整齐，防滑条应顺直、牢固。

④水磨石面层的允许偏差应符合表 6-4 的规定。

5. 硬化耐磨面层

（1）硬化耐磨面层应采用金属渣、屑、纤维或石英砂、金刚砂等，并应与水泥类胶凝材料拌和铺设或在水泥类基层上撒布铺设。

（2）硬化耐磨面层采用拌和料铺设时，拌和料的配合比应通过试验确定；采用撒布铺设时，耐磨材料的撒布量应符合设计要求，且应在水泥类基层初凝前完成撒布。

（3）硬化耐磨面层采用拌和料铺设时，宜先铺设一层强度等级不小于 M15、厚不小于 20mm 的水泥砂浆，或水灰比宜为 0.4 的素水泥浆结合层。

（4）硬化耐磨面层采用拌和料铺设时，铺设厚度和拌和料强度应符合设计要求。当设计无要求时，水泥钢（铁）屑面层铺设厚度不应小于 30mm，抗压强度不应小于 40MPa；水泥石英砂浆面层铺设厚度不应小于 20mm，抗压强度不应小于 30MPa；钢纤维混凝土面层铺设厚度不应小于 40mm，抗压强度不应小于 40MPa。

（5）硬化耐磨面层采用撒布铺设时，耐磨材料应撒布均匀，厚度应符合设计要求；混凝土基层或砂浆基层的厚度及强度应符合设计要求。当设计无要求时，混凝土基层的厚度不应小于 50mm，强度等级不应小于 C25；砂浆基层的厚度不应小于 20mm，强度等级不应小于 M15。

（6）硬化耐磨面层分格缝的间距及缝深、缝宽、填缝材料应符合设计要求。

（7）硬化耐磨面层铺设后应在湿润条件下静置养护，养护期限应符合材料的技术要求。

（8）硬化耐磨面层应在强度达到设计强度后方可投入使用。

（9）硬化耐磨面层质量检验标准

1）主控项目

①硬化耐磨面层采用的材料应符合设计要求和国家现行有关标准的规定。

②硬化耐磨面层采用拌和料铺设时，水泥的强度不应小于 42.5MPa。金属渣、屑、纤维不应有其他杂质，使用前应去油除锈、冲洗干净并干燥；石英砂应用中粗砂，含泥量不应大于 2%。

③硬化耐磨面层的厚度、强度等级、耐磨性能应符合设计要求。

④面层与基层（或下一层）结合应牢固，且应无空鼓、裂缝。当出现空鼓时，空鼓面积不应大于 400cm²，且每自然间或标准间不应多于 2 处。

2）一般项目

①面层表面坡度应符合设计要求，不应有倒泛水和积水现象。

②面层表面应色泽一致，切缝应顺直，不应有裂纹、脱皮、麻面、起砂等缺陷。

③踢脚线与柱、墙面应紧密结合，踢脚线高度及出柱、墙厚度应符合设计要求且均匀一致。当出现空鼓时，局部空鼓长度不应大于 300mm，且每自然间或标准间不应多于 2 处。

④硬化耐磨面层的允许偏差应符合 6-4 的规定。

6. 防油渗面层

（1）防油渗面层应采用防油渗混凝土铺设或采用防油渗涂料涂刷。

（2）防油渗隔离层及防油渗面层与墙、柱连接处的构造应符合设计要求。

（3）防油渗混凝土面层厚度应符合设计要求，防油渗混凝土的配合比应按设计要求的强度等级和抗渗性能通过试验确定。

（4）防油渗混凝土面层应按厂房柱网分区段浇筑，区段划分及分区段缝应符合设计要求。

（5）防油渗混凝土面层内不得敷设管线。露出面层的电线管、接线盒、预埋套管和地脚螺栓等的处理，以及与墙、柱、变形缝、孔洞等连接处泛水均应采取防油渗措施并应符合设计要求。

（6）防油渗面层采用防油渗涂料时，材料应按设计要求选用，涂层厚度宜为 5～7mm。

（7）防油渗面层质量检验标准

1）主控项目

①防油渗混凝土所用的水泥应采用普通硅酸盐水泥；碎石应采用花岗石或石英石，不应使用松散、多孔和吸水率大的石子，粒径为 5～16mm，最大粒径不应大于 20mm，含泥量不应大于 1%；砂应为中砂，且应洁净无杂物；掺入的外加剂和防油渗剂应符合有关标准的规定。防油渗涂料应具有耐油、耐磨、耐火和粘结性能。

②防油渗混凝土的强度等级和抗渗性能应符合设计要求，且强度等级不应小于

C30；防油渗涂料的粘结强度不应小于 0.3MPa。

③防油渗混凝土面层与下一层应结合牢固、无空鼓。

④防油渗涂料面层与基层应粘结牢固，不应有起皮、开裂、漏涂等缺陷。

2）一般项目

①防油渗面层表面坡度应符合设计要求，不得有倒泛水和积水现象。

②防油渗混凝土面层表面应洁净，不应有裂纹、脱皮、麻面和起砂等现象。

③踢脚线与柱、墙面应紧密结合，踢脚线高度及出柱、墙厚度应符合设计要求且均匀一致。

④防油渗面层的允许偏差应符合表 6-4 的规定。

7. 不发火（防爆）面层

（1）不发火（防爆）面层应采用水泥类拌和料及其他不发火材料铺设，其材料和厚度应符合设计要求。

（2）不发火（防爆）各类面层的铺设应符合本规范相应面层的规定。

（3）不发火（防爆）面层采用的材料和硬化后的试件，应按本规范做不发火性试验。

（4）不发火（防爆）面层质量检验标准

1）主控项目

①不发火（防爆）面层中碎石的不发火性必须合格；砂应质地坚硬、表面粗糙，其粒径应为 0.15 ~ 5mm，含泥量不应大于 3%，有机物含量不应大于 0.5%；水泥应采用硅酸盐水泥、普通硅酸盐水泥；面层分格的嵌条应采用不发生火花的材料配制。配制时应随时检查，不得混入金属或其他易发生火花的杂质。

②不发火（防爆）面层的强度等级应符合设计要求。

③面层与下一层应结合牢固，且应无空鼓和开裂。当出现空鼓时，空鼓面积不应大于 400cm²，且每自然间或标准间不应多于 2 处。

④不发火（防爆）面层的试件应检验合格。

2）一般项目

①面层表面应密实，无裂缝、蜂窝、麻面等缺陷。

②踢脚线与柱、墙面应紧密结合，踢脚线高度及出柱、墙厚度应符合设计要求且均匀一致。当出现空鼓时，局部空鼓长度不应大于 300mm，且每自然间或标准间不应多于 2 处。

③不发火（防爆）面层的允许偏差应符合表 6-4 的规定。

8. 自流平面层

（1）自流平面层可采用水泥基、石膏基、合成树脂基等拌和物铺设。

（2）自流平面层与墙、柱等连接处的构造做法应符合设计要求，铺设时应分层施工。

（3）自流平面层的基层应平整、洁净，基层的含水率应与面层材料的技术要求相一致。

（4）自流平面层的构造做法、厚度、颜色等应符合设计要求。

（5）有防水、防潮、防油渗、防尘要求的自流平面层应达到设计要求。

（6）自流平面层质量检验标准

1）主控项目

①自流平面层的铺涂材料应符合设计要求和国家现行有关标准的规定。

②自流平面层的涂料进入施工现场时，应有以下有害物质限量合格的检测报告：

A. 水性涂料中的挥发性有机化合物（VOC）和游离甲醛；

B. 溶剂型涂料中的苯、甲苯＋二甲苯、挥发性有机化合物（VOC）和游离甲苯二异氰酸酯（TDI）。

③自流平面层的基层的强度等级不应小于C20。

④自流平面层的各构造层之间应粘结牢固，层与层之间不应出现分离、空鼓现象。

⑤自流平面层的表面不应有开裂、漏涂和倒泛水、积水等现象。

2）一般项目

①自流平面层应分层施工，面层找平施工时不应留有抹痕。

②自流平面层表面应光洁，色泽应均匀、一致，不应有起泡、泛砂等现象。

③自流平面层的允许偏差应符合表6-4的规定。

9. 涂料面层

（1）涂料面层应采用丙烯酸、环氧、聚氨酯等树脂型涂料涂刷。

（2）涂料面层的基层应符合下列规定：

1）应平整、洁净；

2）强度等级不应小于C20；

3）含水率应与涂料的技术要求相一致。

（3）涂料面层的厚度、颜色应符合设计要求，铺设时应分层施工。

（4）涂料面层质量检验标准

1）主控项目

①涂料应符合设计要求和国家现行有关标准的规定。

②涂料进入施工现场时，应有苯、甲苯＋二甲苯、挥发性有机化合物（VOC）和游离甲苯二异氰酸酯（TDI）限量合格的检测报告。

③涂料面层的表面不应有开裂、空鼓、漏涂和倒泛水、积水等现象。

2）一般项目

①涂料找平层应平整，不应有刮痕。

②涂料面层应光洁，色泽应均匀、一致，不应有起泡、起皮、泛砂等现象。

③楼梯、台阶踏步的宽度、高度应符合设计要求。楼层梯段相邻踏步高度差不应大于10mm；每踏步两端宽度差不应大于10mm，旋转楼梯梯段的每踏步两端宽度的允许偏差不应大于5mm。踏步面层应做防滑处理，齿角应整齐，防滑条应顺直、牢固。

④涂料面层的允许偏差应符合表6-4的规定。

10. 塑胶面层

（1）塑胶面层应采用现浇型塑胶材料或塑胶卷材，宜在沥青混凝土或水泥类基层上铺设。

（2）基层的强度和厚度应符合设计要求，表面应平整、干燥、洁净，无油脂及其他杂质。

（3）塑胶面层铺设时的环境温度宜为 10℃～30℃。

（4）塑胶面层质量检验标准

1）主控项目

①塑胶面层采用的材料应符合设计要求和国家现行有关标准的规定。

②现浇型塑胶面层的配合比应符合设计要求，成品试件应检测合格。

③现浇型塑胶面层与基层应粘结牢固，面层厚度应一致，表面颗粒应均匀，不应有裂痕、分层、气泡、脱（秃）粒等现象；塑胶卷材面层的卷材与基层应粘结牢固，面层不应有断裂、起泡、起鼓、空鼓、脱胶、翘边、溢液等现象。

2）一般项目

①塑胶面层的各组合层厚度、坡度、表面平整度应符合设计要求。

②塑胶面层应表面洁净，图案清晰，色泽一致；拼缝处的图案、花纹应吻合，无明显高低差及缝隙，无胶痕；与周边接缝应严密，阴阳角应方正、收边整齐。

③塑胶卷材面层的焊缝应平整、光洁，无焦化变色、斑点、焊瘤、起鳞等缺陷，焊缝凹凸允许偏差不应大于 0.6mm。

④塑胶面层的允许偏差应符合表 6-4 的规定。

11. 地面辐射供暖的整体面层

（1）地面辐射供暖的整体面层宜采用水泥混凝土、水泥砂浆等，应在填充层上铺设。

（2）地面辐射供暖的整体面层铺设时不得扰动填充层，不得向填充层内楔入任何物件。面层铺设尚应符合水泥混凝土面层、水泥砂浆面层的有关规定。

（3）地面辐射供暖面层质量检验标准

1）主控项目

①地面辐射供暖的整体面层采用的材料或产品除应符合设计要求和本规范相应面层的规定外，还应具有耐热性、热稳定性、防水、防潮、防霉变等特点。

②地面辐射供暖的整体面层的分格缝应符合设计要求，面层与柱、墙之间应留不小于 10mm 的空隙。

③其余主控项目及检验方法、检查数量应符合水泥混凝土面层、水泥砂浆面层的有关规定。

2）一般项目

一般项目及检验方法、检查数量应符合水泥混凝土面层、水泥砂浆面层的有关规定。

6.2.5 板块面层铺设

1. 一般规定

板块面层指砖面层、大理石和花岗石面层、预制板块面层、料石面层、塑料板面层、活动地板面层、金属板面层、地毯面层、地面辐射供暖的板块面层等。

（1）铺设板块面层时，其水泥类基层的抗压强度不得小于 1.2MPa。

（2）铺设板块面层的结合层和板块间的填缝采用水泥砂浆时，应符合下列规定：

◆ 配制水泥砂浆应采用硅酸盐水泥、普通硅酸盐水泥或矿渣硅酸盐水泥；

◆ 配制水泥砂浆的砂应符合现行行业标准《普通混凝土用砂、石质量及检验方法标准》JGJ52 的有关规定；

◆ 水泥砂浆的体积比（或强度等级）应符合设计要求。

（3）结合层和板块面层填缝的胶结材料应符合国家现行有关标准的规定和设计要求。

（4）铺设水泥混凝土板块、水磨石板块、人造石板块、陶瓷锦砖、陶瓷地砖、缸砖、水泥花砖、料石、大理石、花岗石等面层的结合层和填缝材料采用水泥砂浆时，在面层铺设后，表面应覆盖、湿润，养护时间不应少于 7d。当板块面层的水泥砂浆结合层的抗压强度达到设计要求后，方可正常使用。

（5）大面积板块面层的伸、缩缝及分格缝应符合设计要求。

（6）板块类踢脚线施工时，不得采用混合砂浆打底。

（7）板块面层的允许偏差和检验方法应符合表 6-5 的规定。

整体面层的允许偏差和检验方法　　　　　　　　　表 6-5

序号		1	2	3	4	5
项目		表面平整度	缝格顺直	接缝高低差	踢脚线上口平直	板块间隙宽度
允许偏差（mm）	陶瓷锦砖面层、高级水磨石板、陶瓷地砖面层	2	3	0.5	3	2
	缸砖面层	4	3	1.5	4	2
	水泥花砖面层	3	3	0.5	—	2
	水磨石板块面层	3	3	1	4	2
	大理石面层、花岗岩面层、人造石面层、金属板面层	1	2	0.5	1	1
	塑料板面层	2	3	0.5	2	—
	水泥混凝土板块面层	4	3	1.5	4	6
	碎拼大理石、碎拼花岗岩面层	3	—	—	1	—
	活动地板面层	2	2.5	0.4	—	0.3
	条石面层	10	8	2	—	5
	块石面层	10	8	—	—	—
检验方法		用 2 米靠尺和楔形塞尺检查	拉 5 米线和用钢尺检查	用钢尺和楔形塞尺检查	拉 5 米线和用钢尺检查	用钢尺检查

2. 砖面层

砖面层包括陶瓷锦砖、缸砖、陶瓷地砖和水泥花砖，应在结合层上铺设。

（1）在水泥砂浆结合层上铺贴缸砖、陶瓷地砖和水泥花砖面层时，应符合下列规定：

◆ 在铺贴前，应对砖的规格尺寸、外观质量、色泽等进行预选；需要时，浸水湿润晾干待用。

◆ 勾缝和压缝应采用同品种、同强度等级、同颜色的水泥，并做养护和保护。

（2）在水泥砂浆结合层上铺贴陶瓷锦砖面层时，砖底面应洁净，每联陶瓷锦砖之间、与结合层之间以及在墙角、镶边和靠柱、墙处应紧密贴合。在靠柱、墙处不得采用砂浆填补。

（3）在胶结料结合层上铺贴缸砖面层时，缸砖应干净，铺贴应在胶结料凝结前完成。

（4）砖面层质量检验标准

1）主控项目

①砖面层所用板块产品应符合设计要求和国家现行有关标准的规定。

②砖面层所用板块产品进入施工现场时，应有放射性限量合格的检测报告。

③面层与下一层的结合（粘结）应牢固，无空鼓（单块砖边角允许有局部空鼓，但每自然间或标准间的空鼓砖不应超过总数的5%）。

2）一般项目

①砖面层的表面应洁净、图案清晰，色泽应一致，接缝应平整，深浅应一致，周边应顺直。板块应无裂纹、掉角和缺棱等缺陷。

②面层邻接处的镶边用料及尺寸应符合设计要求，边角应整齐、光滑。

③踢脚线表面应洁净，与柱、墙面的结合应牢固。踢脚线高度及出柱、墙厚度应符合设计要求，且均匀一致。

④楼梯、台阶踏步的宽度、高度应符合设计要求。踏步板块的缝隙宽度应一致；楼层梯段相邻踏步高度差不应大于10mm；每踏步两端宽度差不应大于10mm，旋转楼梯梯段的每踏步两端宽度的允许偏差不应大于5mm。踏步面层应做防滑处理，齿角应整齐，防滑条应顺直、牢固。

⑤面层表面的坡度应符合设计要求，不倒泛水、无积水；与地漏、管道结合处应严密牢固，无渗漏。

⑥砖面层的允许偏差应符合表6-5的规定。

3. 大理石面层和花岗石面层

（1）大理石、花岗石面层采用天然大理石、花岗石（或碎拼大理石、碎拼花岗石）板材，应在结合层上铺设。

（2）板材有裂缝、掉角、翘曲和表面有缺陷时应予剔除，品种不同的板材不得混杂使用；在铺设前，应根据石材的颜色、花纹、图案、纹理等按设计要求，试拼编号。

（3）铺设大理石、花岗石面层前，板材应浸湿、晾干；结合层与板材应分段同时铺设。

（4）大理石面层和花岗石面层质量检验标准

1）主控项目

①大理石、花岗石面层所用板块产品应符合设计要求和国家现行有关标准的规定。

②大理石、花岗石面层所用板块产品进入施工现场时，应有放射性限量合格的检测报告。

③面层与下一层应结合牢固，无空鼓（单块板块边角允许有局部空鼓，但每自然间或标准间的空鼓板块不应超过总数的5%）。

2）一般项目

①大理石、花岗石面层铺设前，板块的背面和侧面应进行防碱处理。

②大理石、花岗石面层的表面应洁净、平整、无磨痕，且应图案清晰，色泽一致，接缝均匀，周边顺直，镶嵌正确，板块应无裂纹、掉角、缺棱等缺陷。

③踢脚线表面应洁净，与柱、墙面的结合应牢固。踢脚线高度及出柱、墙厚度应符合设计要求，且均匀一致。

④楼梯、台阶踏步的宽度、高度应符合设计要求。踏步板块的缝隙宽度应一致；楼层梯段相邻踏步高度差不应大于10mm；每踏步两端宽度差不应大于10mm，旋转楼梯梯段的每踏步两端宽度的允许偏差不应大于5mm。踏步面层应做防滑处理，齿角应整齐，防滑条应顺直、牢固。

⑤面层表面的坡度应符合设计要求，不倒泛水、无积水；与地漏、管道结合处应严密牢固，无渗漏。

⑥大理石面层和花岗石面层（或碎拼大理石面层、碎拼花岗石面层）的允许偏差应符合表6-5的规定。

4. 预制板块面层

预制板块指水泥混凝土板块、水磨石扳块、人造石板块，施工时应在结合层上铺设。

（1）在现场加工的预制板块应按相关的有关规定执行。

（2）水泥混凝土板块面层的缝隙中，应采用水泥浆（或砂浆）填缝；彩色混凝土板块、水磨石板块、人造石板块应用同色水泥浆（或砂浆）擦缝。

（3）强度和品种不同的预制板块不宜混杂使用。

（4）板块间的缝隙宽度应符合设计要求。当设计无要求时，混凝土板块面层缝宽不宜大于6mm，水磨石板块、人造石板块间的缝宽不应大于2mm。预制板块面层铺完24h后，应用水泥砂浆灌缝至2/3高度，再用同色水泥浆擦（勾）缝。

（5）预制板块面层质量检验标准

1）主控项目

①预制板块面层所用板块产品应符合设计要求和国家现行有关标准的规定。

②预制板块面层所用板块产品进入施工现场时，应有放射性限量合格的检测报告。

③面层与下一层应粘合牢固、无空鼓（单块板块边角允许有局部空鼓，但每自然间或标准间的空鼓板块不应超过总数的5%）。

2）一般项目

①预制板块表面应无裂缝、掉角、翘曲等明显缺陷。

②预制板块面层应平整洁净，图案清晰，色泽一致，接缝均匀，周边顺直，镶嵌正确。

③面层邻接处的镶边用料尺寸应符合设计要求，边角应整齐、光滑。

④踢脚线表面应洁净，与柱、墙面的结合应牢固。踢脚线高度及出柱、墙厚度应符合设计要求，且均匀一致。

⑤楼梯、台阶踏步的宽度、高度应符合设计要求。踏步板块的缝隙宽度应一致；楼层梯段相邻踏步高度差不应大于10mm；每踏步两端宽度差不应大于10mm，旋转楼梯梯段的每踏步两端宽度的允许偏差不应大于5mm。踏步面层应做防滑处理，齿角应整齐，防滑条应顺直、牢固。

⑥水泥混凝土板块、水磨石板块、人造石板块面层的允许偏差应符合表6-5的规定。

5. 料石面层

（1）料石面层采用天然条石和块石，应在结合层上铺设。

（2）条石和块石面层所用的石材的规格、技术等级和厚度应符合设计要求。条石的质量应均匀，形状为矩形六面体，厚度为80～120mm；块石形状为直棱柱体，顶面粗琢平整，底面面积不宜小于顶面面积的60%，厚度为100～150mm。

（3）不导电的料石面层的石料应采用辉绿岩石加工制成。填缝材料亦采用辉绿岩石加工的砂嵌实。耐高温的料石面层的石料，应按设计要求选用。

（4）条石面层的结合层宜采用水泥砂浆，其厚度应符合设计要求；块石面层的结合层宜采用砂垫层，其厚度不应小于60mm；基土层应为均匀密实的基土或夯实的基土。

（5）料石面层质量检验标准

1）主控项目

①石材应符合设计要求和国家现行有关标准的规定；条石的强度等级应大于MU60，块石的强度等级应大于MU30。

②石材进入施工现场时，应有放射性限量合格的检测报告。

③面层与下一层应结合牢固、无松动。

2）一般项目

①条石面层应组砌合理，无十字缝，铺砌方向和坡度应符合设计要求；块石面层石料缝隙应相互错开，通缝不应超过两块石料。

②条石面层和块石面层的允许偏差应符合表6-5的规定。

6. 塑料板面层

塑料板面层指塑料板块材、塑料板焊接、塑料卷材以胶粘剂在水泥类基层上采用满粘或点粘法铺设的面层。

（1）水泥类基层表面应平整、坚硬、干燥、密实、洁净、无油脂及其他杂质，不应有麻面、起砂、裂缝等缺陷。

（2）胶粘剂应按基层材料和面层材料使用的相容性要求，通过试验确定，其质量应符合国家现行有关标准的规定。

（3）焊条成分和性能应与被焊的板相同，其质量应符合有关技术标准的规定，并应有出厂合格证。

（4）铺贴塑料板面层时，室内相对湿度不宜大于 70%，温度宜在 10 ～ 32℃ 之间。

（5）塑料板面层施工完成后的静置时间应符合产品的技术要求。

（6）防静电塑料板配套的胶粘剂、焊条等应具有防静电性能。

（7）塑料板面层质量检验标准

1）主控项目

①塑料板面层所用的塑料板块、塑料卷材、胶粘剂等应符合设计要求和国家现行有关标准的规定。

②塑料板面层采用的胶粘剂进入施工现场时，应有以下有害物质限量合格的检测报告：

A. 溶剂型胶粘剂中的挥发性有机化合物（VOC）、苯、甲苯＋二甲苯；

B. 水性胶粘剂中的挥发性有机化合物（VOC）和游离甲醛。

③面层与下一层的粘结应牢固，不翘边、不脱胶、无溢胶（单块板块边角允许有局部脱胶，但每自然间或标准间的脱胶板块不应超过总数的 5%；卷材局部脱胶处面积不应大于 20cm²，且相隔间距应大于或等于 50cm）。

2）一般项目

①塑料板面层应表面洁净，图案清晰，色泽一致，接缝应严密、美观。拼缝处的图案、花纹应吻合，无胶痕；与柱、墙边交接应严密，阴阳角收边应方正。

②板块的焊接，焊缝应平整、光洁，无焦化变色、斑点、焊瘤和起鳞等缺陷，其凹凸允许偏差不应大于 0.6mm。焊缝的抗拉强度应不小于塑料板强度的 75%。

③镶边用料应尺寸准确、边角整齐、拼缝严密、接缝顺直。

④踢脚线宜与地面面层对缝一致，踢脚线与基层的粘合应密实。

⑤塑料板面层的允许偏差应符合表 6-5 的规定。

7. 活动地板面层

（1）活动地板面层宜用于有防尘和防静电要求的专业用房的建筑地面。应采用特制的平压刨花板为基材，表面可饰以装饰板，底层应用镀锌板经粘结胶合形成活动地板块，配以横梁、橡胶垫条和可供调节高度的金属支架组装成架空板，应在水泥类面层（或基层）上铺设。

（2）活动地板所有的支座柱和横梁应构成框架一体，并与基层连接牢固；支架抄平后高度应符合设计要求。

（3）活动地板面层应包括标准地板、异形地板和地板附件（即支架和横梁组件）。采用的活动地板块应平整、坚实，面层承载力不应小于 7.5MPa，A 级板的系统电阻应为 $1.0 \times 10^5 \Omega \sim 1.0 \times 10^8 \Omega$，B 级板的系统电阻应为 $1.0 \times 10^5 \Omega \sim 1.0 \times 10^{10} \Omega$。

（4）活动地板面层的金属支架应支承在现浇水泥混凝土基层（或面层）上，基层表面应平整、光洁、不起灰。

（5）当房间的防静电要求较高，需要接地时，应将活动地板面层的金属支架、金属横梁连通跨接，并与接地体相连，接地方法应符合设计要求。

（6）活动板块与横梁接触搁置处应达到四角平整、严密。

（7）当活动地板不符合模数时，其不足部分可在现场根据实际尺寸将板块切割后镶补，并应配装相应的可调支撑和横梁。切割边不经处理不得镶补安装，并不得有局部膨胀变形情况。

（8）活动地板在门口处或预留洞口处应符合设置构造要求，四周侧边应用耐磨硬质板材封闭或用镀锌钢板包裹，胶条封边应符合耐磨要求。

（9）活动地板与柱、墙面接缝处的处理应符合设计要求，设计无要求时应做木踢脚线；通风口处，应选用异形活动地板铺贴。

（10）用于电子信息系统机房的活动地板面层，其施工质量检验尚应符合现行国家标准《电子信息系统机房施工及验收规范》GB50462的有关规定。

（11）活动地板面层质量检验标准

1）主控项目

①活动地板应符合设计要求和国家现行有关标准的规定，且应具有耐磨、防潮、阻燃、耐污染、耐老化和导静电等性能。

②活动地板面层应安装牢固，无裂纹、掉角和缺棱等缺陷。

2）一般项目

①活动地板面层应排列整齐、表面洁净、色泽一致、接缝均匀、周边顺直。

②活动地板面层的允许偏差应符合表6-5的规定。

8. 金属板面层

金属板面层指镀锌板、镀锡板、复合钢板、彩色涂层钢板、铸铁板、不锈钢板、铜板及其他合成金属板铺设的面层。

（1）金属板面层及其配件宜使用不锈蚀或经过防锈处理的金属制品。

（2）用于通道（走道）和公共建筑的金属板面层，应按设计要求进行防腐、防滑处理。

（3）金属板面层的接地做法应符合设计要求。

（4）具有磁吸性的金属板面层不得用于有磁场所。

（5）塑料板面层质量检验标准

1）主控项目

①金属板应符合设计要求和国家现行有关标准的规定。

②面层与基层的固定方法、面层的接缝处理应符合设计要求。

③面层及其附件如需焊接，焊缝质量应符合设计要求和现行国家标准《钢结构工程施工质量验收规范》GB50205的有关规定。

④面层与基层的结合应牢固，无翘边、松动、空鼓等。

2）一般项目

①金属板表面应无裂痕、刮伤、刮痕、翘曲等外观质量缺陷。

②面层应平整、洁净、色泽一致，接缝应均匀，周边应顺直。

③镶边用料及尺寸应符合设计要求，边角应整齐。

④踢脚线表面应洁净，与柱、墙面的结合应牢固。踢脚线高度及出柱、墙厚度应符合设计要求，且均匀一致。

⑤金属板面层的允许偏差应符合表 6-5 的规定。

9. 地毯面层

（1）地毯面层应采用地毯块材或卷材，以空铺法或实铺法铺设。

（2）铺设地毯的地面面层（或基层）应坚实、平整、洁净、干燥，无凹坑、麻面、起砂、裂缝，并不得有油污、钉头及其他凸出物。

（3）地毯衬垫应满铺平整，地毯拼缝处不得露底衬。

（4）空铺地毯面层应符合下列要求：

◆ 块材地毯宜先拼成整块，然后按设计要求铺设；

◆ 块材地毯的铺设，块与块之间应挤紧服帖；

◆ 卷材地毯宜先长向缝合，然后按设计要求铺设；

◆ 地毯面层的周边应压入踢脚线下；

◆ 地毯面层与不同类型的建筑地面面层的连接处，其收口做法应符合设计要求。

（5）实铺地毯面层应符合下列要求：

◆ 实铺地毯面层采用的金属卡条（倒刺板）、金属压条、专用双面胶带、胶粘剂等应符合设计要求。

◆ 铺设时，地毯的表面层宜张拉适度，四周应采用卡条固定；门口处宜用金属压条或双面胶带等固定。

◆ 地毯周边应塞入卡条和踢脚线下。

◆ 地毯面层采用胶粘剂或双面胶带粘结时，应与基层粘贴牢固。

（6）楼梯地毯面层铺设时，梯段顶级（头）地毯应固定于平台上，其宽度应不小于标准楼梯、台阶踏步尺寸；阴角处应固定牢固；梯段末级（头）地毯与水平段地毯的连接处应顺畅、牢固。

（7）地毯面层质量检验标准

1）主控项目

①地毯面层采用的材料应符合设计要求和国家现行有关标准的规定。

②地毯面层采用的材料进入施工现场时，应有地毯、衬垫、胶粘剂中的挥发性有机化合物（VOC）和甲醛限量合格的检测报告。

③地毯表面应平服，拼缝处应粘贴牢固、严密平整、图案吻合。

2）一般项目

①地毯表面不应起鼓、起皱、翘边、卷边、显拼缝、露线和毛边，绒面毛应顺光一致，毯面应洁净、无污染和损伤。

②地毯同其他面层连接处、收口处和墙边、柱子周围应顺直压紧。

10. 地面辐射供暖的板块面层

（1）地面辐射供暖的板块面层宜采用缸砖、陶瓷地砖、花岗石、水磨石板块、人造石板块、塑料板等，应在填充层上铺设。

（2）地面辐射供暖的板块面层采用胶结材料粘贴铺设时，填充层的含水率应符合胶结材料的技术要求。

（3）地面辐射供暖的板块面层铺设时不得扰动填充层，不得向填充层内楔入任何物件。面层铺设尚应符合砖面层、大理石面层和花岗石面层、预制板块面层、塑料面层的有关规定。

（4）地面辐射供暖的板块面层质量检验标准

1）主控项目

①地面辐射供暖的板块面层采用的材料或产品除应符合设计要求和本规范相应面层的规定外，还应具有耐热性、热稳定性、防水、防潮、防霉变等特点。

②地面辐射供暖的板块面层的伸、缩缝及分格缝应符合设计要求；面层与柱、墙之间应留不小于 10mm 的空隙。

③其余主控项目及检验方法、检查数量应符合砖面层、大理石面层和花岗石面层、预制板块面层、塑料面层的有关规定。

2）一般项目

一般项目及检验方法、检查数量应符合砖面层、大理石面层和花岗石面层、预制板块面层、塑料面层的有关规定。

6.2.6 木、竹面层铺设

1. 一般规定

木、竹面层指实木地板面层、实木集成地板面层、竹地板面层、实木复合地板面层、浸渍纸层压木质地板面层、软木类地板面层、地面辐射供暖的木板面层等（包括免刨、免漆类）面层。

（1）木、竹地板面层下的木搁栅、垫木、垫层地板等采用木材的树种、选材标准和铺设时木材含水率以及防腐、防蛀处理等，均应符合现行国家标准《木结构工程施工质量验收规范》GB50206 的有关规定。所选用的材料应符合设计要求，进场时应对其断面尺寸、含水率等主要技术指标进行抽检，抽检数量应符合国家现行有关标准的规定。

（2）用于固定和加固用的金属零部件应采用不锈蚀或经过防锈处理的金属件。

（3）与厕浴间、厨房等潮湿场所相邻的木、竹面层的连接处应做防水（防潮）处理。

（4）木、竹面层铺设在水泥类基层上，其基层表面应坚硬、平整、洁净、不起砂，表面含水率不应大于 8%。

（5）建筑地面工程的木、竹面层搁栅下架空结构层（或构造层）的质量检验，应符合国家相应现行标准的规定。

（6）木、竹面层的通风构造层包括室内通风沟、地面通风孔、室外通风窗等，均应符合设计要求。

（7）木、竹面层的允许偏差和检验方法应符合表 6-6 的规定。

木、竹面层的允许偏差和检验方法   表 6-6

序号			1	2	3	4	5	6
项目			板块缝隙宽度	表面平整度	踢脚线上口平齐	表面拼缝平直	相邻板材高差	踢脚线与面层接缝
允许偏差(mm)	实木地板、实木集成地板、竹地板面层	松木地板	1	3	3	3	0.5	1
		硬木地板、竹地板	0.5	2	3	3	0.5	
		拼花地板	0.2	2	3	3	0.5	
	浸渍纸层压木质地板、实木复合地板、软木类地板面层		0.5	2	3	3	0.5	
检验方法			用钢尺检查	用 2m 靠尺和楔形塞尺检查	拉 5m 线和用钢尺检查		用钢尺和楔形塞尺检查	楔形塞尺检查

2. 实木地板、实木集成地板、竹地板面层

（1）实木地板、实木集成地板、竹地板面层应采用条材、块材或拼花，以空铺或实铺方式在基层上铺设。

（2）实木地板、实木集成地板、竹地板面层可采用双层面层和单层面层铺设，其厚度应符合设计要求；其选材应符合国家现行有关标准的规定。

（3）铺设实木地板、实木集成地板、竹地板面层时，其木搁栅的截面尺寸、间距和稳固方法等均应符合设计要求。木搁栅固定时，不得损坏基层和预埋管线。木搁栅应垫实钉牢，与柱、墙之间留出 20mm 的缝隙，表面应平直，其间距不宜大于 300mm。

（4）当面层下铺设垫层地板时，垫层地板的髓心应向上，板间缝隙不应大于 3mm，与柱、墙之间应留 8 ~ 12mm 的空隙，表面应刨平。

（5）实木地板、实木集成地板、竹地板面层铺设时，相邻板材接头位置应错开不小于 300mm 的距离；与柱、墙之间应留 8 ~ 12mm 的空隙。

（6）采用实木制作的踢脚线，背面应抽槽并做防腐处理。

（7）席纹实木地板面层、拼花实木地板面层的铺设应符合有关要求。

（8）实木地板、实木集成地板、竹地板面层质量检验标准

1）主控项目

①实木地板、实木集成地板、竹地板面层采用的地板、铺设时的木（竹）材含水率、胶粘剂等应符合设计要求和国家现行有关标准的规定。

②实木地板、实木集成地板、竹地板面层采用的材料进入施工现场时，应有以下有害物质限量合格的检测报告：

A. 地板中的游离甲醛（释放量或含量）；

B. 溶剂型胶粘剂中的挥发性有机化合物（VOC）、苯、甲苯＋二甲苯；

C. 水性胶粘剂中的挥发性有机化合物（VOC）和游离甲醛。

③木搁栅、垫木和垫层地板等应做防腐、防蛀处理。

④木搁栅安装应牢固、平直。

⑤面层铺设应牢固；粘结应无空鼓、松动。

2）一般项目

①实木地板、实木集成地板面层应刨平、磨光，无明显刨痕和毛刺等现象；图案应清晰，颜色应均匀一致。

②竹地板面层的品种与规格应符合设计要求，板面应无翘曲。

③面层缝隙应严密；接头位置应错开，表面应平整、洁净。

④面层采用粘、钉工艺时，接缝应对齐，粘、钉应严密；缝隙宽度应均匀一致；表面应洁净，无溢胶现象。

⑤踢脚线应表面光滑，接缝严密，高度一致。

⑥实木地板、实木集成地板、竹地板面层的允许偏差应符合表6-6的规定。

3. 实木复合地板面层

（1）实木复合地板面层采用的材料、铺设方式、铺设方法、厚度以及垫层地板铺设等，与实木地板相同。

（2）实木复合地板面层应采用空铺法或粘贴法（满粘或点粘）铺设。采用粘贴法铺设时，粘贴材料应按设计要求选用，并应具有耐老化、防水、防菌、无毒等性能。

（3）实木复合地板面层下衬垫的材料和厚度应符合设计要求。

（4）实木复合地板面层铺设时，相邻板材接头位置应错开不小于300mm的距离；与柱、墙之间应留不小于10mm的空隙。当面层采用无龙骨的空铺法铺设时，应在面层与柱、墙之间的空隙内加设金属弹簧卡或木楔子，其间距宜为200～300mm。

（5）大面积铺设实木复合地板面层时，应分段铺设，分段缝的处理应符合设计要求。

（6）实木复合地板面层质量检验标准

1）主控项目

①实木复合地板面层采用的地板、胶粘剂等应符合设计要求和国家现行有关标准的规定。

检验方法：观察检查和检查型式检验报告、出厂检验报告、出厂合格证。

②实木复合地板面层采用的材料进入施工现场时，应有以下有害物质限量合格的检测报告：

A. 地板中的游离甲醛（释放量或含量）；

B. 溶剂型胶粘剂中的挥发性有机化合物（VOC）、苯、甲苯＋二甲苯；

C. 水性胶粘剂中的挥发性有机化合物（VOC）和游离甲醛。

③木搁栅、垫木和垫层地板等应做防腐、防蛀处理。

④木搁栅安装应牢固、平直。

⑤面层铺设应牢固；粘贴应无空鼓、松动。

2）一般项目

①实木复合地板面层图案和颜色应符合设计要求，图案应清晰，颜色应一致，板面应无翘曲。

②面层缝隙应严密；接头位置应错开，表面应平整、洁净。

③面层采用粘、钉工艺时，接缝应对齐，粘、钉应严密；缝隙宽度应均匀一致；表面应洁净，无溢胶现象。

④踢脚线应表面光滑，接缝严密，高度一致。

⑤实木复合地板面层的允许偏差应符合表 6-6 的规定。

4. 浸渍纸层压木质地板面层

(1) 浸渍纸层压木质地板面层应采用条材或块材，以空铺或粘贴方式在基层上铺设。

(2) 浸渍纸层压木质地板面层可采用有垫层地板和无垫层地板的方式铺设。有垫层地板时，垫层地板的材料和厚度应符合设计要求。

(3) 浸渍纸层压木质地板面层铺设时，相邻板材接头位置应错开不小于 300mm 的距离；衬垫层、垫层地板及面层与柱、墙之间均应留出不小于 10mm 的空隙。

(4) 浸渍纸层压木质地板面层采用无龙骨的空铺法铺设时，宜在面层与基层之间设置衬垫层，衬垫层的材料和厚度应符合设计要求；并应在面层与柱、墙之间的空隙内加设金属弹簧卡或木楔子，其间距宜为 200 ~ 300mm。

(5) 浸渍纸层压木质地板面层质量检验标准

1) 主控项目

①浸渍纸层压木质地板面层采用的地板、胶粘剂等应符合设计要求和国家现行有关标准的规定。

②浸渍纸层压木质地板面层采用的材料进入施工现场时，应有以下有害物质限量合格的检测报告：

A. 地板中的游离甲醛（释放量或含量）；

B. 溶剂型胶粘剂中的挥发性有机化合物（VOC）、苯、甲苯＋二甲苯；

C. 水性胶粘剂中的挥发性有机化合物（VOC）和游离甲醛。

③木搁栅、垫木和垫层地板等应做防腐、防蛀处理；其安装应牢固、平直，表面应洁净。

④面层铺设应牢固、平整；粘贴应无空鼓、松动。

2) 一般项目

①浸渍纸层压木质地板面层的图案和颜色应符合设计要求，图案应清晰，颜色应一致，板面应无翘曲。

②面层的接头应错开，缝隙应严密，表面应洁净。

③踢脚线应表面光滑，接缝严密，高度一致。

④浸渍纸层压木质地板面层的允许偏差应符合表 6-6 的规定。

5. 软木类地板面层

(1) 软木类地板面层应采用软木地板或软木复合地板的条材或块材，在水泥类基层或垫层地板上铺设。软木地板面层应采用粘贴方式铺设，软木复合地板面层应采用空铺方式铺设。

(2) 软木类地板面层的厚度应符合设计要求。

（3）软木类地板面层的垫层地板在铺设时，与柱、墙之间应留不大于20mm的空隙，表面应刨平。

（4）软木类地板面层铺设时，相邻板材接头位置应错开不小于1/3板长且不小于200mm的距离；面层与柱、墙之间应留出8～12mm的空隙；软木复合地板面层铺设时，应在面层与柱、墙之间的空隙内加设金属弹簧卡或木楔子，其间距宜为200～300mm。

（5）软木类地板面层质量检验标准

1）主控项目

①软木类地板面层采用的地板、胶粘剂等应符合设计要求和国家现行有关标准的规定。

②软木类地板面层采用的材料进入施工现场时，应有以下有害物质限量合格的检测报告：

A.地板中的游离甲醛（释放量或含量）；

B.溶剂型胶粘剂中的挥发性有机化合物（VOC）、苯、甲苯＋二甲苯；

C.水性胶粘剂中的挥发性有机化合物（VOC）和游离甲醛。

③木搁栅、垫木和垫层地板等应做防腐、防蛀处理；其安装应牢固、平直，表面应洁净。

④软木类地板面层铺设应牢固；粘贴应无空鼓、松动。

2）一般项目

①软木类地板面层的拼图、颜色等应符合设计要求，板面应无翘曲。

②软木类地板面层缝隙应均匀，接头位置应错开，表面应洁净。

③踢脚线应表面光滑，接缝严密，高度一致。

④软木类地板面层的允许偏差应符合表6-6的规定。

6. 地面辐射供暖的木板面层

（1）地面辐射供暖的木板面层宜采用实木复合地板、浸渍纸层压木质地板等，应在填充层上铺设。

（2）地面辐射供暖的木板面层可采用空铺法或胶粘法（满粘或点粘）铺设。当面层设置垫层地板时，垫层地板的材料和厚度应符合设计要求。

（3）与填充层接触的龙骨、垫层地板、面层地板等应采用胶粘法铺设。铺设时填充层的含水率应符合胶粘剂的技术要求。

（4）地面辐射供暖的木板面层铺设时不得扰动填充层，不得向填充层内楔入任何物件。面层铺设尚应符合实木复合地板面层、浸渍纸层压木质地板面层的有关规定。

（5）地面辐射供暖的木板面层质量检验标准

1）主控项目

①地面辐射供暖的木板面层采用的材料或产品除应符合设计要求和本规范相应面层的规定外，还应具有耐热性、热稳定性、防水、防潮、防霉变等特点。

②地面辐射供暖的木板面层与柱、墙之间应留不小于10mm的空隙。当采用无龙骨

的空铺法铺设时，应在空隙内加设金属弹簧卡或木楔子，其间距宜为 200～300mm。

③其余主控项目及检验方法、检查数量应符合实木复合地板面层、浸渍纸层压木质地板面层的有关规定。

2）一般项目

①地面辐射供暖的木板面层采用无龙骨的空铺法铺设时，应在填充层上铺设一层耐热防潮纸（布）。防潮纸（布）应采用胶粘搭接，搭接尺寸应合理，铺设后表面应平整，无皱褶。

②其余一般项目及检验方法、检查数量应符合实木复合地板面层、浸渍纸层压木质地板面层的有关规定。

6.2.7 分部（子分部）工程验收

1. 建筑地面工程施工质量中各类面层子分部工程的面层铺设与其相应的基层铺设的分项工程施工质量检验应全部合格。

2. 建筑地面工程子分部工程质量验收应检查下列工程质量文件和记录：

（1）建筑地面工程设计图纸和变更文件等；

（2）原材料的质量合格证明文件、重要材料或产品的进场抽样复验报告；

（3）各层的强度等级、密实度等的试验报告和测定记录；

（4）各类建筑地面工程施工质量控制文件；

（5）各构造层的隐蔽验收及其他有关验收文件。

3. 建筑地面工程子分部工程质量验收应检查下列安全和功能项目：

（1）有防水要求的建筑地面子分部工程的分项工程施工质量的蓄水检验记录，并抽查复验；

（2）建筑地面板块面层铺设子分部工程和木、竹面层铺设子分部工程采用的砖、天然石材、预制板块、地毯、人造板材以及胶粘剂、胶结料、涂料等材料证明及环保资料。

4. 建筑地面工程子分部工程观感质量综合评价应检查下列项目：

（1）变形缝、面层分格缝的位置和宽度以及填缝质量应符合规定；

（2）室内建筑地面工程按各子分部工程经抽查分别作出评价；

（3）楼梯、踏步等工程项目经抽查分别作出评价。

任务 6.3 抹灰子分部工程

【任务描述】

主要是对抹灰工程子分部的质量要求、检查内容及检查方法，分项工程的划分，质量检验标准、检验批验收记录作出了明确的规定。抹灰工程主要包括一般抹灰、装饰抹灰和清水砌体勾缝。

【学习支持】

《建筑工程施工质量验收统一标准》GB 50300–2013、《建筑装饰装修工程施工质量验收规范》GB 50210–2001。

【任务实施】

6.3.1 一般规定

1. 抹灰工程验收时应检查下列文件和记录：

（1）抹灰工程的施工图、设计说明及其他设计文件。

（2）材料的产品合格证书、性能检测报告、进场验收记录和复验报告。

（3）隐蔽工程验收记录。

（4）施工记录。

2. 抹灰工程应对水泥的凝结时间和安定性进行复验。

3. 抹灰工程应对下列隐蔽工程项目进行验收：

（1）抹灰总厚度大于或等于 35mm 时的加强措施。

（2）不同材料基体交接处的加强措施。

4. 各分项工程的检验批应按下列规定划分：

（1）相同材料、工艺和施工条件的室外抹灰工程每 500～1000m² 应划分为一个检验批，不足 500m² 也应划分为一个检验批。

（2）相同材料、工艺和施工条件的室内抹灰工程每 50 个自然间（大面积房间和走廊按抹灰面积 30m² 为一间）应划分为一个检验批，不足 50 间也应划分为一个检验批。

5. 检查数量应符合下列规定：

（1）室内每个检验批应至少抽查 10%，并不得少于 3 间；不足 3 间时应全数检查。

（2）室外每个检验批每 100m² 应至少抽查一处，每处不得小于 10m²。

6. 外墙抹灰工程施工前应先安装门窗框、护栏等，并应将墙上的施工孔洞堵塞密实。

7. 抹灰用的石灰膏的熟化期不应少于 15d；罩面用的磨细石灰粉的熟化期不应少于 3d。

8. 室内墙面、柱面和门洞口的阳角做法应符合设计要求，设计无要求时，应采用 1：2 水泥砂浆做暗护角，其高度不应低于 2m，每侧宽度不应小于 50mm。

9. 当要求抹灰层具有防水、防潮功能时，应采用防水砂浆。

10. 各种砂浆抹灰层，在凝结前应防止快干、水冲、撞击、振动和受冻，在凝结后应采取措施防止玷污和损坏。水泥砂浆抹灰层应在湿润条件下养护。

11. 外墙和顶棚的抹灰层与基层之间及各抹灰层之间必须粘结牢固。

6.3.2 一般抹灰工程

一般抹灰指石灰砂浆、水泥砂浆、水泥混合砂浆、聚合物水泥砂浆和麻刀石灰、纸筋石灰、石膏灰等的抹灰工程。一般抹灰工程分为普通抹灰和高级抹灰。当设计无要求时，验收时按普通抹灰验收。

一般抹灰工程的质量检验标准：

1. 主控项目

（1）抹灰前基层表面的尘土、污垢、油渍等应清除干净，并应洒水润湿。

（2）一般抹灰所用材料的品种和性能应符合设计要求，水泥的凝结时间和安定性复验应合格。砂浆的配合比应符合设计要求。

（3）抹灰工程应分层进行。当抹灰总厚度大于或等于 35mm 时，应采取加强措施。不同材料基体交接处表面的抹灰，应采取防上开裂的加强措施，当采用加强的同时，加强网与各基体的搭接宽度不应小于 100mm。

（4）抹灰层与基层之间及各抹灰层之间必须粘结牢固，抹灰层应无脱层、空鼓，面层应无爆灰和裂缝。

2. 一般项目

（1）一般抹灰工程的表面质量应符合下列规定：

◆ 普通抹灰表面应光滑、洁净、接搓平整，分格缝应清晰。

◆ 高级抹灰表面应光滑、洁净、颜色均匀、无抹纹，分格缝和灰线应清晰美观。

（2）护角、孔洞、槽、盒周围的抹灰表面应整齐、光滑；管道后面的抹灰表面应平整。

（3）抹灰层的总厚度应符合设计要求；水泥砂浆不得抹在石灰砂浆层上，罩面石膏灰不得抹在水泥砂浆层上。

（4）抹灰分格缝的设置应符合设计要求，宽度和深度应均匀，表面应光滑，棱角应整齐。

（5）有排水要求的部位应做滴水线（槽）。滴水线（槽）应整齐顺直，滴水线应内高外低，滴水槽的宽度和深度均不应小于 10mm。

（6）一般抹灰工程质量的允许偏差和检验方法应符合表 6-7 的规定。

一般抹灰的允许偏差和检验方法　　　　　　　　　表 6–7

序号	项　目	允许偏差（mm）		检验方法
		普通抹灰	高级抹灰	
1	立面垂直度	4	3	用 2m 垂直检测尺检查
2	表面平整度	4	3	用 2m 靠尺和楔形塞尺检查
3	阴阳角方正	4	3	用直角检测尺检查
4	分格条（缝）直线度	4	3	拉 5m 线，不足 5m 拉通线，用钢直尺检查
5	墙裙、勒脚上口直线度	4	3	拉 5m 线，不足 5m 拉通线，用钢直尺检查

注：1. 普通抹灰，本表第 3 项阴角方正可不检查；
　　2. 顶棚抹灰，本表第 2 项表面平整度可不检查，但应平顺。

6.3.3　装饰抹灰工程

装饰抹灰指水刷石、斩假石、干粘石、假面砖等装饰抹灰工程。

装饰抹灰工程的质量检验标准：

1. 主控项目

（1）抹灰前基层表面的尘土、污垢、油渍等应清除干净，并应洒水润湿。

（2）装饰抹灰工程所用材料的品种和性能应符合设计要求。水泥的凝结时间和安定性复验应合格。砂浆的配合比应符合设计要求。

（3）抹灰工程应分层进行。当抹灰总厚度大于或等于 35mm 时，应采取加强措施。不同材料基体交接处表面的抹灰，应采取防止开裂的加强措施，当采用加强网时，加强网与各基体的搭接宽度不应小于 100mm。

（4）各抹灰层之间及抹灰层与基体之间必须粘接牢固，抹灰层应无脱层、空鼓和裂缝。

2. 一般项目

（1）装饰抹灰工程的表面质量应符合下列规定：

◆ 水刷石表面应石粒清晰、分布均匀、紧密平整、色泽一致，应无掉粒和接搓痕迹。

◆ 斩假石表面剁纹应均匀顺直、深浅一致，应无漏剁处；阳角处应横剁并留出宽窄一致的不剁边条，棱角应无损坏。

◆ 干粘石表面应色泽一致、不露浆、不漏粘，石粒应粘结牢固、分布均匀，阳角处应无明显黑边。

◆ 假面砖表面应平整、沟纹清晰、留缝整齐、色泽一致，应无掉角、脱皮、起砂等缺陷。

（2）装饰抹灰分格条（缝）的设置应符合设计要求，宽度和深度应均匀，表面应平整光滑，棱角应整齐。

（3）有排水要求的部位应做滴水线（槽）。滴水线（槽）应整齐顺直，滴水线应内高外低，滴水槽的宽度和深度均不应小于 10mm。

（4）装饰抹灰工程质量的允许偏差和检验方法应符合表 6-8 的规定。

装饰抹灰的允许偏差和检验方法   表 6-8

序号	项 目	允许偏差（mm）				检验方法
		SS	ZJ	GZ	JM	
1	立面垂直度	5	4	5	5	用 2m 垂直检测尺检查
2	表面平整度	3	3	5	4	用 2m 靠尺和楔形塞尺检查
3	阴阳角方正	3	3	4	4	用直角检测尺检查
4	分格条（缝）直线度	3	3	3	3	拉 5m 线，不足 5m 拉通线，用钢直尺检查
5	墙裙、勒脚上口直线度	3	3	—	—	拉 5m 线，不足 5m 拉通线，用钢直尺检查

注：SS 为水刷石；ZJ 为斩假石；GZ 为干粘石；JM 为假面砖。

6.3.4 清水墙勾缝工程

清水墙勾缝工程包括清水砌体砂浆勾缝和原浆勾缝工程。

清水墙勾缝工程的质量检验标准：

1.主控项目

（1）清水砌体勾缝所用水泥的凝结时间和安定性复验应合格。砂浆的配合比应符合设计要求。

（2）清水砌体勾缝应无漏勾。勾缝材料应粘结牢、无开裂。

2.一般项目

（1）清水砌体勾缝应横平竖直，交接处应平顺，宽度和深度应均匀，表面应压实抹平。

（2）灰缝应颜色一致，砌体表面应洁净。

【知识拓展】

6.3.5 保温层薄抹灰工程

1.施工程序

基层处理→弹线→调制聚合物胶浆→铺设翻包网布→铺设保温板→安装锚固件→铺设网布→涂抹面层聚合物胶浆→验收。

2.施工要点

（1）基层处理

基层墙体应坚实平整，墙面应清洁，清除灰尘、油污、脱模剂、涂料、空鼓及风化物等影响粘结强度的杂物。用 2m 靠尺检查墙体的平整度，最大偏差大于 4mm 时，应用 1∶3 的水泥砂浆找平。若基层墙体不具备粘结条件，可采取直接用锚固件固定的方法，固定件数量应视建筑物的高度及墙体性质决定。

（2）弹线

按照图纸规定弹好散水水平线，在设计伸缩缝处的墙面弹出伸缩缝宽度线等。在阴阳角位置设置垂线在两个墙面弹出垂直线，用此线检查保温板施工垂直度。

（3）调制聚合物胶浆

使用干净的塑料桶倒入约 5.5kg 的净水，加入 25kg 的聚合物胶浆，并用低速搅拌器搅拌成稠度适中的胶浆，净置 5 分钟。使用前再搅拌一次。调好的胶浆宜在 2 小时内用完。

（4）铺设翻包网

裁剪翻包网布的宽度应为 200mm+ 保温板厚度的总和。先在基层墙体上所有门、窗、洞周边及系统终端处，涂抹粘结聚合物胶浆，宽度为 100mm，厚度为 2mm。将裁剪好的网布一边 100mm 压入胶浆内，不允许有网眼外露，将边缘多余的聚合物胶浆刮净，保持甩出部分的网布清洁。

（5）铺设保温板

保温板若为挤塑板，则应在涂刷粘结胶浆的一面涂刷一道专用界面剂，放置 20 分钟晾干后待用。保温板一般应采取横向铺设的方式，由下向上铺设，错缝宽度为 1/2 板长，必要时进行适当的裁剪，尺寸偏差不得大于 ±1.5mm。将保温板四周均匀涂抹一层粘结聚合物胶浆，涂抹宽度为 50mm，厚度 10mm，并在板的一边留出 50mm 宽的排气孔，中间部分采用点粘，直径为100mm，厚度10mm，中心距200mm，对于1200mm×600mm的标准板，中间涂8个点，对于非标准板，则应使保温板粘贴后，涂抹胶浆的面积不小于板总面积的30%，板的侧边不得涂胶。基层墙体平整度良好时，亦可采用条粘法，条宽10mm，厚度10mm，条间距50mm。将涂好胶浆的保温板立即粘贴于墙体上，滑动就位，用2m靠尺压平，保证其平整度和粘贴牢固。板与板之间要挤紧，板间缝隙不得大于2mm，板间高差不得大于1.5mm，板间缝隙大于2mm时，应用保温条将缝塞满，板条不得粘结，更不得用胶粘剂直接填缝，板间高差大于1.5mm的部位应打磨平整。在所有门、窗、洞的拐角处均不允许有拼接缝，须用整块的保温板进行切割成型，且板缝距拐角不小于200mm。在所有阴阳角拐角处，必须采用错缝粘贴的方法，并按垂线用靠尺控制其偏差，用90°靠尺检查。

（6）安装锚固件

对于7层以下的建筑保温施工时，可不用锚固件固定。保温板粘贴完毕，24小时后方可进行锚固件的安装。在每块保温板的四周接缝及板中间，用电锤打孔，钻孔深度为基层内约50mm，锚固深度为基层内约45mm。锚固件的数量应根据楼层高低及基层墙体的性质决定，在阳角及窗洞周围，锚固件的数量应适当增加，锚固件的位置距窗洞口边缘，混凝土基层不小于50mm，砌块基层不小于100mm。对于保温板面积大于$0.1m^2$的板块，中间须加锚固件固定，面积小于$0.1m^2$的板块，如位于基层边缘时也须加锚固件固定。锚固件的头部要略低于保温板，并及时用抹面聚合物胶浆抹平，以防止雨水渗入。

（7）分格缝的施工

如图纸上设计有分格缝，则应在设置分格缝处弹出分格线，剔出分格缝，宽度为15mm，深度10mm或根据图纸而定。裁剪宽度为130mm+分格缝宽度的总和的网布，将分格缝隙及两边65mm宽的范围内涂抹聚合物胶浆，厚度为2mm，将网布中间部分压入分格缝，并压入塑料条，使塑料条的边沿与保温板表面平齐。两边网布压入胶浆中，不允许有翘边、皱褶等。

（8）铺设网格布

涂抹面层胶浆前应先检查保温板是否干燥，用2m靠尺检查平整度，偏差应小于4mm，去除表面的有害物质、杂质等。用抹子在保温板表面均匀涂抹一层面积略大于一块网格布的抹面聚合物胶浆，厚度为2mm，立即将网格布按"T"字形顺序压入。同时应注意以下几点：

◆ 网格布应自上而下沿外墙一圈一圈铺设。

◆ 不得有网线外露，不得使网布皱褶、空鼓、翘边。

◆ 当网格布需拼接时，搭接宽度应不小于100mm。

◆ 在阳角处需从每边双向绕角且相互搭接宽度不小于200mm，阴角处不小于100mm。

◆ 当遇到门窗洞口时，应在洞口四角处沿45°方向补贴一块200mm×300mm的标准网格布，以防止开裂。

◆ 在分格缝处，网布应相互搭接。

◆ 铺设网格布时应防止阳光曝晒，并应避免在风雨气候条件下施工，在干燥前墙面不得沾水，以免导致颜色变化。

（9）抹面层聚合物胶浆并找平，待表面胶浆稍干可以碰触时，立即用抹子涂抹第二道胶浆，以找平墙面，将网格布全部覆盖，使面层胶浆总厚度约 3 ～ 5mm。

3. 质量保证实施措施

（1）基层墙体平整度 ≤ 4mm。

（2）基层表面必须粘结牢固，无空鼓、风化、污垢、涂料等影响粘结强度的物质及质量缺陷。

（3）基层墙面如用 1∶3 水泥砂浆找平，应对砂浆与基层墙体的粘结力做专门的试验。

（4）粘结胶浆确保不掺入砂、速凝剂、防冻剂、聚合物、其他添加剂等。

（5）保温板的切割应尽量使用标准尺寸。

（6）保温板到场，施工前应进行验收。

（7）保温板的粘贴应采用点框法，粘结胶浆的涂抹面积不应小于保温板总面积的 30%。

（8）保温板的接缝应紧密且平齐，板间缝隙不得大于 2mm，如大于 2mm，则应用保温条填实后磨平。

（9）板与板间不得有粘结剂。

（10）保温板的粘结操作应迅速，安装就位前粘结胶浆不得有结皮。

（11）门、窗、洞口及系统终端的保温板，应用整块板裁出直角，不得有拼接，接缝距拐角不小于 200mm。

（12）保温板粘贴完毕至少静置 24 小时，方可进行下一道工序。

（13）不得在雨中铺设网格布。

（14）标准网布搭接至少 100mm，阴阳角搭接不小于 200mm。

（15）若用聚苯板做保温层时，建筑物 2m 以下或易受撞击部位可加铺一层网格布，以增加强度。铺设第一层网格布时不需搭接，只对接。

（16）保护已完工的部分免受雨水的渗透和冲刷。

（17）使用泡沫塑料棒及密封膏时须提供合格证以及相关技术资料，泡沫棒直径按缝宽 1.3 倍采用。

（18）打胶前应确保节点没有油污、浮尘等杂质。

（19）密封膏应完全塞满节点空腔，并与两侧抹面胶浆紧密结合。

执行标准《膨胀聚苯板薄抹灰外墙外保温系统》JG 149-2003。

任务 6.4 外墙防水防护子分部工程

【任务描述】

主要是对外墙防水防护工程子分部的质量要求、检查内容及检查方法，分项工程的划分，质量检验标准、检验批验收记录作出了明确的规定。外墙防水防护工程主要包括砂浆防水层、涂膜防水层和防水透气膜防水层。

【学习支持】

《建筑工程施工质量验收统一标准》GB 50300-2013、《建筑装饰装修工程施工质量验收规范》GB 50210-2001 和《建筑外墙防水工程技术规程》JGJ/T 235-2011。

【任务实施】

6.4.1　一般规定

1. 建筑外墙防水防护工程的质量应符合下列规定：

（1）防水层不得有渗漏现象；

（2）使用的材料应符合设计要求；

（3）找平层应平整、坚固，不得有空鼓、酥松、起砂、起皮现象；

（4）门窗洞口、穿墙管、预埋件及收头等部位的防水构造应符合设计要求；

（5）砂浆防水层应坚固、平整，不得有空鼓、开裂、酥松、起砂、起皮现象；

（6）涂膜防水层应无裂纹、皱褶、流淌、鼓泡和露胎体现象；

（7）防水透气膜应铺设平整、固定牢固，不得有皱褶、翘边等现象。搭接宽度应符合要求，搭接缝和节点部位应密封严密；

（8）外墙防护层应平整、固定牢固，构造符合设计要求。

2. 外墙防水层渗漏检查应在持续淋水 2h 或雨后进行。

3. 外墙防水防护使用的材料应有产品合格证和出厂检验报告，材料的品种、规格、性能等应符合国家现行有关标准和设计要求；对进场的防水防护材料应抽样复验，并提出抽样使用报告，不合格的材料不得在工程中使用。

4. 外墙防水防护工程应按装饰装修分部工程的子分部工程进行验收，外墙防水防护子分部工程各分项工程的划分应符合表 6-9 的要求。

外墙防水防护子分部工程各分项工程划分　　　　　　　　　　　表 6-9

子分部工程	分项工程
	砂浆防水层
建筑外墙防水防护	涂膜防水层
	防水透气膜防水层

5. 建筑外墙防水防护子分部工程各分项工程施工质量检验数量，应按外墙面面积，每 500m² 抽查一处，每处不得少于 10m²，且不得少于 3 处；不足 500m² 时应按 500m² 计算。节点构造应全部进行检查。

6.4.2　砂浆防水层

砂浆防水工程的质量检验标准：

1. 主控项目

（1）砂浆防水层的原材料、配合比及性能指标，应符合设计要求。

（2）砂浆防水层不得有渗漏现象。

（3）砂浆防水层与基层之间及防水层各层之间应结合牢固，不得有空鼓。

（4）砂浆防水层在门窗洞口、穿墙管、预埋件、分格缝及收头等部位的节点做法，应符合设计要求。

2. 一般项目

（1）砂浆防水层表面应密实、平整，不得有裂纹、起砂、麻面等缺陷。

（2）砂浆防水层施工缝留槎位置应正确，接槎应按层次顺序操作，层层搭接紧密。

（3）砂浆防水层的平均厚度应符合设计要求，最小厚度应不得小于设计值的80%。

6.4.3　涂膜防水层

涂膜防水工程的质量检验标准：

1. 主控项目

（1）涂膜防水层所用防水涂料及配套材料应符合设计要求。

（2）涂膜防水层不得有渗漏现象。

（3）涂膜防水层在门窗洞口、穿墙管、预埋件及收头等部位的节点做法，应符合设计要求。

2. 一般项目

（1）涂膜防水层的平均厚度应符合设计要求，最小厚度不应小于设计厚度的80%。

（2）涂膜防水层应与基层粘结牢固，表面平整，涂刷均匀，不得有流淌、皱褶、鼓泡、露胎体和翘边等缺陷。

6.4.4　防水透气膜防水层

防水透气膜防水层工程的质量检验标准：

1. 主控项目

（1）防水透气膜及其配套材料应符合设计要求。

（2）防水透气膜防水层不得有渗漏现象。

（3）防水透气膜在勒角、阴阳角、洞口、女儿墙、变形缝等部位的节点做法，应符合设计要求。

2. 一般项目

（1）防水透气膜的铺贴应顺直，与基层应固定牢固，膜表面不得有皱褶、伤痕、破裂等缺陷。

（2）防水透气膜的铺贴方向应正确，纵向搭接缝应错开，搭接宽度的负偏差不应大于 10mm。

（3）防水透气膜的搭接缝应粘结牢固，密封严密。防水透气膜的收头应与基层粘结并固定牢固，缝口封严，不得有翘边现象。

6.4.5 分项工程验收

1. 外墙防水防护工程验收的文件和记录，应提交下列技术资料并归档：

（1）防水工程的设计文件：设计图纸及图纸会审记录、设计变更通知单。

（2）施工方案：施工方法、技术措施、质量保证措施。

（3）技术交底记录：施工操作要求及注意事项。

（4）材料质量证明文件：出厂合格证、质量检验报告和抽样试验报告。

（5）中间检查记录：检验批、分项工程质量验收记录、隐蔽工程验收记录、施工检验记录、雨后或淋水检验记录。

（6）施工日志：逐日施工情况。

（7）工程检验记录：抽样质量检验、现场检查记录。

（8）施工单位资质证明及施工：人员上岗证件资质证书及上岗证复印件。

（9）其他技术资料：事故处理报告、技术总结等。

2. 建筑外墙防水防护工程隐蔽验收记录应包括下列内容：

（1）防水层的基层。

（2）密封防水处理部位。

（3）门窗洞口、穿墙管、预埋件及收头等细部做法。

3. 外墙防水防护工程验收后，应填写分项工程质量验收记录，交建设单位和施工单位存档。

4. 外墙防水防护材料现场抽样数量和复验项目应按表 6-10 要求。

防水防护材料现场抽样数量和复验项目　　　　　　　　　　　　　　　　表 6-10

序号	材料名称	现场抽样数量	外观质量	物理性能检验
1	现场配制防水砂浆	每 10m³ 为一批，不足 10m³ 按一批抽样	均匀，无凝结团状	建筑外墙防水工程技术规程的材料要求
2	预拌防水砂浆、无机防水材料	每 10t 为一批，不足 10t 按一批抽样	包装完好无损，标明产品名称、规格、生产日期、生产厂家、产品有效期	建筑外墙防水工程技术规程的材料要求
3	防水涂料	每 5t 为一批，不足 5t 按一批抽样	包装完好无损，标明产品名称、规格、生产日期、生产厂家、产品有效期	建筑外墙防水工程技术规程的材料要求
4	耐碱玻璃纤维网格布	每 3000m² 为一批，不足 3000m² 按一批抽样	均匀，无团状，平整，无折皱	耐碱断裂强力保留率、耐碱断裂强力保留值
5	防水透汽膜	每 3000m² 为一批，不足 3000m² 按一批抽样	包装完好无损，标明产品名称、规格、生产日期、生产厂家、产品有效期	建筑外墙防水工程技术规程的材料要求
6	合成高分子密封材料	每 1t 为一批，不足 1t 按一批抽样	均匀膏状物，无结皮、凝胶或不易分散的固体团状	建筑外墙防水工程技术规程的材料要求

任务 6.5 门窗子分部工程

【任务描述】

主要是对门窗工程子分部的质量要求、检查内容及检查方法，分项工程的划分，质量检验标准、检验批验收记录作出了明确的规定。门窗工程主要包括木门窗制作与安装、金属门窗安装、塑料门窗安装、特种门安装、门窗玻璃安装等分项工程。

【学习支持】

《建筑工程施工质量验收统一标准》GB 50300-2013、《建筑装饰装修工程施工质量验收规范》GB 50210-2001。

【任务实施】

6.5.1 一般规定

1.门窗工程验收时应检查下列文件和记录：

（1）门窗工程的施工图、设计说明及其他设计文件。

（2）材料的产品合格证书、性能检测报告、进场验收记录和复验报告。

（3）特种门及其附件的生产许可文件。

（4）隐蔽工程验收记录。

（5）施工记录。

2.门窗工程应对下列材料及其性能指标进行复验：

（1）人造木板的甲醛含量。

（2）建筑外墙金属窗、塑料窗的抗风压性能、空气渗透性能和雨水渗漏性能。

3.门窗工程应对下列隐蔽工程项目进行验收：

（1）预埋件和锚固件。

（2）隐蔽部位的防腐、填嵌处理。

4. 各分项工程的检验批应按下列规定划分：

（1）同一品种、类型和规格的木门窗、金属门窗。塑料门窗及门窗玻璃每100樘应划分为一个检验批，不足100樘也应划分为一个检验批；

（2）同一品种、类型和规格的特种门每50樘应划分为一个检验批，不足50樘也应划分为一个检验批。

5.检查数量应符合下列规定：

（1）木门窗、金属门窗、塑料门窗及门窗玻璃，每个检验批应至少抽查5%，并不得少于3樘，不足3樘时应全数检查；高层建筑的外窗，每个检验批应至少抽查10%，并不得少于6樘，不足6樘时应全数检查。

（2）特种门每个检验批应至少抽查50%，并不得少于10樘，不足10樘时应全数检查。

6. 门窗安装前，应对门窗洞口尺寸进行检验。

7. 金属门窗和塑料门窗安装应采用预留洞口的方法施工，不得采用边安装边砌口或先安装后砌口的方法施工。

8. 木门窗与砖石砌体、混凝土或抹灰层接触处应进行防腐处理并应设置防潮层；埋入砌体或混凝土中的木砖应进行防腐处理。

9. 当金属窗或塑料窗组合时，其拼樘料的尺寸、规格、壁厚应符合设计要求。

10. 建筑外门窗的安装必须牢固。在砌体上安装门窗严禁用射钉固定。

11. 特种门安装除应符合设计要求和本规范规定外，还应符合有关专业标准和主管部门的规定。

6.5.2 木门窗制作与安装工程

木门窗制作与安装工程的质量检验标准：

1. 主控项目

（1）木门窗的木材品种、材质等级、规格、尺寸、框扇的线型及人造木板的甲醛含量应符合设计要求。设计未规定材质等级时，所用木材的质量应符合普通木门窗用木材的质量要求。

（2）木门窗应采用烘干的木材，含水率应符合《建筑木门、木窗》JG/T122 的规定。

（3）木门窗的防火、防腐、防虫处理应符合设计要求。

（4）木门窗的结合处和安装配件处不得有木节或已填补的木节。木门窗如有允许限值以内的死节及直径较大的虫眼时，应用同一材质的木塞加胶填补。对于清漆制品，木塞的木纹和色泽应与制品一致。

（5）门窗框和厚度大于 50mm 的门窗扇应用双榫连接。榫槽应采用胶料严密嵌合，并应用胶楔加紧。

（6）胶合板门、纤维板门和模压门不得脱胶。胶合板不得刨透表层单板，不得有戗槎。制作胶合板门、纤维板门时，边框和横楞应在同一平面上，面层、边框及横楞应加压胶结。横楞和上、下冒头应各钻两个以上的透气孔，透气孔应通畅。

（7）木门窗的品种、类型、规格、开启方向、安装位置及连接方式应符合设计要求。

（8）木门窗框的安装必须牢固。预埋木砖的防腐处理、木门窗框固定点的数量、位置及固定方法应符合设计要求。

（9）木门窗扇必须安装牢固，并应开关灵活，关闭严密，无倒翘。

（10）木门窗配件的型号、规格、数量应符合设计要求，安装应牢固，位置应正确，功能应满足使用要求。

2. 一般项目

（1）木门窗表面应洁净，不得有刨痕、锤印。

（2）木门窗的割角、拼缝应严密平整；门窗框、扇裁口应顺直，刨面应平整。

（3）木门窗上的槽、孔应边缘整齐，无毛刺。

（4）木门窗与墙体间缝隙的填嵌材料应符合设计要求，填嵌应饱满。寒冷地区外门窗（或门窗框）砌体间的空隙应填充保温材料。

（5）木门窗批水、盖口条、压缝条、密封条安装应顺直，与门窗结合应牢固、严密。

（6）木门窗制作的允许偏差和检验方法应符合 6-11 的规定。

木门窗制作的允许偏差和检验方法   表 6-11

序号	项 目	构件名称	允许偏差（mm）		检验方法
			普通	高级	
1	翘曲	框	3	2	将框、扇平放在检查平台上，用塞尺检查
		扇	2	2	
2	对角线长度差	框、扇	3	2	用钢尺检查，框量裁量外角
3	表面平整度	扇	2	2	用 1m 靠尺和楔形塞尺检查
4	高度、宽度	框	0；−2	0；−2	用钢尺检查，框量裁口里角，扇量外角
		扇	+2；0	+2；0	
5	裁口、线条结合处高低差	框、扇	1	0.5	用钢直尺和塞尺检查
6	相邻棂子两端间距	扇	2	1	用钢直尺检查

（7）木门窗安装的留缝限值、允许偏差和检验法应符合表 6-12 的规定。

木门窗安装的留缝限值、允许偏差和检验方法   表 6-12

序号	项 目		留缝限值（mm）		允许偏差（mm）		检验方法
			普通	高级	普通	高级	
1	门窗槽口对角线长度差		—	—	3	2	用钢尺检查
2	门窗框的正、侧面垂直度		—	—	2	1	用钢直尺和楔形塞尺检查
3	框与扇、扇与扇接缝高低差		—	—	2	1	用钢直尺和楔形塞尺检查
4	门窗扇对口缝		1～2.5	1.5～2	—	—	用楔形塞尺检查
5	工业厂房双扇大门对口缝		2～5	—	—	—	
6	门窗扇与上框间留缝		1～2	1～1.5	—	—	
7	窗扇与侧框间留缝		1～2.5	1～1.5	—	—	
8	窗扇与下框间留缝		2～3	2～2.5	—	—	
9	门扇与下框间留缝		3～5	3～4	—	—	
10	双层门窗内外框间距		—	—	4	3	用钢尺检查
11	无下框时门扇与地面间留缝	外门	4～7	5～6	—	—	用楔形塞尺检查
		内门	5～8	6～7	—	—	
		卫生间门	8～12	8～10	—	—	
		厂房大门	10～20	—	—	—	

6.5.3 金属门窗安装工程

金属门窗安装工程包括钢门窗、铝合金门窗、涂色镀锌钢板门窗等金属门窗的安装。金属门窗安装工程的质量检验标准：

1. 主控项目

（1）金属门窗的品种、类型、规格、尺寸、性能、开启方向、安装位置、连接方式及铝合金门窗的型材壁厚应符合设计要求。金属门窗的防腐处理及填嵌、密封处理应符合设计要求。

（2）金属门窗框和副框的安装必须牢固。预埋件的数量、位置、埋设方式、与框的连接方式必须符合设计要求。

（3）金属门窗扇必须安装牢固，并应开关灵活、关闭严密，无倒翘。推拉门窗扇必须有防脱落措施。

（4）金属门窗配件的型号、规格、数量应符合设计要求，安装应牢固，位置应正确，功能应满足使用要求。

2. 一般项目

（1）金属门窗表面应洁净、平整、光滑、色泽一致，无锈蚀。大面应无划痕、碰伤。漆膜或保护层应连续。

（2）铝合金门窗推拉门窗扇开关力应不大于 100N。

（3）金属门窗框与墙体之间的缝隙应填嵌饱满，并采用密封胶密封。密封胶表面应光滑、顺直、无裂纹。

（4）金属门窗扇的橡胶密封条或毛毡密封条应安装完好，不得脱槽。

（5）有排水孔的金属门窗，排水孔应畅通，位置和数量应符合设计要求。

（6）钢门窗安装的留缝限值、允许偏差和检验方法应符合表 6-13 的规定。

钢门窗安装的留缝限值、允许偏差和检验方法　　　　　　表 6-13

序号	项目		留缝限值（mm）	允许偏差（mm）	检验方法
1	门窗槽口宽度、高度	≤ 1500mm	—	2.5	用钢尺检查
		> 1500mm	—	3.5	
2	门窗槽口对角线长度差	≤ 2000mm	—	5	用钢尺检查
		> 2000mm	—	6	
3	门窗框的正、侧面垂直度		—	3	用 1m 垂直检测尺检查
4	门窗横框的水平度		—	3	用 1m 水平尺和楔形塞尺检查
5	门窗横框标高		—	5	用钢直尺检查
6	门窗竖向偏离中心		—	4	用钢直尺检查
7	双层门窗内外框间距		—	5	用钢尺检查
8	门窗框、扇配合间隙		≤ 2	—	用塞尺检查
9	无下框时门扇与地面间留缝		4 ~ 8	—	用塞尺检查

（7）铝合金门窗安装的允许偏差和检验方法应符合表 6-14 的规定。

铝合金门窗安装的允许偏差和检验方法 　　　　　　　　　　表 6-14

序号	项目		允许偏差（mm）	检验方法
1	门窗槽口宽度、高度	≤ 1500mm	1.5	用钢尺检查
		> 1500mm	2	
2	门窗槽口对角线长度差	≤ 2000mm	3	用钢尺检查
		> 2000mm	4	
3	门窗框的正、侧面垂直度		2.5	用垂直检测尺检查
4	门窗横框的水平度		2	用 1m 水平尺和楔形塞尺检查
5	门窗横框标高		5	用钢尺检查
6	门窗竖向偏离中心		5	用钢尺检查
7	双层门窗内外框间距		4	用钢尺检查
8	推拉门窗扇与框搭接量		1.5	用钢直尺检查

（8）涂色镀锌钢板门窗安装的允许偏差和检验方法应符合表 6-15 的规定。

涂色镀锌钢板门窗安装的允许偏差和检验方法 　　　　　　　　表 6-15

序号	项目		允许偏差（mm）	检验方法
1	门窗槽口宽度、高度	≤ 1500mm	2	用钢尺检查
		> 1500mm	3	
2	门窗槽口对角线长度差	≤ 2000mm	4	用钢尺检查
		> 2000mm	5	
3	门窗框的正、侧面垂直度		3	用垂直检测尺检查
4	门窗横框的水平度		3	用 1m 水平尺和楔形塞尺检查
5	门窗横框标高		5	用钢尺检查
6	门窗竖向偏离中心		5	用钢尺检查
7	双层门窗内外框间距		4	用钢尺检查
8	推拉门窗扇与框搭接量		2	用钢直尺检查

6.5.4　塑料门窗安装工程

塑料门窗安装工程的质量检验标准：

1. 主控项目

（1）塑料门窗的品种、类型、规格、尺寸、开启方向、安装位置、连接方式及填嵌密封处理应符合设计要求，内衬增强型钢的壁厚及设置应符合国家现行产品标准的质量要求。

（2）塑料门窗框、副框和扇的安装必须牢固。固定片或膨胀螺栓的数量与位置应正确，连接方式应符合设计要求。固定应距窗角、中横框、中竖框 150～200mm，固定点间距应不大于 600mm。

（3）塑料门窗拼樘料内衬增强型钢的规格、壁厚必须符合设计要求，型钢应与型材内腔紧密吻合，其两端必须与洞口固定牢固。窗框必须与拼樘料连接紧密，固定点间距应不大于 600mm。

（4）塑料门窗扇应开关灵活、关闭严密，无倒翘。推拉门窗扇必须有防脱措施。

（5）塑料门窗配件的型号、规格、数量应符合设计要求，安装应牢固，位置应正确，功能应满足使用要求。

（6）塑料门窗框与墙体间缝隙应采用闭孔弹性材料填嵌饱满，表面应采用密封胶密封。密封胶应粘结牢固，表面应光滑、顺直、无裂纹。

2. 一般项目

（1）塑料门窗表面应洁净、平整、光滑，大面应无划痕、碰伤。

（2）塑料门窗扇的密封条不得脱槽。旋转窗间隙应基本均匀。

（3）塑料门窗扇的开关力应符合下列规定：

◆ 平开门窗扇平铰链的开关力应不大于 80N；滑撑铰链的开关力应不大于 80N，并不小于 30N。

◆ 推拉门窗扇的开关力应不大于 100N。

（4）玻璃密封条与玻璃及玻璃槽口的接缝应平整，不得卷边、脱槽。

（5）排水孔应畅通，位置和数量应符合设计要求。

（6）塑料门窗安装的允许偏差和检验方法应符合表 6-16 的规定。

塑料门窗安装的允许偏差和检验方法　　　　　　　　　　　　表 6-16

序号	项目		允许偏差（mm）	检验方法
1	门窗槽口宽度、高度	≤ 1500mm	2	用钢尺检查
		> 1500mm	3	
2	门窗槽口对角线长度差	≤ 2000mm	3	用钢尺检查
		> 2000mm	5	
3	门窗框的正、侧面垂直度		3	用 1m 垂直检测尺检查
4	门窗横框的水平度		3	用 1m 水平尺和塞尺检查
5	门窗横框标高		5	用钢尺检查
6	门窗竖向偏离中心		5	用钢直尺检查
7	双层门窗内外框间距		4	用钢尺检查
8	同樘平开门窗相邻扇高度差		2	用钢直尺检查
9	平开门窗铰链部位配合间隙		+2；−1	用塞尺检查
10	推拉门窗与框搭接量		+1.5；−2.5	用钢直尺检查
11	推拉门窗扇与竖框平行度		2	用 1m 水平尺和塞尺检查

6.5.5 门窗玻璃安装工程

门窗玻璃安装工程指平板、吸热、反射、中空、夹层、夹丝、磨砂、钢化、压花玻璃等玻璃安装工程。

门窗玻璃安装工程的质量检验标准：

1. 主控项目

（1）玻璃的品种、规格、尺寸、色彩、图案和涂膜朝向应符合设计要求。单块玻璃大于 $1.5m^2$ 时应使用安全玻璃。

（2）门窗玻璃裁割尺寸应正确。安装后的玻璃应牢固，不得有裂纹、损伤和松动。

（3）玻璃的安装方法应符合设计要求。固定玻璃的钉子或钢丝卡的数量、规格应保证玻璃安装牢固。

（4）镶钉木压条接触玻璃处，应与裁口边缘平齐。木压条应互相紧密连接，并与裁口边缘紧贴，割角应整齐。

（5）密封条与玻璃、玻璃槽口的接触应紧密、平整。密封胶与玻璃、玻璃槽口的边缘应粘结牢固、接缝平齐。

（6）带密封条的玻璃压条，其密封必须与玻璃全部贴紧，压条与型材之间应无明显缝隙，压条接缝应不大于 0.5mm。

2. 一般项目

（1）玻璃表面应洁净，不得有腻子、密封胶、涂料等污渍。中空玻璃内外表面均应洁净，玻璃中空层内不得有灰尘和水蒸气。

（2）门窗玻璃不应直接接触型材。单面镀膜玻璃的镀膜层及磨砂玻璃的磨砂面应朝室内。中空玻璃的单面镀膜玻璃应在最外层，镀膜层应朝向室内。

（3）腻子应填抹饱满、粘结牢固；腻子边缘与裁口应平齐。固定玻璃的卡子不应在腻子表面显露。

【知识拓展】

6.5.6 特种门安装工程

特种门安装工程指防火门、防盗门、自动门、全玻门、旋转门、金属卷帘门等特种门安装工程。

特种门安装工程的质量检验标准：

1. 主控项目

（1）特种门的质量和各项性能应符合设计要求。

（2）特种门的品种、类型、规格、尺寸、开启方向、安装位置及防腐处理应符合设计要求。

（3）带有机械装置、自动装置或智能化装置的特种门，其机械装置、自动装置或智能化装置的功能应符合设计要求和有关标准的规定。

（4）特种门的安装必须牢固。预埋件的数量、位置、埋设方式、与框的连接方式必须符合设计要求。

（5）特种门的配件应齐全，位置应正确，安装应牢固，功能应满足使用要求和特种门的各项性能要求。

2. 一般项目

（1）特种门的表面装饰应符合设计要求。

（2）特种门的表面应洁净，无划痕、碰伤。

（3）推拉自动门安装的留缝限值、允许偏差和检验方法应符合表 6-17 的规定。

推拉自动门安装的留缝限值、允许偏差和检验方法 表 6-17

序号	项目		留缝限值（mm）	允许偏差（mm）	检验方法
1	门窗槽口宽度、高度	≤ 1500mm	—	2.5	用钢尺检查
		> 1500mm	—	3.5	
2	门窗槽口对角线长度差	≤ 2000mm	—	5	用钢尺检查
		> 2000mm	—	6	
3	门窗框的正、侧面垂直度		—	3	用 1m 垂直检测尺检查
4	门构件装配间隙		—	3	用楔形钢尺检查
5	门梁导轨水平度		—	5	用 1m 水平尺和楔形塞尺检查
6	下导轨与门梁导轨平行度		—	4	用钢直尺检查
7	门扇与侧框间留缝		1.2 ~ 1.8	—	用楔形钢尺检查
8	门扇对口缝		1.2 ~ 1.8	—	用楔形塞尺检查

（4）推拉自动门的感应时间限值和检验方法应符合表 6-18 的规定。

推拉自动门的感应时间限值和检验方法 表 6-18

序号	项目	感应时间限值（s）	检验方法
1	开门响应时间	≤ 0.5	用秒表检查
2	堵门保护延时	16 ~ 20	用秒表检查
3	门扇全开启后保持时间	13 ~ 17	用秒表检查

（5）旋转门安装允许偏差和检验方法应符合表 6-19 的规定。

旋转门安装的允许偏差和检验方法 表 6-19

序号	项目	允许偏差（mm）		检验方法
		金属框架玻璃旋转门	木质旋转门	
1	门扇正、侧面垂直度	1.5	1.5	用 1m 垂直检测尺检查
2	门扇对角线长度差	1.5	1.5	用钢尺检查
3	相邻扇高度差	1	1	用钢尺检查
4	扇与圆弧边留缝	1.5	2	用塞尺检查
5	扇与上顶间留缝	2	2.5	用塞尺检查
6	扇与地面间留缝	2	2.5	用塞尺检查

任务 6.6 吊顶子分部工程

【任务描述】

主要是对吊顶工程子分部的质量要求、检查内容及检查方法，分项工程的划分，质量检验标准、检验批验收记录作出了明确的规定。吊顶工程主要包括暗龙骨吊顶、明龙骨吊顶等分项工程。

【学习支持】

《建筑工程施工质量验收统一标准》GB 50300-2013、《建筑装饰装修工程施工质量验收规范》GB 50210-2001。

【任务实施】

6.6.1 一般规定

1. 吊顶工程验收时应检查下列文件和记录：

（1）吊顶工程的施工图、设计说明及其他设计文件；

（2）材料的产品合格证书、性能检测报告、进场验收记录复验报告；

（3）隐蔽工程验收记录；

（4）施工记录。

2. 吊顶工程应对人造木板的甲醛含量进复验。

3. 吊顶工程应对下列隐蔽工程项目进行复验：

（1）吊顶内管道、设备的安装及水管试压；

（2）木龙骨防火、防腐处理；

（3）预埋件或拉结筋；

（4）吊杆安装；

（5）龙骨安装；

（6）填充材料的设置。

4. 各分项工程的检验批应按下列规定划分：

同一品种的吊顶工程每50间（大面积房间和走廊按吊顶面积30m² 为一间）应划分为一个检验批，不足50间也应划分为一个检验批。

5. 检查数量应符合下列规定：

每个检验批应至少抽查10%，并不得少于3间；不足3间时应全数检查。

6. 安装龙骨前，应按设计要求对房间净高、洞口标高和吊顶内管道、设备及其支架的标高进行交接检验。

7. 吊顶工程的木吊杆、木龙骨和木饰面板必须进行防火处理，并应符合有关设计防火规范的规定。

8. 吊顶工程的预埋件、钢筋吊杆和型钢吊杆应进行防锈处理。

9. 安装饰面板前应完成吊顶内管道和设备的调试及验收。

10. 吊杆距主龙骨端部距离不得大于300mm，当大于300mm时应增加吊杆。当吊杆长度大于1.5m时应设置反支撑。当吊杆与设备相遇时应调整并增设吊杆。

11. 重型灯具、电扇及其他重型设备严禁安装在吊顶工程的龙骨上。

6.6.2 暗龙骨吊顶工程

暗龙骨吊顶工程指以轻钢龙骨、铝合金龙骨、木龙骨等为骨架，以石膏板、金属板、矿棉板、木板、塑料板或格栅等为饰面材料的暗龙骨吊顶工程。

暗龙骨吊顶工程的质量检验标准：

1. 主控项目

（1）吊顶标高、尺寸、起拱和造型应符合设计要求。

（2）饰面材料的材质、品种、规格、图案和颜色应符合设计要求。

（3）暗龙骨吊顶工程的吊杆、龙骨和饰面材料的安装必须牢固。

（4）吊杆、龙骨的材质、规格、安装间距及连接方式应符合设计要求。金属吊杆、龙骨应经过表面防腐处理；木吊杆、龙骨应进行防腐、防水处理。

（5）石膏板的接缝应按其施工工艺标准进行板缝防裂处理。安装双层石膏板时，面层板与基层板的接缝应错开，并不得在同一根龙骨上接缝。

2. 一般项目

（1）饰面材料表面应洁净、色泽一致，不得有翘曲、裂缝及缺损。压条应平直、宽窄一致。

（2）饰面板上的灯具，烟感器、喷淋头、风口篦子等设备的位置应合理、美观，与饰面板的交接应吻合、严密。

（3）金属吊杆、龙骨的接缝应均匀一致，角缝应吻合、表面应平整，无翘曲、锤印。木质吊杆、龙骨应顺直，无劈裂、变形。

（4）吊顶内填充吸声材料的品种和铺充厚度应符合设计要求，并应有防散落措施。

（5）暗龙骨吊顶工程安装的允许偏差和检验方法应符合表6-20的规定。

暗龙骨吊顶工程安装的允许偏差和检验方法 　　　　表6-20

序号	项目	允许偏差（mm）				检验方法
		纸面石膏板	金属板	矿棉板	木板、塑料板、格栅	
1	表面平整度	3	2	2	2	用2m靠尺和楔形塞尺检查
2	接缝直线度	3	1.5	3	3	拉5m线，不足5m拉通线，用钢直尺检查
3	接缝高低差	1	1	1.5	1	用钢直尺和楔形塞尺检查

6.6.3 明龙骨吊顶工程

明龙骨吊顶工程指以轻钢龙骨、铝合金龙骨、木龙骨等为骨架，以石膏板、金属板、矿棉板、塑料板、玻璃板或格栅等为饰面材料的明龙骨吊顶工程。

明龙骨吊顶工程的质量检验标准：

1. 主控项目

（1）吊顶标高、尺寸、起拱和造型应符合设计要求。

（2）饰面材料的材质、品种、规格、图案和颜色应符合设计要求。当饰面材料为玻璃板时，应使用安全玻璃或采取可靠的安全措施。

（3）饰面材料的安装应稳固严密。饰面材料与龙骨的搭接宽度应大于龙骨受力面宽度的 2/3。

（4）吊杆、龙骨的材质、规格、安装间距及连接方式应符合设计要求。金属吊杆、龙骨应经过表面防腐处理；木龙骨应进行防腐、防水处理。

（5）明龙骨吊顶工程的吊杆和龙骨安装必须牢固。

2. 一般项目

（1）饰面材料表面应洁净、色泽一致、不得有翘曲、裂缝及缺损。饰面板与明龙骨的搭接应平整、吻合，压条应平直、宽窄一致。

（2）饰面板上的灯具、烟感器、喷淋头、风口篦子等设备的位置应合理、美观，与饰面板的交接应吻合、严密。

（3）金属龙骨的接缝应平整、吻合、颜色一致，不得有划伤、擦伤等表面缺陷。木质龙骨应平整、顺直，无劈裂。

（4）吊顶内填充吸声材料的品种和铺设厚度应符合设计要求，并应有防散落措施。

（5）明龙骨吊顶工程安装的允许偏差和检验方法应符合表 6-21 的规定。

明龙骨吊顶工程安装的允许偏差和检验方法　　　　　　　　　　表 6-21

序号	项目	允许偏差（mm）				检验方法
		纸面石膏板	金属板	矿棉板	木板、塑料板、格栅	
1	表面平整度	3	2	3	2	用 2m 靠尺和楔形塞尺检查
2	接缝直线度	3	2	3	3	拉 5m 线，不足 5m 拉通线，用钢直尺检查
3	接缝高低差	1	1	2	1	用钢直尺和楔形塞尺检查

任务 6.7　轻质隔墙子分部工程

【任务描述】

主要是对轻质隔墙工程子分部的质量要求、检查内容及检查方法，分项工程的划分，质量检验标准、检验批验收记录作出了明确的规定。轻质隔墙工程主要包括棉线材隔墙、骨架隔墙、活动隔墙、玻璃隔墙等分项工程。

【学习支持】

《建筑工程施工质量验收统一标准》GB 50300-2013、《建筑装饰装修工程施工质量验收规范》GB 50210-2001。

【任务实施】

6.7.1 一般规定

1. 轻质隔墙验收时应检查下列文件和记录：
（1）轻质隔墙工程的施工图、设计说明及其他设计文件；
（2）材料的产品合格证书、性能检测报告、进场验收记录和复验报告；
（3）隐蔽工程验收记录；
（4）施工记录。
2. 轻质隔墙工程应对人造木板的甲醛含量进行复验。
3. 轻质隔墙工程应对下列隐蔽工程项目进行验收：
（1）骨架隔墙中设备管线的安装及水管试压；
（2）木龙骨防火、防腐处理；
（3）预埋件或拉结筋；
（4）龙骨安装；
（5）填充材料的设置。
4. 各分项工程的检验批应按下列规定划分：
同一品种的轻质隔墙工程每 50 间（大面积房间和走廊按轻质隔墙的墙面 30m^2 为一间）应划分为一个检验批，不足 50 间也应划分为一个检验批。
5. 轻质隔墙与顶棚和其他墙体的交接处应采取防开裂措施。
6. 民用建筑轻质隔墙工程的隔声性能应符合现行国家标准《民用建筑隔声设计规范》GBJ118 的规定。

6.7.2 板材隔墙工程

指复合轻质墙板、石膏空心板、预制或现制的钢丝网水泥板等板材隔墙工程。
板材隔墙工程的质量检验标准：
每个检验批应至少抽查 10%，并不得少于 3 间；不足 3 间时应全数检查。

1. 主控项目

（1）隔墙板材的品种、规格、性能、颜色应符合设计要求。有隔声、隔热、阻燃、防潮等特殊要求的工程，板材应有相应性能等级的检测报告。
（2）安装隔墙板材所需预埋件、连接件的位置、数量及连接方法应符合设计要求。

（3）隔墙板材安装必须牢固。现制钢丝网水泥隔墙与周边墙体的连接方法应符合设计要求，并应连接牢固。

（4）隔墙板材所用接缝材料的品种及接缝方法应符合设计要求。

2. 一般项目

（1）隔墙板材安装应垂直、平整、位置正确，板材不应有裂缝或缺损。

（2）板材隔墙表面应平整光滑、色泽一致、洁净，接缝应均匀、顺直。

（3）隔墙上的孔洞、槽、盒应位置正确、套割方正、边缘整齐。

（4）板材隔墙安装的允许偏差和检验方法应符合表 6-22 的规定。

板材隔墙安装的允许偏差和检验方法   表 6-22

序号	项 目	允许偏差（mm）				检验方法
		复合轻质隔墙		石膏空心板	钢丝网水泥板	
		金属夹芯板	其他复合板			
1	立面垂直度	2	3	3	2	用 2m 垂直检测尺检查
2	表面平整度	2	3	3	3	用 2m 靠尺和楔形塞尺检查
3	阴阳角方正	3	3	3	3	用直角检测尺检查
4	接缝直线度	1	2	2	3	用钢直尺和楔形塞尺检查

6.7.3 骨架隔墙工程

指轻钢龙骨、木龙骨等骨架，以纸面石膏板、人造木板、水泥纤维板等为墙面板的隔墙工程。

板材隔墙工程的质量检验标准：

每个检验批应至少抽查 10%，并不得少于 3 间；不足 3 间时应全数检查。

1. 主控项目

（1）骨架隔墙所用龙骨、配件、墙面板、填充材料及嵌缝材料的品种、规格、性能和木材的含水率应符合设计要求。有隔声、隔热、阻燃、防潮等特殊要求的工程，材料应有相应性能等级的检测报告。

（2）骨架隔墙工程边框龙骨必须与基本结构连接牢固，并应平整、垂直、位置正确。

（3）骨架隔墙中龙骨间距和构造连接方法应符合设计要求。骨架内设备管线的安装、门窗洞口等部位加强龙骨应安装牢固、位置正确，填充材料的设置应符合设计要求。

（4）木龙骨及木墙面板的防火和防腐蚀处理必须符合设计要求。

（5）骨架隔墙的墙面板应安装牢固、无脱层、翘曲、折裂及缺损。

（6）墙面板所用的接缝材料的接缝方法应符合设计要求。

2. 一般项目

（1）骨架隔墙表面应平整光滑、色泽一致、洁净、无裂缝，接缝应均匀、顺直。

（2）骨架隔墙上的孔洞、槽、盒应位置正确、套割吻合、边缘整齐。

（3）骨架隔墙内的填充材料应干燥，填充应密实、均匀、无下坠。

（4）骨架隔墙安装的允许偏差和检验方法应符合表6-23的规定。

骨架隔墙安装的允许偏差和检验方法　　　　　　　　　　表6-23

序号	项目	允许偏差（mm）		检验方法
		纸面石膏板	人造木板、水泥纤维板	
1	立面垂直度	3	4	用2m垂直检测尺检查
2	表面平整度	3	3	用2m靠尺和楔形塞尺检查
3	阴阳角方正	3	3	用直角检测尺检查
4	接缝直线度	—	3	拉5m线，不足5m拉通线，用钢直尺检查
5	压条直线度	—	3	拉5m线，不足5m拉通线，用钢直尺检查
6	接缝高低差	1	1	用钢直尺和楔形塞尺检查

6.7.4　活动隔墙工程

指各种活动隔墙工程。

板材隔墙工程的质量检验标准：

每个检验批应至少抽查20%，并不得少于6间；不足6间时应全数检查。

1. 主控项目

（1）活动隔墙所用墙板、配件等材料的品种、规格、性能和木材的含水率应符合设计要求，有阻燃、防潮等特性要求的工程，材料应有相应性能等级的检测报告。

（2）活动隔墙轨道必须与基体结构连接牢固，并应位置正确。

（3）活动隔墙用于组装、推拉和制动的构配件必须安装牢固、位置正确、推拉必须安全、平稳、灵活。

（4）活动隔墙制作方法、组合方式应符合设计要求。

2. 一般项目

（1）活动隔墙表面应色泽一致，平整光滑、洁净，线条应顺直、清晰。

（2）活动隔墙上的孔洞、槽、盒应位置正确、套割吻合、边缘整齐。

（3）活动隔墙推拉应无噪声。

（4）活动隔墙安装的允许偏差和检验方法应符合表6-24的规定。

活动隔墙安装的允许偏差和检验方法　　　　　　　　　　表6-24

序号	项目	允许偏差（mm）	检验方法
1	立面垂直度	3	用2m垂直检测尺检查
2	表面平整度	2	用2m靠尺和楔形塞尺检查
3	接缝直线度	3	拉5m线，不足5m拉通线，用钢直尺检查
4	接缝高低差	2	用钢直尺和楔形塞尺检查
5	接缝宽度	2	用钢直尺检查

6.7.5 玻璃隔墙工程

指玻璃砖、玻璃板隔墙工程。

玻璃隔墙工程的质量检验标准：

每个检验批应至少抽查 20%，并不得少于 6 间；不足 6 间时应全数检查。

1. 主控项目

（1）玻璃隔墙工程所用材料的品种、规格、性能、图案和颜色应符合设计要求。玻璃板隔墙应使用安全玻璃。

（2）玻璃砖隔墙的砌筑或玻璃板隔墙的安装方法应符合设计要求。

（3）玻璃砖隔墙砌筑中埋设的拉结筋必须与基体结构连接牢固，并应位置正确。

（4）玻璃板隔墙的安装必须牢固。玻璃板隔墙胶垫的安装应正确。

2. 一般项目

（1）玻璃隔墙表面应色泽一致、平整洁净、清晰美观。

（2）玻璃隔墙接缝应横平竖直，玻璃应无裂痕、缺损和划痕。

（3）玻璃板隔墙嵌缝及玻璃砖隔墙勾缝应密实平整、均匀顺直、深浅一致。

（4）玻璃隔墙安装的允许偏差和检验方法应符合表 6-25 的规定。

玻璃隔墙安装的允许偏差和检验方法　　　　　　　　　　　　表 6-25

序号	项目	允许偏差（mm）		检验方法
		玻璃砖	玻璃板	
1	立面垂直度	3	2	用 2m 垂直检测尺检查
2	表面平整度	3	—	用 2m 靠尺和楔形塞尺检查
3	阴阳角方正	—	2	用直角检测尺检查
4	接缝直线度	—	2	拉 5m 线，不足 5m 拉通线，用钢直尺检查
5	接缝高低差	3	2	用钢直尺和楔形塞尺检查
6	接缝宽度	—	1	用钢直尺检查

任务 6.8　饰面板（砖）子分部工程

【任务描述】

主要是对饰面板（砖）工程子分部的质量要求、检查内容及检查方法，分项工程的划分，质量检验标准、检验批验收记录作出了明确的规定。饰面板（砖）工程主要包括饰面板安装、饰面砖粘贴等分项工程。

【学习支持】

《建筑工程施工质量验收统一标准》GB 50300-2013、《建筑装饰装修工程施工质量验收规范》GB 50210-2001。

【任务实施】

6.8.1 一般规定

1. 饰面板（砖）工程验收时应检查下列文件和记录：

（1）饰面板（砖）工程的施工图、设计说明及其他设计文件。

（2）材料的产品合格证书、性能检测报告、进场验收记录和复验报告。

（3）后置埋件的现场拉拔检测报告。

（4）外墙饰面砖样板件的粘结强度检测报告。

（5）隐蔽工程验收记录。

（6）施工记录。

2. 饰面板（砖）工程应对下列材料及其性能指标进行复验：

（1）室内用花岗石的放射性。

（2）粘贴用水泥的凝结时间、安定性和抗压强度。

（3）外墙陶瓷面砖的吸水率。

（4）寒冷地区外墙陶瓷面砖的抗冻性。

3. 饰面板（砖）工程应对下列隐蔽工程项目进行验收：

（1）预埋件（或后置埋件）。

（2）连接节点。

（3）防水层。

4. 各分项工程的检验批应按下列规定划分：

（1）相同材料、工艺和施工条件的室内饰面板（砖）工程每50间（大面积房间和走廊按施工面积 $30m^2$ 为一间）应划分为一个检验批，不足50间也应划分为一个检验批。

（2）相同材料、工艺和施工条件的室外饰面板（砖）工程每500～1000m^2 应划分为一个检验批，不足500m^2 也应划分为一个检验批。

5. 检查数量应符合下列规定：

（1）室内每个检验批应至少抽查10%，并不得少于3间；不足3间时应全数检查。

（2）室外每个检验批每100m^2 应至少抽查一处，每处不得小于10m^2。

6. 外墙饰面砖粘贴前和施工过程中，均应在相同基层上做样板件，并对样板件的饰面砖粘结强度进行检验，其检验方法和结果判定应符合《建筑工程饰面砖粘结强度检验标准》JGJ-110 的规定。

7. 饰面板（砖）工程的抗震缝、伸缩缝、沉降缝等部位的处理应保证缝的使用功能和饰面的完整性。

6.8.2　饰面板安装工程

饰面板安装工程指内墙饰面板安装工程、高度不大于 24m、抗震设防烈度不大于 7 度的外墙饰面板安装工程。

暗龙骨吊顶工程的质量检验标准：

1. 主控项目

（1）饰面板的品种、规格、颜色和性能应符合设计要求，木龙骨、木饰面板和塑料饰面板的燃烧性能等级应符合设计要求。

（2）饰面板孔、槽的数量、位置和尺寸应符合设计要求。

（3）饰面板安装工程的预埋件（或后置埋件）、连接件的数量、规格、位置、连接方法和防腐处理必须符合设计要求。后置埋件的现场拉拔强度必须符合设计要求。饰面板安装必须牢固。

2. 一般项目

（1）饰面板表面应平整、洁净、色泽一致，无裂痕和缺损。石材表面应无泛碱等污染。

（2）饰面板嵌缝应密实、平直，宽度和深度应符合设计要求，嵌填材料色泽应一致。

（3）采用湿作业法施工的饰面板工程，石材应实行防碱背涂处理。饰面板与基体之间的灌注材料应饱满、密实。

（4）饰面板上的孔洞应套割吻合，边缘应整齐。

（5）饰面板安装的允许偏差和检验方法应符合表 6-26 的规定。

饰面板安装的允许偏差和检验方法　　　　　　　　表 6-26

序号	项　目	允许偏差（mm）							检验方法
		石材			瓷板	木材	塑料	金属	
		光面	剁斧石	蘑菇石					
1	立面垂直度	2	3	3	2	1.5	2	2	用 2m 垂直检测尺检查
2	表面平整度	2	3	—	1.5	1	3	3	用 2m 靠尺和楔形塞尺检查
3	阴阳角方正	2	4	4	2	1.5	3	3	用直角检测尺检查
4	接缝直线度	2	4	4	2	1	1	1	拉 5m 线，不足 5m 拉通线，用钢直尺检查
5	墙裙、勒脚上口直线度	2	3	3	2	2	2	2	拉 5m 线，不足 5m 拉通线，用钢直尺检查
6	接缝高低差	0.5	3	—	0.5	0.5	1	1	用钢直尺和楔形塞尺检查
7	接缝宽度	1	2	2	1	1	1	1	用钢直尺检查

6.8.3　饰面砖粘贴工程

指内墙饰面砖粘贴工程和高度不大于 100m、抗震设防烈度不大于 8 度、采用满粘法施工的外墙饰面砖粘贴工程。

1. 主控项目

（1）饰面砖的品种、规格、图案、颜色和性能应符合设计要求。

（2）饰面砖粘贴工程的找平、防水、粘贴和勾缝材料及施工方法应符合设计要求及国家现行产品标准和工程技术标准的规定。

（3）饰面砖粘贴必须牢固。

（4）满粘法施工的饰面砖工程应无空鼓、裂缝。

2. 一般项目

（1）饰面砖表面应平整、洁净、色泽一致，无裂痕和缺损。

（2）阴阳角处搭接方式、非整砖使用部位应符合设计要求。

（3）墙面突出物周围的饰面砖应整砖套割吻合，边缘应整齐。墙裙、贴脸突出墙面的厚度应一致。

（4）饰面砖接缝应平直、光滑，填嵌应连续、密实；宽度和深度应符合设计要求。

（5）有排水要求的部位应做滴水线（槽）。滴水线（槽）应顺直，流水坡向应正确，坡度应符合设计要求。

（6）饰面砖粘贴的允许偏差和检验方法应符合表6-27的规定。

饰面砖粘贴的允许偏差和检验方法　　　　　　　　　　　　　　　　表6-27

序号	项目	允许偏差（mm）		检验方法
		外墙面砖	内墙面砖	
1	立面垂直度	3	2	用2m垂直检测尺检查
2	表面平整度	4	3	用2m靠尺和楔形塞尺检查
3	阴阳角方正	3	3	用直角检测尺检查
4	接缝直线度	3	2	拉5m线，不足5m拉通线，用钢直尺检查
5	接缝高低度	1	1.5	用钢直尺和楔形塞尺检查
6	接缝宽度	1	1	用钢尺检查

任务 6.9　幕墙子分部工程

【任务描述】

主要是对幕墙工程子分部的质量要求、检查内容及检查方法，分项工程的划分，质量检验标准、检验批验收记录作出了明确的规定。幕墙工程主要包括玻璃幕墙、金属幕墙、石材幕墙等分项工程。

【学习支持】

《建筑工程施工质量验收统一标准》GB 50300-2013、《建筑装饰装修工程施工质量验收规范》GB 50210-2001。

【任务实施】

6.9.1 一般规定

1. 幕墙工程验收时应检查下列文件和记录：

（1）幕墙工程的施工图、结构计算书、设计说明及其他设计文件。

（2）建筑设计单位对幕墙工程设计的确认文件。

（3）幕墙工程所用各种材料、五金配件、构件及组件的产品合格证书、性能检测报告、进场验收记录和复验报告。

（4）幕墙工程所用硅酮结构胶的认定证书和抽查合格证明；进口硅酮结构胶的商检证；国家指定检测机构出具的硅酮结构胶相容性的剥离粘结性试验报告；石材用密封胶的耐污性试验报告。

（5）后置埋件的现场拉拔强度检测报告。

（6）幕墙的抗风压性能、空气渗透性能、雨水渗漏性能及平面变形性能检测报告。

（7）打胶、养护环境的温度、湿度记录；双组份硅酮结构胶的混匀性试验记录及拉断试验记录。

（8）防雷装置测试记录。

（9）隐蔽工程验收记录。

（10）幕墙构件和组件的加工制作记录；幕墙安装施工记录。

2. 幕墙工程应对下列材料及其性能指标进行复验：

（1）铝塑复合板的剥离强度。

（2）石材弯曲强度；寒冷地区石材的耐冻融性；室内用花岗石的放射性。

（3）玻璃幕墙用结构胶的邵氏硬度、标准条件拉伸粘结强度、相容性试验；石材用结构胶的粘结强度；石材用密封胶的污染性。

3. 幕墙工程应对下列隐蔽工程项目进行验收：

（1）预埋件（或后置埋件）。

（2）构件的连接节点。

（3）变形缝及墙面转角处的构造节点。

（4）幕墙防雷装置。

（5）幕墙防火构造。

4. 各分项工程的检验批应按下列规定划分：

（1）相同设计、材料、工艺和施工条件的幕墙工程每 500 ~ 1000m² 应划分为一个检验批，不足 500m² 也应划分为一个检验批。

（2）同一单位工程的不连续的幕墙工程应单独划分检验批。

（3）对于异型或特殊要求的幕墙，检验批的划分应根据幕墙的结构、工艺特点及幕墙工程规模，由监理单位（或建设单位）和施工单位协商确定。

5. 检查数量应符合下列规定：

（1）每个检验批每100m²应至少抽查一处，每处不得小于10m²。

（2）对于异型或有特殊要求的幕墙工程，应根据幕墙的结构和工艺特点，由监理单位（或建设单位）和施工单位协商确定。

6. 幕墙及其连接件应具有足够的承载力、刚度和相对于主体结构的位移能力。幕墙构架立柱的连接金属角码与其他连接件应采用螺栓连接，并应有防松动措施。

7. 隐框、半隐框幕墙所采用的结构粘结材料必须是中性硅酮结构密封胶，其性能必须符合《建筑用硅酮结构密封胶》GB16776的规定；硅酮结构密封胶必须在有效期内使用。

8. 立柱和横梁等主要受力构件，其截面受力部分的壁厚应经计算确定，且铝合金型材壁厚不应小于3.0mm，钢型材壁厚不应小于3.5mm。

9. 隐框、半隐框幕墙构件中板材与金属框之间硅酮结构密封胶的粘结宽度，应分别计算风荷载标准值和板材自重标准值作用下硅酮结构密封胶的粘结宽度，并取其较大值，且不得小于7.0mm。

10. 硅酮结构密封胶应打注饱满，并应在温度15℃～30℃、相对湿度50％以上、洁净的室内进行；不得在现场墙上打注。

11. 幕墙的防火除应符合现行国家标准《建筑设计防火规范》GBJ16和《高层民用建筑设计防火规范》GB50045的有关规定外，还应符合下列规定：

（1）应根据防火材料的耐火极限决定防火层的厚度和宽度，并应在楼板处形成防火带。

（2）防火层应采取隔离措施。防火层的衬板应采用经防腐处理且厚度不小于1.5mm的钢板，不得采用铝板。

（3）防火层的密封材料应采用防火密封胶。

（4）防火层与玻璃不应直接接触，一块玻璃不应跨两个防火分区。

12. 主体结构与幕墙连接的各种预埋件，其数量、规格、位置和防腐处理必须符合设计要求。

13. 幕墙的金属框架与主体结构预埋件的连接、立柱与横梁的连接及幕墙面板的安装必须符合设计要求，安装必须牢固。

14. 单元幕墙连接处和吊挂处的铝金型材的壁厚应通过计算确定，并不得小于5.0mm。

15. 幕墙的金属框架与主体结构应通过预埋件连接，预埋件应在主体结构混凝土施工时埋入，预埋件的位置应准确。当没有条件采用预埋件连接时，应采用其他可靠的连接措施，并应通过试验确定其承载力。

16. 立柱应采用螺栓与角码连接，螺栓直径应经过计算，并不应小于10mm。不同金属材料接触时应采用绝缘垫片分隔。

17. 幕墙的抗震缝、伸缩缝、沉降缝等部位的处理应保证缝的使用功能和饰面的完整性。

18. 幕墙工程的设计应满足维护和清洁的要求。

6.9.2 玻璃幕墙工程

玻璃幕墙工程的质量检验标准：

1. 主控项目

(1) 玻璃幕墙工程所使用的各种材料、构件和组件的质量，应符合设计要求及国家现行产品标准和工程技术规范的规定。

(2) 玻璃幕墙的造型和立面分格应符合设计要求。

(3) 玻璃幕墙使用的玻璃应符合下列规定：

◆ 幕墙应使用安全玻璃，玻璃的品种、规格、颜色、光学性能及安装方向应符合设计要求。

◆ 幕墙玻璃的厚度不应小于 6.0mm。全玻幕墙肋玻璃的厚度不小于 12mm。

◆ 幕墙的中空玻璃应采用双道密封。明框幕墙的中空玻璃应采用聚硫密封胶及丁基密封胶；隐框和半隐框幕墙的中空玻璃应用硅酮结构密封胶及丁基密封胶；镀膜面应在中空玻璃的第 2 或第 3 面上。

◆ 幕墙的夹层玻璃应采用聚乙烯醇缩丁醛（PVB）胶片干法加工合成的夹层玻璃。点支承玻璃幕墙夹层胶片（PVB）厚度不应少于 0.76mm。

◆ 钢化玻璃表面不得有损伤；8.0mm 以下的钢化玻璃应进行引爆处理。

◆ 所有幕墙玻璃均应进行边缘处理。

(4) 玻璃幕墙与主体结构连接的各种预埋件、连接件、紧固件必须安装牢固，其数量、规格、位置、连接方法和防腐处理应符合设计要求。

(5) 各种连接件、紧固件的螺栓应防松动措施；焊接连接应符合设计要求和焊接规范的规定。

检验方法：观察；检查隐蔽工程验收记录和施工记录。

(6) 隐框或半隐框玻璃幕墙，每块玻璃下端应设置两个铝合金或不锈钢托条，其长度不应少于 100mm，厚度不应少于 200mm，托条外端应低于玻璃外表面 2mm。

(7) 明框玻璃幕墙的玻璃安装应符合以下规定：

◆ 玻璃槽口玻璃的配合尺寸应符合设计要求和技术标准的规定。

◆ 玻璃与构件不得直接接触，玻璃四周与构件凹槽底部应保持一定的空隙，每块玻璃下部应至少放置两块宽度与槽口宽度相同、长度不少于 100mm 的弹性定位垫块；玻璃两边嵌入量及空隙应符合设计要求。

◆ 玻璃四周橡胶条的材质、型号应符合设计要求，镶嵌应平整，橡胶条长度应比边框内槽长 1.5% ~ 2.0%，橡胶条在转角处应斜面断开，并应用粘结剂粘结牢固后嵌入槽内。

(8) 高度超过 4m 的全玻幕墙应吊挂在主体结构上，吊夹具应符合设计要求，玻璃与玻璃、玻璃与玻璃肋之间的缝隙，应采用硅酮结构密封胶填嵌严密。

（9）点支承玻璃幕墙应采用带万向头的活动不锈钢爪，其钢爪间的中心距离应大于250mm。

（10）玻璃幕墙四周、玻璃幕墙内表面与主体结构之间的连接节点、各种变形缝、墙角的连接节点应符合设计要求和技术标准的规定。

（11）玻璃幕墙应无渗漏。

（12）玻璃幕墙结构胶和密封胶的打注应饱满、密实、连续、均匀、无气泡，宽度和厚度应符合设计要求和技术标准的规定。

（13）玻璃幕墙开启窗的配件应齐全，安装应牢固，安装位置和开启方向、角度应正确；开启应灵活，关闭应严密。

（14）玻璃幕墙的防雷装置必须与主体结构的防雷装置可靠连接。

2. 一般项目

（1）玻璃幕墙表面应平整、洁净；整幅玻璃的色泽均匀一致；不得有污染和镀膜损坏。

（2）每平方米玻璃的表面质量和检验方法应符合表6-28的规定。

每平方米玻璃的表面质量和检验方法　　　　　表6-28

序号	项　目	质量要求	检验方法
1	明显划伤和长度＞100mm的轻微划伤	不允许	观察检查
2	长度≤100mm的轻微划伤	≤8条	用钢尺检查
3	擦伤总面积	≤500mm^2	用钢尺检查

（3）一个分格铝合金型的表面质量和检验方法应符合表6-29的规定。

一个分格铝合金型材的表面质量和检验方法　　　　　表6-29

序号	项　目	质量要求	检验方法
1	明显划伤和长度＞100mm的轻微划伤	不允许	观察检查
2	长度≤100mm的轻微划伤	≤2条	用钢尺检查
3	擦伤总面积	≤500mm^2	用钢尺检查

（4）明框玻璃幕墙的外露框或压条应横平竖直，颜色、规格应符合设计要求，压条安装应牢固。单元玻璃幕墙的单元拼缝或隐框玻璃的分格玻璃拼缝应横平竖直、均匀一致。

（5）玻璃幕墙的密封胶缝应平横竖直、深浅一致、宽窄均匀、光滑顺直。

（6）防火、保温材料填充饱满、均匀，表面应密实、平整。

（7）玻璃幕墙隐蔽节点的遮封装修牢固、整齐、美观。

（8）明框玻璃幕墙安装的允许偏差和检验方法应符号表6-30的规定。

明框玻璃幕墙安装的允许偏差和检验方法　　　　　　　　　　表 6-30

序号	项　目		允许偏差（mm）	检验方法
1	幕墙垂直度	幕墙高度≤30m	10	用经纬仪检查
		30m＜幕墙高度≤60m	15	
		60m＜幕墙高度≤90m	20	
		幕墙高度＞90m	25	
2	幕墙水平度	幕墙幅宽≤35m	5	用水平仪检查
		幕墙幅宽＞35m	7	
3	构件直线度		2	用2m靠尺和楔形塞尺检查
4	构件水平度	构件长度≤2m	2	用水平仪检查
		构件长度＞2m	3	
5	相邻构件错位		1	用钢直尺检查
6	分格框对角线长度差	对角线长度≤2m	3	用钢尺检查
		对角线长度＞2m	4	

（9）隐框、半隐框玻璃幕墙安装的允许偏差和检验方法应符合表 6-31 的规定。

隐框、半隐框玻璃幕墙安装的允许偏差和检验方法　　　　　　表 6-31

序号	项　目		允许偏差（mm）	检验方法
1	幕墙垂直度	幕墙高度≤30m	10	用经纬仪检查
		30m＜幕墙高度≤60m	15	
		60m＜幕墙高度≤90m	20	
		幕墙高度＞90m	25	
2	幕墙水平度	层高≤3m	3	用水平仪检查
		层高＞3m	5	
3	幕墙表面平整度		2	用2m靠尺和楔形塞尺检查
4	板材立面垂直度		2	用垂直检测尺检查
5	板材上沿水平度		2	用1m水平尺和钢直尺检查
6	相邻板材板角错位		1	用钢直尺检查
7	阳角方正		2	用直角检测尺检查
8	接缝直线度		3	拉5m线，不足5m拉通线，用钢直尺检查
9	接缝高低差		1	用钢直尺和楔形塞尺检查
10	接缝宽度		1	用钢直尺检查

6.9.3 金属幕墙工程

指建筑高度不大于150m的金属幕墙工程。

金属幕墙工程的质量检验标准：

1. 主控项目

（1）金属幕墙工程所使用的各种材料和配件，应符合设计要求及国家现行产品标准和工程技术规范的规定。

（2）金属幕墙的造型和立面分格应符合设计要求。

（3）金属面板的品种、规格、颜色、光泽及安装方向应符合设计要求。

（4）金属幕墙主体结构上的预埋件、后置埋件的数量、位置及后置埋件的拉拔力必须符合设计要求。

（5）金属幕墙的金属框架方柱与主体结构预埋件的连接、立体与横梁的连接、金属面板的安装必须符合设计要求。安装必须牢固。

（6）金属幕墙的防火、保温、防潮材料的设置应符合设计要求，并应密实、均匀、厚度一致。

（7）金属框架及连接件的防腐处理应符合设计要求。

（8）金属幕墙的防雷装置必须与主体结构的防雷装置可靠连接。

（9）各种变形缝、墙角的连接节点应符合设计要求和技术标准的规定。

（10）金属幕墙的板缝注胶应饱满、密实、连续、均匀、无气泡，宽度和厚度应符合设计要求和技术标准的规定。

（11）金属幕墙应无渗漏。

2. 一般项目

（1）金属板表面应平整、洁净、色泽一致。

（2）金属幕墙的压条应平直、洁净、接口严密、安装牢固。

（3）金属幕墙的密封胶缝应横平竖直、深浅一致、宽窄均匀、光滑顺直。

（4）金属幕墙上的滴水线、流水坡向应正确、顺直。

（5）每平方米金属板的表面质量和检验方法应符合表6-32的规定。

每平方米金属板的表面质量和检验方法　　　　　　　　　　表6-32

序号	项目	质量要求	检验方法
1	明显划伤和长度 > 100mm 的轻微划伤	不允许	观察检查
2	长度 ≤ 100mm 的轻微划伤	≤ 8 条	用钢尺检查
3	擦伤总面积	≤ 500mm²	用钢尺检查

（6）金属幕墙安装的允许偏差和检验方法应符合表6-33的规定。

金属幕墙安装的允许偏差和检验方法   表 6-33

序号	项　目		允许偏差（mm）	检验方法
1	幕墙垂直度	幕墙高度≤30m	10	用经纬仪检查
		30m<幕墙高度≤60m	15	
		60m<幕墙高度≤90m	20	
		幕墙高度>90m	25	
2	幕墙水平度	层高≤3m	3	用水平仪检查
		层高>3m	5	
3	幕墙表面平整度		2	用2m靠尺和楔形塞尺检查
4	板材立面垂直度		3	用垂直检测尺检查
5	板材上沿水平度		2	用1m水平尺和钢直尺检查
6	相邻板材板角错位		1	用钢直尺检查
7	阳角方正		2	用直角检测尺检查
8	接缝直线度		3	拉5m线，不足5m拉通线，用钢直尺检查
9	接缝高低差		1	用钢直尺和楔形塞尺检查
10	接缝宽度		1	用钢直尺检查

6.9.4 石材幕墙工程

指建筑高度不大于100m、抗震设防烈度不大于8度的石材幕墙工程。

石材幕墙工程的质量检验标准：

1. 主控项目

（1）石材幕墙工程所用材料的品种、规格、性能和等级，应符合设计要求及国家现行产品标准和工程技术规范的规定。石材的弯曲强度不应小于9.0MPa；吸水率应小于0.8%。石材幕墙的铝合金挂件厚度不应小于4.0mm，不锈钢挂件厚度不应小于3.0mm。

（2）石材幕墙的造型、立面分格、颜色、光泽、花纹和图案应符合设计要求。

（3）石材孔、槽的数量、深度、位置、尺寸应符合设计要求。

（4）石材幕墙主体结构上的预埋件和后置埋件的位置、数量及后置埋件的拉拔力必须符合设计要求。

（5）石材幕墙的金属框架立柱与主体结构预埋件的连接、立柱与横梁的连接、连接件与金属框架的连接、连接件与石材面板的连接必须符合设计要求，安装必须牢固。

（6）金属框架和连接件的防腐处理应符合设计要求。

（7）石材幕墙的防雷装置必须与主体结构防雷装置可靠连接。

（8）石材幕墙的防火、保温、防潮材料的设置应符合设计要求，填充应密实、均匀、厚度一致。

（9）各种结构变形缝、墙角的连接节点应符合设计要求和技术标准的规定。

（10）石材表面和板缝的处理应符合设计要求。

（11）石材幕墙的板缝注胶应饱满、密实、连续、均匀、无气泡，板缝宽度和厚度应符合设计要求和技术标准的规定。

（12）石材幕墙应无渗漏。

2. 一般项目

（1）石材幕墙表面应平整、洁净，无污染、缺损和裂痕。颜色和花纹应协调一致，无明显色差，无明显修痕。

（2）石材幕墙的压条应平直、洁净、接口严密、安装牢固。

（3）石材接缝应横平竖直、宽窄均匀；阴阳角石板压向应正确，板边合缝应顺直；凸凹线出墙厚度应一致，上下口应平直；石材面板上洞口、槽边应套割吻合，边缘应整齐。

（4）石材幕墙的密封胶缝应横平竖直、深浅一致、宽窄均匀、光滑顺直。

（5）石材幕墙上的滴水线、流水坡向应正确、顺直。

（6）每平方米石材的表面质量和检验方法应符合表 6-34 的规定。

每平方米石材的表面质量和检验方法　　　　　　　　　　表 6-34

序号	项 目	质量要求	检验方法
1	裂痕、明显划伤和长度＞100mm 的轻微划伤	不允许	观察检查
2	长度≤100mm 的轻微划伤	≤8 条	用钢尺检查
3	擦伤总面积	≤500mm²	用钢尺检查

（7）石材幕墙安装的允许偏差和检验方法应符合表 6-35 的规定。

石材幕墙安装的允许偏差和检验方法　　　　　　　　　　表 6-35

序号	项目	允许偏差（mm）		检验方法
		光面	麻面	
1	幕墙垂直度	幕墙高度≤30m　10		用经纬仪检查
		30m＜幕墙高度≤60m　15		
		60m＜幕墙高度≤90m　20		
		幕墙高度＞90m　25		
2	幕墙水平度	3		用水平仪检查
3	板材立面垂直度	3		用水平仪检查
4	板材上沿水平度	2		用 1m 水平尺和钢直尺检查
5	相邻板材板角错位	1		用钢直尺检查
6	幕墙表面平整度	2	3	用垂直检测尺检查
7	阳角方正	2	4	用直角检测尺检查
8	接缝直线度	3	4	拉 5m 线，不足 5m 拉通线，用钢直尺检查
9	接缝高低差	1	—	用钢直尺和楔形塞尺检查
10	接缝宽度	1	2	用钢直尺检查

任务 6.10   涂饰子分部工程

【任务描述】

主要是对涂饰工程子分部的质量要求、检查内容及检查方法，分项工程的划分，质量检验标准、检验批验收记录作出了明确的规定。涂饰工程主要包括水性涂料涂饰、溶剂型涂料涂饰、美术涂饰等分项工程。

【学习支持】

《建筑工程施工质量验收统一标准》GB 50300-2013、《建筑装饰装修工程施工质量验收规范》GB 50210-2001。

【任务实施】

6.10.1   一般规定

1. 涂饰工程验收时应检查下列文件和记录：

（1）涂饰工程的施工图、设计说明及其他文件；

（2）材料的产品合格证书、性能检测报告和进场验收记录；

（3）施工记录。

2. 各分项工程的检验批应按下列规定划分：

（1）室外涂饰工程每一栋楼的同类涂料涂饰的墙面每 500 ~ 1000m² 应划分为一个检验批，不足 500m² 也应划分为一个检验批。

（2）室内涂饰工程同类涂料粉笔饰的墙面每 50 间（大面积房间和走廊按涂饰面积 30m² 为一间）应划分为一个检验批，不足 50 间也应划分为一个检验批。

3. 检查数量应符合下列规定：

（1）室外涂饰工程每 100m² 应至少检查一处，每处不得小于 10m²。

（2）室内涂饰工程每个检验批应至少抽查 10%，并不得少于 3 间；不足 3 间时应全数检查。

4. 涂饰工程的基层处理应符合下列要求：

（1）新建筑物的混凝土或抹灰基层在涂饰涂料前应涂刷抗碱封闭底漆。

（2）旧墙面在涂饰涂料前应清除疏松的旧装修层，并涂刷界面剂。

（3）混凝土或抹灰基层涂刷溶剂型涂料时，含水率不得大于 8%；涂刷乳液型涂料时含水率不得大于 10%，木材基层的含水率不得大于 12%。

（4）基层腻子应平整、坚实、牢固，无粉化、起皮和裂缝；内墙腻子的粘结强度应符合《建筑室内用腻子》JG/T3049 的规定。

（5）厨房、卫生间墙面必须使用耐水腻子。

5. 水性涂料涂饰工程施工的环境温度应在 5 ~ 35℃ 之间。

6. 涂饰工程应在涂层养护期满后进行质量验收。

6.10.2　水性涂料涂饰工程

指乳液型涂料、无机涂料、水溶性涂料等水性涂料涂饰工程。

水性涂料工程的质量检验标准：

1. 主控项目

（1）水性涂料涂饰工程所用涂料的品种、型号和性能应符合设计要求。

（2）水性涂料涂饰工程的颜色、图案应符合设计要求。

（3）水性涂料涂饰工程应涂饰均匀、粘结牢固，不得漏涂、透底、起皮和掉粉。

（4）水性涂料涂饰工程的基层处理应符合一般规定的要求。

2. 一般项目

（1）薄涂料的涂饰质量和检验方法应符合表 6-36 的规定。

薄涂料的涂饰质量和检验方法　　　　　　　　　　　　表 6-36

序号	项目	普通涂饰	高级涂饰	检验方法
1	颜色	均匀一致	均匀一致	观察检查
2	泛碱、咬色	允许少量轻微	不允许	
3	流坠、疙瘩	允许少量轻微	不允许	
4	砂眼、刷纹	允许少量轻微砂眼，刷纹通顺	无砂眼，无刷纹	
5	装饰线、分色线直线度允许偏差（mm）	2	1	拉 5m 线，不足 5m 拉通线，用钢直尺检查

（2）厚涂料的涂饰质量和检验方法应符合表 6-37 的规定。

厚涂料的涂饰质量和检验方法　　　　　　　　　　　　表 6-37

序号	项目	普通涂饰	高级涂饰	检验方法
1	颜色	均匀一致	均匀一致	观察检查
2	泛碱、咬色	允许少量轻微	不允许	
3	点状分布	—	疏密均匀	

（3）复层涂料的涂饰质量和检验方法应符合表 6-38 的规定。

厚涂料的涂饰质量和检验方法　　　　　　　　　　　　表 6-38

序号	项目	质量要求	检验方法
1	颜色	均匀一致	观察检查
2	泛碱、咬色	不允许	
3	喷点疏密程度	均匀，不允许连片	

（4）涂层与其他装修材料和设备衔接处应吻合，界面应清晰。

6.10.3　溶剂型涂料涂饰工程

指丙烯酸酯涂料、聚氨酯丙烯酸涂料、有机硅丙烯酸涂料等溶剂型涂料涂饰工程。
溶剂型涂料工程的质量检验标准：

1. 主控项目

（1）溶剂型涂料涂饰工程所选用的涂料的品牌、型号和性能应符合设计要求。

（2）溶剂型涂料涂饰工程的颜色、光泽、图案应符合设计要求。

（3）溶剂型涂料涂饰工程应涂饰均匀、粘结牢固、不得漏涂、透底、起皮和反锈。

（4）溶剂型涂料涂饰工程的基层处理应符合一般规定第 4 条的要求。

2. 一般项目

（1）色漆的涂饰质量和检验方法应符合表 6-39 的规定。

色漆的涂饰质量和检验方法　　　　　　　　　　　　　　　　表 6-39

序号	项　目	普通涂饰	高级涂饰	检验方法
1	颜色	均匀一致	均匀一致	观察检查
2	光泽、光滑	光泽基本均匀 光滑无挡手感	光泽均匀一致 光滑	观察、手摸检查
3	刷纹	刷纹通顺	无刷纹	观察检查
4	裹棱、流坠、皱皮	明显处不允许	不允许	观察检查
5	装饰线、分色线直线度允许 偏差（mm）	2	1	拉 5m 线，不足 5m 拉通 线，用钢直尺检查

注：无光色漆不检查光泽。

（2）清漆的涂饰质量和检验方法应符合表 6-40 的规定。

清漆的涂饰质量和检验方法　　　　　　　　　　　　　　　　表 6-40

序号	项　目	普通涂饰	高级涂饰	检验方法
1	颜色	均匀一致	均匀一致	观察检查
2	木纹	棕眼刮平、木纹清楚	棕眼刮平、木纹清楚	观察检查
3	光泽、光滑	光泽基本均匀 光滑无挡手感	光泽均匀一致 光滑	观察、手摸检查
4	刷纹	无刷纹	无刷纹	观察检查
5	裹棱、流坠、皱皮	明显处不允许	不允许	观察检查

（3）涂层与其他装修材料和设备衔接处应吻合，界面应清晰。

6.10.4　美术涂饰工程

指套色涂饰、滚花涂饰、仿花纹涂饰等室内外美术涂饰工程。
美术涂饰工程的质量检验标准：

1. 主控项目

（1）美术涂饰所用材料的品种、型号和性能应符合设计要求。

（2）美术涂饰工程应涂饰均匀、粘结牢固，不得漏涂、透底、起皮、掉粉和反锈。

（3）美术涂饰工程的基层处理应符合一般规定的要求。

（4）美术涂饰的套色、花纹和图案应符合设计要求。

2. 一般项目

（1）美术涂饰表面应洁净，不得有流坠现象。

（2）仿花纹涂饰的饰面应具有被模仿材料的纹理。

（3）套色涂饰的图案不得移位，纹理和轮廓应清晰。

任务 6.11　裱糊与软包子分部工程

【任务描述】

主要是对裱糊与软包工程子分部的质量要求、检查内容及检查方法，分项工程的划分，质量检验标准、检验批验收记录作出了明确的规定。裱糊与软包工程主要包括裱糊和软包等分项工程。

【学习支持】

《建筑工程施工质量验收统一标准》GB 50300-2013、《建筑装饰装修工程施工质量验收规范》GB 50210-2001。

【任务实施】

6.11.1　一般规定

1. 裱糊与软包工程验收时应检查下列文件和记录：

（1）裱糊与软包工程的施工图、设计说明及其他设计文件。

（2）饰面材料的样板及确认文件。

（3）材料的产品合格证书、性能检测报告、进场验收记录和复验报告。

（4）施工记录。

2. 各分项工程的检验批应按下列规定划分：

同一品种的裱糊与软包工程每 50 间（大面积房和走廊按施工面积 30m² 为一间）应划分为一个检验批，不足 50 间也应划分为一个检验批。

3. 检查数量应符合下列规定：

（1）裱糊工程每个检验批应至少抽查 10%，并不得少于 3 间，不足 3 间时应全数检查；

（2）软包工程每个检验批应至少抽查 20%，并不得少于 6 间，不足 6 间时应全数检查。

4. 裱糊前，基层处理质量应达到下列要求：

（1）新建筑物的混凝土或抹灰基层墙面在刮腻子前应涂刷抗碱封闭底漆。

（2）旧墙面在裱糊前应清除疏松的旧装修层，并涂刷界面剂。

（3）混凝土或抹灰基层含水率不得大于 8%；木材基层的含水率不得大于 12%。

（4）基层腻子应平整、坚实、牢固，无粉化、起皮和裂缝；腻子的粘结强度应符合《建筑室内用腻子》JG/T3049N 型的规定。

（5）基层表面平整度、立面垂直度阴阳角方正应达到高级抹灰的质量要求。

（6）基层表面颜色应一致。

（7）裱糊前应用封闭底胶涂刷基层。

6.11.2 裱糊工程

指聚氯乙烯塑料壁纸、复合纸质壁纸、墙布等裱糊工程。

裱糊工程的质量检验标准：

1. 主控项目

（1）壁纸、墙布的种类、规格、图案、颜色和燃烧性能等级必须符合设计要求及国家现行标准的有关记录和性能检测报告。

（2）裱糊工程基层处理质量应符合一般规定的要求。

（3）裱糊后各幅拼接应横平竖直，拼接处花纹、图案应吻合，不离缝，不搭接，不显拼缝。

（4）壁纸、墙布应粘贴牢固，不得有漏贴、补贴、脱层、空鼓和翘边。

2. 一般项目

（1）裱糊后的壁纸、墙布表面应平整，色泽应一致，不得有波纹起伏、气泡、裂缝、皱折及斑污，斜视时应无胶痕。

（2）复合压花壁纸的压痕及发泡壁纸的发泡层应无损坏。

（3）壁纸、墙布与各种装饰线、设备线盒应交接严密。

（4）壁纸、墙布边缘应平直整齐，不得有纸毛飞刺。

（5）壁纸、墙布阴角处搭接应顺光，阳角处应无接缝。

6.11.3 软包工程

指墙面、门等软包工程。

软包工程的质量检验标准：

1. 主控项目

（1）软包面料、内衬材料及边框的材质、颜色、图案、燃烧性能等级和木材的含水率应符合设计要求及国家现行标准的有关规定。

（2）软包工程的安装位置及构造做法应符合设计要求。

（3）软包工程的龙骨、衬板、边框应安装牢固，无翘曲，拼缝应平直。

（4）单块软包面料不应有接缝，四周应绷压严密。

2. 一般项目

（1）软包工程表面应平整、洁净，无凹凸不平及皱折；图案应清晰、无色差，整体应协调美观。

（2）软包边框应平整、顺直、接缝吻合。其表面涂饰质量应符合涂饰子分部工程的有关规定。

（3）清漆涂饰木制边框的颜色、木纹应协调一致。

（4）软包工程安装的允许偏差和检验方法应符合表6-41的规定。

软包工程安装的允许偏差和检验方法　　　　　　　　　表6-41

序号	项　目	允许偏差（mm）	检验方法
1	垂直度	3	用1m垂直检测尺检查
2	边框宽度、高度	0；-2	用钢尺检查
3	对角线长度差	3	用钢尺检查
4	裁口、线条接缝高低差	1	用钢直尺和楔形塞尺检查

任务 6.12　细部子分部工程

【任务描述】

主要是对细部工程子分部的质量要求、检查内容及检查方法，分项工程的划分，质量检验标准、检验批验收记录作出了明确的规定。细部工程主要包括橱柜制作与安装、窗帘盒、窗台板、散热器罩制作与安装、门窗套制作与安装、护栏和扶手制作与安装、花饰制作与安装等分项工程。

【学习支持】

《建筑工程施工质量验收统一标准》GB 50300-2013、《建筑装饰装修工程施工质量验收规范》GB 50210-2001。

【任务实施】

6.12.1　一般规定

1. 细部工程验收时应检查下列文件和记录：

（1）施工图、设计说明及其他设计文件。

（2）材料的产品合格证书、性能检测报告、进场验收记录和复验报告。

（3）隐蔽工程验收记录。

（4）施工记录。

2. 细部工程应对人造木板的甲醛含量进行复验。

3. 细部工程应对下列部位进行隐蔽工程验收：

（1）预埋件（或后置埋件）。

（2）施工记录。

4. 各分项工程的检验批应按下列规定划分：

（1）同类制品每 50 间（处）应划分为一个检验批，不足 50 间（处）也应划分为一个检验批。

（2）每部楼梯应划分为一个检验批。

6.12.2　橱柜制作与安装工程

指位置固定的壁柜、吊柜等橱柜制作与安装工程。

橱柜制作工程的质量检验标准：

每个检验批应至少抽查 3 间（处），不足 3 间（处）时应全数检查。

1. 主控项目

（1）橱柜制作与安装所用材料的材质和规格、木材的燃烧性能等级和含水率、花岗石的放射性及人造木板的甲醛含量应符合设计要求及国家现行标准的有关规定。

（2）橱柜安装预埋件或后置埋件的数量、规格、位置应符合设计要求。

（3）橱柜的造型、尺寸、安装位置、制作和固定方法应符合设计要求，橱柜安装必须牢固。

（4）橱柜配件的品种、规格应符合设计要求，配件齐全，安装应牢固。

（5）橱柜的抽屉和柜门应开关灵活、回位正确。

2. 一般项目

（1）橱柜表面应平整、洁净、色泽一致，不得有裂缝、翘曲及损坏。

（2）橱柜截口应顺直、拼缝应严密。

（3）橱柜安装的允许偏差和检验方法应符合表 6-42 的规定。

橱柜安装的允许偏差和检验方法　　　　　　　　　　　　表 6-42

序号	项　目	允许偏差（mm）	检验方法
1	外形尺寸	3	用钢尺检查
2	立面垂直度	2	用 1m 垂直检测尺检查
3	门与框架的平行度	2	用钢尺检查

6.12.3　窗帘盒、窗台板和散热器罩制作与安装工程

窗帘盒、窗台板和散热器罩制作工程的质量检验标准：

每个检验批应至少抽查 3 间（处），不足 3 间（处）时应全数检查。

1. **主控项目**

（1）窗帘盒、窗台板和散热器罩制作与安装所使用材料的材质和规格、木材的燃烧性能等级和含水率、花岗石的放射性及人造木板的甲醛含量应符合设计要求及国家现行标准的有关规定。

（2）窗帘盒、窗台板和散热器罩的造型、规格、尺寸、安装位置和固定方法必须符合设计要求，安装应牢固。

（3）窗帘盒配件的品种、规格应符合设计要求，安装应牢固。

2. **一般项目**

（1）窗帘盒、窗台板和散热器罩表面应平整、洁净、线条顺直、接缝严密、色泽一致，不得有裂缝、翘曲及损坏。

（2）窗帘盒、窗台板和散热器罩与墙面、窗框的衔接应严密，密封胶缝应顺直、光滑。

（3）窗帘盒、窗台板和散热器罩安装允许偏差和检验方法应符合表 6-43 的规定。

窗帘盒、窗台板和散热器罩安装的允许偏差和检验方法   表 6-43

序号	项　目	允许偏差（mm）	检验方法
1	水平度	1	用 1m 水平尺和楔形塞尺检查
2	上口、下口直线度	3	拉 5m 线，不足 5m 拉通线，用钢直尺检查
3	两端距窗洞口长度差	2	用钢直尺检查
4	两端出墙厚度差	3	用钢直尺检查

6.12.4　门窗套制作与安装工程

门窗套制作与安装工程的质量检验标准：

每个检验批应至少抽查 3 间（处），不足 3 间（处）时应全数检查。

1. **主控项目**

（1）门窗套制作与安装所使用材料的材质、规格、花纹和颜色、木材的燃烧性能等级和含水率、花岗石的放射性及人造木板的甲醛含量应符合设计要求及国家现行标准的有关规定。

（2）门窗套的造型、尺寸和固定方法应符合设计要求，安装应牢固。

2. **一般项目**

（1）门窗套表面应平整、洁净、线条顺直、接缝严密、色泽一致，不得有裂缝、翘曲及损坏。

（2）门窗套安装的允许偏差和检验方法应符合表 6-44 的规定。

门窗套安装的允许偏差和检验方法   表 6-44

序号	项 目	允许偏差（mm）	检验方法
1	正、侧面垂直度	3	用 1m 垂直检测尺检查
2	门窗套上口水平度	1	用 1m 水平检测尺和楔形塞尺检查
3	门窗套上口直线度	3	拉 5m 线，不足 5m 拉通线，用钢直尺检查

6.12.5　护栏和扶手制作与安装工程

门窗套制作与安装工程的质量检验标准：

每个检验批的护栏和扶手应全部检查。

1. 主控项目

（1）护栏和扶手制作与安装所使用材料的材质、规格、数量和木材、塑料的燃烧性能等级应符合设计要求。

（2）护栏和扶手的造型、尺寸及安装位置应符合设计要求。

（3）护栏和扶手安装预埋件的数量、规格、位置以及护栏与预埋件的连接节点应符合设计要求。

（4）护栏高度、栏杆间距、安装位置必须符合设计要求。护栏安装必须牢固。

（5）护栏玻璃应使用公称厚度不小于 12mm 的钢化玻璃或钢化夹层玻璃。当护栏一侧距楼地面高度为 5m 及以上时，应使用钢化夹层玻璃。

2. 一般项目

（1）护栏和扶手转角弧度应符合设计要求，接缝应严密，表面应光滑，色泽一致，不得有裂缝、翘曲及损坏。

（2）护栏和扶手安装的允许偏差和检验方法应符合表 6-45 的规定。

护栏和扶手安装的允许偏差和检验方法   表 6-45

序号	项 目	允许偏差（mm）	检验方法
1	护栏垂直度	3	用 1m 垂直检测尺检查
2	栏杆间距	3	用钢尺检查
3	扶手直线度	4	拉通线，用钢直尺检查
4	扶手高度	3	用钢直尺检查

6.12.6　花饰制作与安装工程

指混凝土、石材、木材、塑料、金属、玻璃、石膏等花饰制作与安装工程。

花饰制作与安装工程的质量检验标准：

室外每个检验批应全部检查；室内每个检验批应至少抽查 3 间（处）；不足 3 间（处）时应全数检查。

1. 主控项目

（1）花饰制作与安装所使用材料的材质、规格应符合设计要求。

（2）花饰的造型、尺寸应符合设计要求。

（3）花饰的安装位置和固定方法必须符合设计要求，安装必须牢固。

2. 一般项目

（1）花饰表面应洁净，接缝应严密吻合，不得有歪斜、裂缝、翘曲及损坏。

（2）花饰安装的允许偏差和检验方法应符合表 6-46 的规定。

花饰安装的允许偏差和检验方法　　　　表 6-46

序号	项　目		允许偏差（mm）		检验方法
			室内	室外	
1	条型花饰的水平度或垂直度	每米	1	2	拉线和用 1m 垂直检测尺检查
		全长	3	6	
2	单独花饰中心位置偏移		10	15	拉线和用钢直尺检查

任务 6.13　建筑装饰装修分部工程验收

【项目描述】

建筑装饰装修工程是一个分部工程，包括建筑地面、抹灰、外墙防水、门窗、吊顶、轻质隔墙、饰面板（砖）、幕墙、涂饰、裱糊与软、细部包十一个子分部工程，各子分部工程由若干个分项工程组成，各分项工程又由一个或多个检验批组成。检验批是工程验收的最小单位，是分项工程、分部（子）工程和整个建筑工程质量验收的基础。

【学习支持】

《建筑工程施工质量验收统一标准》GB 50300-2013、《建筑地基基础工程施工质量验收规范》GB 50202-2002、《建筑地面工程施工质量验收规范》GB 50209-2010 和《建筑外墙防水工程技术规程》JGJ/T 235-2011。

【任务实施】

6.13.1　一般规定

1. 分项工程、分部（子分部）工程质量的验收，均应在施工单位自检合格的基础上

进行。施工单位确认自检合格后提出工程验收申请,工程验收时应提供下列技术文件和记录:

(1) 原材料的质量合格证和质量鉴定文件;

(2) 半成品如预制桩、钢桩、钢筋笼等产品合格证书;

(3) 施工记录及隐蔽工程验收文件;

(4) 检测试验及见证取样文件;

(5) 其他必须提供的文件或记录。

2. 对隐蔽工程应进行中间验收。

3. 分部(子分部)工程验收应由总监理工程师或建设单位项目负责人组织勘察、设计单位及施工单位的项目负责人、技术质量负责人,共同按设计要求和《建筑地基基础工程施工质量验收规范》GB 50202-2002 及其他有关规定进行。

4. 验收工作应按下列规定进行:

(1) 检验批的质量验收应分别按主控项目和一般项目验收;

(2) 隐蔽工程应在施工单位自检合格后,于隐蔽前通知有关人员检查验收,并形成中间验收文件;

(3) 分部(子分部)工程的验收,应在分项工程通过验收的基础上,对必要的部位进行见证检验。

5. 主控项目必须符合验收标准规定,发现问题应立即处理直至符合要求,一般项目应有 80% 合格。混凝土试件强度评定不合格或对试件的代表性有怀疑时,应采用钻芯取样,检测结果符合设计要求可按合格验收。

6.13.2　装饰装修分部工程验收的程序

检验批的质量验收→分项工程的质量验收→分部(子分部)工程的验收

1. 检验批的质量验收

检验批应由监理工程师组织施工单位项目专业质量或技术负责人等进行验收。验收前,施工单位先填好"检验批和分项工程的质量验收记录",并由项目专业质量检验员在验收记录中签字,然后由监理工程师组织按规定程序进行。检验批质量验收合格应符合下列规定:

(1) 主控项目的质量应经抽查检验合格。

(2) 一般项目的质量应经抽查检验合格;有允许偏差值的项目,其抽查点应有 80% 及其以上在允许偏差范围内,且最大偏差值不得超过允许偏差值的 1.5 倍。

(3) 应具有完整的施工操作依据和质量检查记录。

2. 分项工程的质量验收

分项工程应在构成分项工程的检验批验收合格的基础上进行,由专业监理工程师组织施工单位项目专业质量或技术负责人等进行验收。分项工程质量验收合格应符合下列规定:

(1) 分项工程所含检验批全部施工完成,检验批的质量均验收合格。

（2）分项工程所含检验批的质量验收记录应完整。

3. 分部（子分部）工程的验收

分部（子分部）工程的验收在其所含各分项工程全部验收完成的基础上进行。分部（子分部）工程质量验收合格应符合下列规定：

（1）分部（子分部）所含分项工程全部施工完成，质量验收合格。

（2）质量控制资料应完整、真实、准确，不得有涂改和伪造，各级技术负责人签字后方可有效。

（3）安全与功能抽样检验应符合现行国家标准《建筑工程施工质量验收统一标准》GB 50202-2002 的有关规定。

（4）观感质量检查应符合规范的规定。

4. 装饰装修工程验收的文件和记录见表 6-47。

装饰装修工程验收的文件和记录　　　　　　　　　　　　　　　表 6-47

序号	项　目	文件和记录
1	施工图纸和设计变更记录	设计图纸及会审记录、设计变更通知单和材料代用核定单
2	施工方案	施工方法、技术措施、质量保证措施、安全文明施工措施等
3	技术交底记录	施工操作要点、质量要求及注意事项等
4	材料质量证明文件	出厂合格证、型式检验报告、出厂检验报告、厂家资质证书、生产许可证、性能检测报告、进场验收记录和进场检验报告
5	见证取样试验记录	混凝土试件、砂浆试件、焊件焊接试件等
6	隐蔽工程验收记录	装修层内管道、设备的安装及水管试压、木材防火、防腐、预埋件或拉结筋、连接节点、各种变形缝、填充材料设置等
7	施工记录	装饰装修分部工程相关内容
8	施工日志	逐日施工情况
9	工程检验记录	工序交接检验记录、检验批质量验收记录、观感质量检查记录、安全与功能抽样检验（检测）记录
10	其他必须提供的文件或记录	事故处理报告、技术总结等

6.13.3　装饰装修工程验收的内容

1. 统计核查子分部工程和所包含的分项工程数量

装饰装修分部工程所包含的全部子分部工程应全部完成，并验收合格；同时每个分项工程和子分部工程验收过程正确，资料完整，手续符合要求。

2. 核查质量控制资料

分部工程验收时应核查下列资料：

（1）图纸会审、设计变更、洽商记录。

（2）原材料出厂合格证书及检（试）验报告。

（3）施工试验报告及见证检测报告。

（4）隐蔽验收记录。

（5）施工记录。

（6）分项工程质量验收记录。

（7）新材料、新工艺施工记录。

3. 装饰装修工程观感质量验收

装饰装修工程的观感质量验收项目及验收方法，应由有关各方组成的验收人员通过现场检查共同确认，填写地基与基础工程的观感质量验收记录。

4. 有关安全和功能的检测项目见表 6-48。

有关安全和功能的检测项目表　　　　　　　　　　表 6-48

序号	子分部工程	检测项目
1	门窗工程	1. 建筑外墙金属窗的抗风压性能、空气渗透性能和雨水渗漏性能 2. 建筑外墙塑料窗的抗风压性能、空气渗透性能和雨水渗漏性能
2	饰面板（砖）工程	1. 饰面板后置埋件的现场拉拔强度 2. 饰面砖样板的粘结强度
3	幕墙工程	1. 硅酮结构胶的相容性试验 2. 幕墙后置埋件的现场拉拔强度 3. 幕墙的抗风压性能、空气渗透性能、雨水渗漏性能及平面变形性能
4	建筑地面工程	1. 有防水要求的建筑地面子分部工程的分项工程施工质量的蓄水检验记录，并抽查复验 2. 建筑地面板块面层铺设子分部工程和木、竹面层铺设子分部工程采用的砖、天然石材、预制板块、地毯、人造板材以及胶粘剂、胶结料、涂料等材料证明及环保资料

项目 7
单位工程质量验收

【项目概述】

　　单位工程质量验收也称质量竣工验收，是建筑工程投入使用前的最后一次验收，也是最重要的一次验收。验收合格的条件有五个：除构成单位工程的分部工程应该合格，质量控制资料应完整外，还要填写单位工程质量控制资料核查记录。

　　涉及安全和使用功能的分部工程，应按规定进行检验资料的复查。全面检查其完整性，对分部工程验收时补充进行的见证抽样检验报告也要复核。

　　此外，最主要使用功能还需进行抽查。抽查项目是检查资料文件的基础上由参加验收的各方人员商定，并由计量、记数的抽样方法确定检查部位。检查要求按有关专业工程施工质量验收标准要求进行。并填写单位工程安全和功能检验资料核查及主要功能抽查记录。

　　最后，还须由参加验收人员进行观感质量抽查。填写单位工程观感质量检查记录，并确认其检查效果，最后共同确定是否验收。

【学习目标】 通过学习，你将能够：

认知单位工程质量验收的内容；
理解单位工程质量验收的方法；
会单位工程质量控制资料核查记录、单位工程安全和功能检验资料核查及主要功能抽查记录、单位工程观感质量检查验收记录表格的填写；
能收集整理单位工程的相关资料。

任务 7.1　控制资料核查与安全和功能检验项目

【任务描述】

质量控制资料核查先由施工单位检查合格，再提交监理单位验收。质量控制资料核查是按分部工程逐项核查的。安全与功能检验核查也是先由施工单位检查合格，再提交验收，由总监理工程师或建设单位项目负责人组织审查。审查内容一致的，则验收结论为同意验收。

【学习支持】

《建筑工程施工质量验收统一标准》GB 50300-2013。

【任务实施】

7.1.1　单位工程质量控制资料核查记录

施工单位填写的单位工程质量控制资料核查记录应一式四份，并应由建设单位、监理单位、施工单位、城建档案馆各保存一份。

先由施工单位检查合格，再提交监理单位验收。其全部内容在分部（子分部）工程中已经审查。通常单位（子单位）工程质量控制资料核查，也是按分部（子分部）工程逐项检查和审查；每个子分部、分部工程检查审查后，也不必再整理分部工程的质量控制资料，只将其依次装订起来，前边的封面写上分部工程的名称，并将所含子分部工程的名称依次填写在下边就行了。然后将各子分部工程审查的资料逐项进行统计，填入验收记录栏内。

通常质量控制资料应该核查的各个项目，经审查也都应符合要求。如果出现有核定的项目的，应查明情况，只要是协商验收的内容，填在验收结论栏内，通常严禁验收的事件，不会留在单位工程来处理。控制资料也是施工单位自行检查评定合格后，提交验收，由总监理工程师或建设单位项目负责人组织审查符合要求后，在验收记录栏内填写项数。在验收结论栏内，写上"同意验收"的意见。同时要在单位（子单位）工程质量竣工验收记录表中的序号 2 栏内的验收结论栏内填"同意验收"。

单位工程质量控制资料核查记录见表 7-1。

单位（子单位）工程质量控制资料核查记录　　　　　　　　　　　　　　表 7-1

工程名称			施工单位			
序号	项目	资料名称		份数	核查意见	核查人
1	建筑与结构	图纸会审，设计变更，洽商记录				
2		工程定位测量，放线记录				
3	建筑与结构	原材料出厂合格证书及进场检（试）验报告				
4		施工试验报告及见证检测报告				
5		隐蔽工程验收记录				
6		施工记录				
7		预制构件、预拌混凝土合格证				
8		地基基础、主体结构检验及抽样检测资料				
9		分项、分部工程质量验收记录				

工程名称			施工单位			
序号	项目	资料名称	份数	核查意见	核查人	
10	建筑与结构	工程质量事故及事故调查处理资料				
11		新材料、新工艺施工记录				
1	给排水与采暖	图纸会审，设计变更，洽商记录				
2		材料、配件出厂合格证书及进场检（试）验报告				
3		管道、设备强度试验、严密性试验记录				
4		隐蔽工程验收记录				
5		系统清洗、灌水、通水、通球试验记录				
6		施工记录				
7		分项、分部工程质量验收记录				
1	建筑电气	图纸会审，设计变更，洽商记录				
2		材料、配件出厂合格证书及进场检（试）验报告				
3		设备调试记录				
4		接地、绝缘电阻测试记录				
5		隐蔽工程验收记录				
6		施工记录				
7		分项、分部工程质量验收记录				
1	通风与空调	图纸会审，设计变更，洽商记录				
2		材料、配件出厂合格证书及进场检（试）验报告				
3		制冷、空调、水管道强度试验、严密性试验记录				
4		隐蔽工程验收记录				
5		制冷设备运行调试记录				
6		通风、空调系统调试记录				
7		施工记录				
8		分项、分部工程质量验收记录				
1	电梯	土建布置图纸会审，设计变更，洽商记录				
2		设备出厂合格证书及开箱检验记录				
3		隐蔽工程验收记录				
4		施工记录				
5		接地、绝缘电阻测试记录				
6		负荷试验、安全装置检查记录				
7		分项、分部工程质量验收记录				

续表

工程名称			施工单位			
序号	项目	资料名称		份数	核查意见	核查人
1	建筑智能化	图纸会审，设计变更，洽商记录、竣工图及设计说明				
2		材料、设备出厂合格证书及进场检（试）验报告				
3		隐蔽工程验收记录				
4		系统功能测定及设备调试记录				
5		系统技术、操作和维护手册				
6		系统管理、操作人员培训记录				
7		系统检测报告				
8		分项、分部工程质量验收报告				

结论：

施工单位项目经理：　　年　月　日

总监理工程师：
（建设单位项目负责人）：　　年　月　日

7.1.2　单位（子单位）工程安全和功能检验资料核查及主要功能抽查记录

施工单位填写的单位工程安全和功能检验资料核查及主要功能抽查记录应一式四份，并应由建设单位、监理单位、施工单位、城建档案馆各保存一份。

安全和功能检验资料核查及主要功能抽查记录包括两个方面的内容：一是在分部（子分部）进行了安全和功能检测的项目，要核查其检测报告结论是否符合设计要求；二是在单位工程进行的安全和功能抽测项目，要核查其项目是否与设计内容一致，抽测的程序、方法是否符合有关规定，抽测报告的结论是否达到设计要求及规范规定。这个项目也是由施工单位检查评定合格，再提交验收，由总监理工程师或建设单位项目负责人组织审查，程序内容基本是一致的。按项目逐个进行核查验收。然后统计核查的项数和抽查的项数，填入验收记录栏，并分别统计符合要求的项数，同时也分别填入验收记录栏相应的空档内。通常两个项数是一致的，如果个别项目的抽测结果达不到设计要求，则可以进行返工处理。然后由总监理工程师或建设单位项目负责人在验收结论栏内填写"同意验收"的结论。如果返工处理后仍达不到设计要求，就要按不合格处理程序进行处理。

单位工程质量控制资料核查记录见表 7-2。

单位工程安全和功能检验资料核查及主要功能抽查记录　　　表 7-2

工程名称			施工单位			
序号	项目	资料名称	份数	核查意见		核查（抽查）人
1	建筑与结构	屋面淋水试验记录				
2		地下室防水效果检查记录				
3		有防水要求的地面蓄水试验记录				
4		建筑物垂直度、标高、全高测量记录				
5		抽气（风）道检查记录				
6		幕墙及外窗气密性、水密性、耐风压检测报告				
7		建筑物沉降观测测量记录				
8		节能、保温测试记录				
9		室外环境检测报告				
10						
1	给排水与采暖	给水管道通水试验记录				
2		暖气管道、散热器压力试验记录				
3		卫生器具江水试验记录				
4		消防管道、燃气管道压力试验记录				
5		排水干管通球试验记录				
6						
1	电气	照明全负荷试验记录				
2		大型灯具牢固性试验记录				
3		避雷接地电阻测试记录				
4		线路、插座、开关接地检验记录				
5						
1	通风与空调	通风、空调系统调试记录				
2		风量、温度测试记录				
3		洁净室洁净度测试记录				
4		制冷机组试运行调试记录				
5						
1	电梯	电梯运行记录				
2		电梯安全装置检测报告				

续表

工程名称			施工单位			
序号	项目	资料名称	份数	核查意见		核查（抽查）人
1	建筑智能化	系统试运行记录				
2		系统电源及接地检测报告				
3						

结论：

施工单位项目经理：　　年　月　日

总监理工程师：
（建设单位项目负责人）：　　年　月　日

注：抽查项目由验收组协商确定。

任务 7.2　观感质量检查内容及方法

【任务描述】

观感质量检查的方法同分部工程，单位工程观感质量检查验收所不同的是项目较多，是一个综合验收。实际是复查一下各分部（子分部）工程验收后，到单位工程竣工的质量变化，成品保护以及分部工程验收时，还没有形成部分的观感质量等。

【学习支持】

《建筑工程施工质量验收统一标准》GB 50300–2013。

【任务实施】

观感质量检查内容及方法：

先由施工单位检查评定合格，提交验收。由监理工程师或建设单位项目负责人组织审查，程序和内容基本一致的，按核查的项目数及符合要求的项目数填写在验收记录栏内，如果没有影响结构安全和使用功能的项目，则以总监理工程师或建设单位项目负责人为主导意见，评价好、一般、差。总监理工程师或建设单位项目负责人在验收结论栏内填写"同意验收"的结论。如果有不符合要求的项目，就要按不合格处理程序进行处理。

施工单位填写的单位工程观感质量检查记录应一式四份，并应由建设单位、监理单位、施工单位、城建档案馆各保存一份。单位工程质量控制资料核查记录见表7-3。

单位（子单位）工程观感质量检查记录　　　　　　　表 7-3

工程名称			施工单位		
序号		项目	抽查质量状况		质量评价
1	建筑与结构	主体结构外观	共检查 点, 好 点, 一般 点, 差 点		
2		外墙墙面	共检查 点, 好 点, 一般 点, 差 点		
3		变形缝、雨水管	共检查 点, 好 点, 一般 点, 差 点		
4		屋面	共检查 点, 好 点, 一般 点, 差 点		
5		室内墙面	共检查 点, 好 点, 一般 点, 差 点		
6		室内顶棚	共检查 点, 好 点, 一般 点, 差 点		
7		室内地面	共检查 点, 好 点, 一般 点, 差 点		
8		楼梯、踏步、护栏	共检查 点, 好 点, 一般 点, 差 点		
9		门窗	共检查 点, 好 点, 一般 点, 差 点		
10		雨罩、台阶、坡道、散水	共检查 点, 好 点, 一般 点, 差 点		
1	给排水与供暖	管道接口、坡度、支架	共检查 点, 好 点, 一般 点, 差 点		
2		卫生器具、支架、阀门	共检查 点, 好 点, 一般 点, 差 点		
3		检查口、扫除口、地漏	共检查 点, 好 点, 一般 点, 差 点		
4		散热器、支架	共检查 点, 好 点, 一般 点, 差 点		
1	通风与空调	分管、支架	共检查 点, 好 点, 一般 点, 差 点		
2		风口、风阀	共检查 点, 好 点, 一般 点, 差 点		
3		风机、空调设备	共检查 点, 好 点, 一般 点, 差 点		
4		阀门、支架	共检查 点, 好 点, 一般 点, 差 点		
5		水泵、冷却塔	共检查 点, 好 点, 一般 点, 差 点		
6		绝热	共检查 点, 好 点, 一般 点, 差 点		
1	建筑电气	配电箱、盘、板、接线盒	共检查 点, 好 点, 一般 点, 差 点		
2		设备器具、开关、插座	共检查 点, 好 点, 一般 点, 差 点		
3		防雷、接地、防火	共检查 点, 好 点, 一般 点, 差 点		
			共检查 点, 好 点, 一般 点, 差 点		

续表

工程名称			施工单位		
序号		项目	抽查质量状况		质量评价
1	智能建筑	机房设备安装及布局	共检查 点，好 点，一般 点，差 点		
2		现场设备安装	共检查 点，好 点，一般 点，差 点		
1	电梯	运行、平层、开关门	共检查 点，好 点，一般 点，差 点		
2		层门、信号系统	共检查 点，好 点，一般 点，差 点		
3		机房	共检查 点，好 点，一般 点，差 点		
观感质量综合评价					

结论：

施工单位项目负责人：
　　　　　　　　年 月 日

总监理工程师：
　　　　　　　　年 月 日

注：1. 对质量评价为差的项目应进行返修；
　　2. 观感质量现场检查原始记录应作为本表附件。

任务 7.3　单位工程质量验收资料的分类

【任务描述】

主要是对单位工程质量验收资料的分类及收集整理，单位工程质量验收主要对工程概况表、单位（子单位）工程质量竣工验收记录、单位（子单位）工程施工管理资料核查记录、单位（子单位）工程质量控制资料核查记录、单位（子单位）工程安全和功能检验资料核查及主要功能抽查记录、单位（子单位）工程观感质量检查验收记录、单位工程竣工预验收报验表、单位工程竣工验收申报表、工程竣工验收报告、工程竣工报告、勘察单位工程质量检查报告、设计单位工程质量检查报告、工程质量评估报告等所包含的所有资料收集整理。

【学习支持】

《建筑工程施工质量验收统一标准》GB 50300-2013。

【任务实施】

单位工程质量验收主要有下列资料：

(1) 工程概况表；

(2) 单位（子单位）工程质量竣工验收记录；

(3) 单位（子单位）工程施工管理资料核查记录；

(4) 单位（子单位）工程质量控制资料核查记录；

(5) 单位（子单位）工程安全和功能检验资料核查及主要功能抽查记录；

(6) 单位（子单位）工程观感质量检查验收记录；

(7) 单位工程竣工预验收报验表；

(8) 单位工程竣工验收申报表；

(9) 工程竣工验收报告；

(10) 工程竣工报告；

(11) 勘察单位工程质量检查报告；

(12) 设计单位工程质量检查报告；

(13) 工程质量评估报告。

任务 7.4　质量验收表格填写案例

【任务描述】

根据案例背景资料，进行相关表格填写。

【学习支持】

相关质量验收规范。

【任务实施】

案例背景资料

××市××学校教学楼工程位于××市××路××学校校区内，地下一层，地上四层，局部五层，建筑高度21.00m。总建筑面积6737.18m²，其中地下建筑面积1313.64m²，地上建筑面积5449.54m²，建筑基基底面积1329.51m²。

建筑结构形式为框架结构，建筑结构的类别为乙类，合理使用年限为50年，抗震设计烈度为9度（计算8度）。建筑耐火等级地上为二级，地下为一级。屋面防水等级为Ⅱ级，地下防水等级为Ⅰ级。

1. 建筑设计概况

（1）建筑设计标高

本工程室内外高差为 600mm，±0.000 标高为相对标高 944.16m。基础类型为独立基础加防水筏板。地基基础设计等级为乙类，无人防。

（2）地下室防水

地下室防水等级为 I 级，防水层为合成高分子防水卷材两层，基础防水底板厚 300mm，混凝土强度等级为 C30、P6，其上为 C30、P6 独立基础加条形基础，地下室四周为 C30、P6 混凝土挡墙，其他构件混凝土强度等级详见表 7-5、表 7-6。

（3）墙体工程

本工程非承重外围护墙采用 250 厚 MU2.5 陶粒混凝土空心砌块，M5 砂浆砌筑，外贴 80mm 厚聚苯板保温，内隔墙采用 150mm 厚 MU7.5 陶粒混凝土空心砌块，M5 砂浆砌筑。

（4）节能设计

◆ 总建筑面积：6763.18m^2；建筑层数：地上五层，地下一层；

◆ 该工程项目为教学楼，属于公共建筑；

◆ 项目地处气候分区：严寒地区 B 区；

◆ 建筑物体形系数（具体计算详见计算书）建筑物外表面积 $F = 4850.29\text{m}^2$；建筑物体积 $V = 22050.83\text{m}^3$；建筑物体形系数 $S = F/V = 0.22$；

◆ 单一朝向窗外（包括透明幕墙）墙面积比（具体面积详见计算书）：西南向 0.31，东北向 0.32，东南向 0.09，西北向 0.18，总窗墙比 0.27；

◆ 屋面：保温层 EPS 板 80mm 厚 K_i 值经查表计算得，传热系数 $K_i = 0.45$，满足 $K_i \leqslant K = 0.45$；

外墙：保温层 EPS 板 80mm 厚，K_i 值经查表计算得，传热系数 $K_i = 0.45$，满足 $K_i \leqslant K = 0.50$；

外窗：单框双玻塑钢窗，（4+12+4）mm 空气间隔层，需提供检验报告 K_i 值必须 $\leqslant 2.5$，满足 $K_i \leqslant K$；

外门：采用成品节能外门需提供检验报告，K_i 值必须 $\leqslant 2.5$，满足 $K_i \leqslant K$。

（5）消防设计

◆ 建筑特征：本工程为多层教学楼，其耐火等级为地上二级，地下一级。

◆ 消防控制室设在首层，由 200mm 厚陶粒空心砌块砖墙分隔，设直接对外出口。

◆ 共设有三部楼梯，楼梯总疏散宽度为 6.935m。

本工程由 ×× 设计研究院勘察设计；×× 建筑安装有限公司施工；×× 监理有限责任公司监理。以上单位都通过招投标方式与建设单位签订了合同。

建设单位与施工单位间签订的合同约定：计划 ×××× 年 ×× 月 ×× 日开工，×××× 年 ×× 月 ×× 日完工，施工天数 214 天。

2. 结构设计概况

（1）工程概况

结构概况见表 7-4。

结构概况表

表 7-4

项目名称	地上层数	地下层数	高度（m）	宽度（m）	长度（m）	结构形式	基础类型
教学楼	5	1	21.000	18.000	72.400	框架	独立基础加防水底板

（2）地基基础

◆ 本工程根据上部结构荷载及工程地基情况采用人工复合地基，CFG桩法。处理后的复合地基承载力特征值300KPa（由有资质的岩土工程部门设计处理）。

◆ 地基局部超深时采用C20素混凝土垫层升台，地基大部分超深时另行处理。

◆ 钢筋混凝土基础地面应做强度C15的100mm厚混凝土垫层，垫层宜比基础每侧宽出100mm。

◆ 基础施工完毕（有地下室时在地下顶板施工完毕，基础外侧防水、防腐施工完成后），用不含对基础侵蚀作用的戈壁土、角砾土或黄土分层回填夯实，工程周围回填应按《地下工程防水技术规范》GB 50108-2008中第9.0.6条要求施工。回填土压实系数不小于0.97。

◆ 地下室为主体结构的嵌固层，按建筑保温要求外墙防水层在冻土深度以上可采用厚度不大于70mm的挤塑聚板兼防护，在冻土深度以下严禁用低密度材料防护（包括挤塑聚苯板）。

（3）地下结构防水、防腐

◆ 地下结构防水等级为二级。

◆ 如基底有地下水出现，施工时应采取有效措施降低地下水位，保证正常施工。

◆ 地下钢筋混凝土防水结构，应采用防水混凝土。

◆ 基础埋置深度≤10m时基础底板、挡土板、水箱、水池及地下一层顶与土壤接触梁板抗渗设计为P6。防水混凝土的施工配合比应通过实验确定，抗渗等级应比设计要求提高一级（0.2MPa）。

◆ 与非腐蚀性水、土壤直接接触的钢筋混凝土挡土墙、柱、梁（不包括有建筑防水做法的一侧）在接触面刷冷底子油一道，涂改性沥青二道。

◆ 与弱腐蚀性水、土壤直接接触的钢筋混凝土挡土墙、柱、梁、基础（不包括有建筑防水做法的一侧）在接触面涂冷底子油两遍和沥青胶泥两遍。

（4）主要结构材料

◆ 钢筋：原材料应符合国家有关标准、规程、规范的规定。

◆ 混凝土强度等级见表7-5。

地基与基础混凝土强度等级

表 7-5

项目名称	独立柱基及墙下条基	防水底板	素混凝土垫层
教学楼	C30　P6	C30　P6	C15

◆ 主体结构构件混凝土强度等级见表 7-6。

主体结构构件混凝土强度等级 表 7-6

项目名称	部位	挡土墙	框架柱	梁	板	楼梯
教学楼	地下室	C30 P6	C40	C30	C30	C30
	一至二层		C40	C30	C30	C30
	三层		C35	C30	C30	C30
	四层至顶层		C30	C30	C30	C30

◆ 构造柱、填充墙水平系梁、填充墙洞口边框、压顶、现浇过梁混凝土强度等级采用 C20，并须符合使用环境条件下的混凝土耐久性基本要求。女儿墙等外露现浇构件及其他未注明的现浇混凝土构件采用 C30 混凝土浇筑。

◆ 填充墙

填充墙所用材料详见建筑施工图，其材料强度按以下要求施工：

直接置于基础顶面上的填充墙，防潮层以下用 M10 水泥砂浆砌强度等级为 MU10 的烧结普通砖（当用多孔砖时用 M5 砂浆灌孔）。

◆ 所有外露铁件应刷防锈漆二底二面。

3. 工程概况表见表 7-7。

工程概况表 表 7-7

××市××学校教学楼		编号	00-00-C1-××
一般情况	建设单位	××市××学校	
	建设用地	用于教学办公	设计单位	××设计研究院
	建设地点	××市××路××号	勘察单位	××勘察设计研究院
	建筑面积	6763.18m²	监理单位	××监理有限责任公司
	工期	214 天	施工单位	××建筑安装有限公司
	计划开工日期	××年××月××日	计划竣工日期	××年××月××日
	结构类型	框架	基础类型	独立基础加防水底板
	层次	地下一层、地下五层	建筑檐高	21.000m
	地上面积	5449.54m²	地下面积	1313.64m²
	人防等级		抗争等级	抗震设防烈度 9 度

续表

××市××学校教学楼		编号	00-00-C1-××
构造特征	地基与基础	C30P6 防水底板厚 300mm，其上为 C30P6 独立基础加条形基础，地下室为混凝土挡土墙，强度等级 C30P6	
	柱、内外墙	地下室至二层框架柱混凝土强度等级为 C40，地上外墙 M5.0 水泥砂浆砌 250mm 厚 MU2.5 陶粒混凝土空心砌块，外贴 80mm 厚聚苯板保温层，内墙 M5.0 水泥砂浆砌 150mm 厚 MU7.5 陶粒混凝土空心砌块	
	梁、板、楼盖	梁、板、楼盖采用 C3 混凝土现浇，板为现浇空心板	
	外墙装饰	外贴 80mm 厚聚苯板保温层，外墙饰面为防水涂面	
	内墙装饰	室内乳胶漆，过道，卫生间吊顶，详见装饰表	
	楼地面装饰	配电室为水泥砂浆地面，卫生间为防滑地面砖，其余房间地面为现浇水磨石	
	屋面构造	150mm 厚保温层、300mm 厚 CL7.5 轻集料混凝土找坡、30mm 厚 C20 细石混凝土找平层、两层 1.2mm 厚自带保护层合成高分子防水卷材	
	防火设备	设置火灾报警和消防联动系统、消火栓灭火系统、自动喷淋灭火系统、感烟探测器、消防风机、应急照明、疏散指示标志灯、消防广播	
机电系统名称		10/0.4kV 供配电系统、低压配电系统、照明与应急系统、动力配电系统、防雷接地系统、综合布线系统、有线电视系统、广播系统、火警报警及联动系统	
其他		地下层至地上四层轴线为①～⑫/Ⓐ～Ⓚ，五层为③～⑩/Ⓐ～Ⓚ轴线	

一、检验批表格填写范例

检验批验收表格（部分）

（1）土方开挖工程检验批质量验收记录，见表 7-8：

土方开挖工程检验批质量验收记录表　　　　　表 7-8

单位（子单位）工程名称			××市××学校			
分部（子分部）工程名称			土方工程		验收部位	①～⑫/Ⓐ～Ⓚ轴线
施工单位			××××建设工程有限公司		项目经理	×××
分包单位			/		分包项目经理	/
施工执行标准名称及编号			建筑地基基础工程质量验收规范（GB50300—2002）			
项目	施工质量验收规范的规定				施工单位检查评定记录	监理（建设）单位验收记录
	允许偏差或允许值（mm）					
	柱基基坑基槽	挖方场地平整		管沟	地（路）面基层	
		人工	机械			

续表

主控项目	1	标高	−50 □	±30 ■	±50 □	−50 □	−50 □	15，23，−17，14，25，−5，1，14，−2，−15	符合要求
	2	长度、宽度（由设计中心线向两边量）	+200 −50 ■	+300 −100 □	+500 −150 □	+100 □	—	12，9，−21，−18，8，6，5，5，−20，−12	
	3	边坡			设计要求			边坡值 1:1，符合设计和质量规范要求	
一般项目	1	表面平整度	20 □	20 ■	50 □	20 □	20 □	1，14，15，3，17，1，12，6，△，6	符合要求
	2	基底土性			设计要求			经相关部门进行地基验槽，符合设计要求	

	专业工长（施工员）	×××	施工班组长	×××

施工单位检查评定结果	检查评定合格。 项目专业质量检查员：×××　　　　××年×月×日
监理（建设）单位验收结论	符合要求，同意进入下道工序施工。 专业监理工程师：××× （建设单位项目专业技术负责人）：×××　　　　××年×月×日

（2）砖砌体工程检验批质量验收记录，见表 7-9：

砖砌体工程检验批质量验收记录表　　　　表 7-9

单位（子单位）工程名称	×× 市 ×× 学校		
分部（子分部）工程名称	土方工程	验收部位	①～⑫/Ⓐ～Ⓚ轴线第 ×× 层
施工单位	×××× 建设工程有限公司	项目经理	×××
分包单位	/	分包项目经理	/
施工执行标准名称及编号	砌体工程质量验收规范（GB 50203−2011）		
施工质量验收规范规定	施工单位检查记录		监理（建设）单位验收记录

主控项目	1. 砖强度等级	设计要求 MU	MU7.5 红机砖，复试报告编号 ×××，合格	符合要求
	2. 砂浆强度等级	设计要求 M	M5 混合砂浆，试块试压报告编号 ×××	符合要求
	3. 斜槎留置	5.2.3 条	符合规范要求	符合要求
	4. 直槎拉结钢筋及接槎处理	5.2.4 条	符合规范要求	符合要求
	5. 砂浆饱满度	≥ 80%	80, 81, 87, 86, 90, 83, 86, 88, 89, 90	符合要求
	6. 轴线位移	≤ 10mm	1, 5, 5, 2, 2, 1, 6, 7, 9	符合要求
	7. 垂直度（每层）	≤ 5mm	1, 1, 2, 3, 3, 2, 1, 2, 1, 2	符合要求
一般项目	1. 组砌方式	5.3.1 条	符合设计要求	符合要求
	2. 水平灰缝厚度	5.3.2 条	8, 8, 9, 9, 9, 8, 9, 8, 8, 9	符合要求
	3. 顶面（楼）标高	±15mm 以内	11, 12, 6, 5, 7, 8, 9, 3, 7, 2	符合要求
	4. 表面平整度	清水 5mm		符合要求
		混水 8mm	7, 6, 5, 4, 1, 1, 7, 2, 7, 2	
	5. 门窗洞口	±5mm 以内	2, 5, 6, 3, 2, 3, 3, 2, 1, 0	符合要求
	6. 窗口偏移	20mm	3, 3, 1, 1, 5, 9, 9, 5, 3, 2	符合要求
	7. 水平灰缝平直度	清水 7mm		符合要求
		混水 10mm	9, 8, 3, 4, 1, 1, 0, 9, 3, 2	
	8. 清水墙游丁走缝	20mm		

施工单位检查评定结果	主控项目全部合格，一般项目符合设计及质量验收规范要求，合格 项目专业质量检查员：××× 项目专业质量（技术）负责人：××× ××××年×月×日
监理（建设）单位验收结论	同意验收 监理单位（建设单位项目技术负责人）：××× ××××年×月×日

（3）砖砌体工程检验批质量验收记录，见表7-10：

模板拆除检验批质量验收记录表　　　　　　　　　　　　表 7-10

单位（子单位）工程名称		×× 市 ×× 学校		
分部（子分部）工程名称		土方工程	验收部位	①～⑫/Ⓐ～Ⓚ轴线第 ×× 层
施工单位		×××× 建设工程有限公司	项目经理	×××
分包单位		/	分包项目经理	/
施工执行标准名称及编号		混凝土结构工程施工质量验收规范 (GB 50204－2002)		
	施工质量验收规范规定		施工单位检查记录	监理（建设）单位验收记录
主控项目	1. 底模及其支架拆除时的混凝土强度	第 4.3.1 条	根据同条件养护试件，试件编号 ××× 符合规范要求	符合要求
	2. 后张法预应力构件侧模和底模的拆除时间	第 4.3.2 条	/	符合要求
	3. 后浇带拆模和支顶	第 4.3.3 条	/	符合要求
一般项目	1. 避免拆模损伤	第 4.3.4 条	能保证混凝土表面及棱角不受损伤	符合要求
	2. 模板拆除、堆放和清运	第 4.3.5 条	拆模时，未对楼层形成冲击荷载，拆除的模板和支架已及时清运	符合要求
施工单位检查评定结果		主控项目全部合格，一般项目符合设计及质量验收规范要求，合格 项目专业质量检查员：××× 项目专业质量（技术）负责人：××× 　　　　　　　　　　×××× 年 × 月 × 日		
监理（建设）单位验收结论		同意验收 监理单位（建设单位项目技术负责人）：××× 　　　　　　　　　　×××× 年 × 月 × 日		

（4）混凝土工程检验批质量验收记录，见表7-11：

混凝土施工检验批质量验收记录表　　　　　　　　　　　　　表7-11

单位（子单位）工程名称			×× 市 ×× 学校		
分部（子分部）工程名称			土方工程	验收部位	①～⑫/Ⓐ～Ⓚ轴线第 ×× 层
施工单位			×××× 建设工程有限公司	项目经理	×××
分包单位			/	分包项目经理	/
	施工质量验收规范规定		施工单位检查记录		监理（建设）单位验收记录
主控项目	1. 混凝土强度等级及试件的取样留置	第7.4.1条	按要求留置了试块，试验结果合格，有混凝土施工记录和试块试验报告		符合要求
	2. 混凝土抗渗及试件取样和留置	第7.4.2条	抗掺混凝土试件在浇筑点随机取样，取样数量符合要求，试验结果合格，有抗渗试验报告		符合要求
	3. 原材料每盘称量偏差	第7.4.3条	符合规范要求		符合要求
	4. 初凝时间控制	第7.4.4条	混凝土的浇筑过程符合要求，有施工记录		符合要求
一般项目	1. 施工缝的位置和处理	第7.4.5条	施工缝的留置位置和处理符合设计及有关规定要求，有施工记录		符合要求
	2. 后浇带的位置和浇筑	第7.4.6条	/		
	3. 混凝土养护	第7.4.7条	混凝土浇筑完毕后12h以内按要求进行了养护，符合质量验收规范要求，有施工记录		符合要求
施工单位检查评定结果		主控项目全部合格，一般项目符合设计及质量验收规范要求，合格 项目专业质量检查员：××× 项目专业质量（技术）负责人：××× ×××× 年 × 月 × 日			
监理（建设）单位验收结论		同意验收 监理单位（建设单位项目技术负责人）：××× ×××× 年 × 月 × 日			

二、分项工程表格填写范例

分项工程验收记录表格填写范例。

以砖砌体分项工程质量验收记录为例，见表 7-12。

砖砌体 分项工程质量验收记录

表 7-12

工程名称	××市××学校	结构类型	框架结构	检验批数	4
施工单位	××××建设工程有限公司	项目经理	×××	项目技术负责人	×××
分包单位	/	分包单位负责人	/	分包项目经理	/

序号	检验批部位、区段	施工单位检查评定结论	监理（建设）单位验收结论
1	①~⑫ / Ⓐ~Ⓚ轴线一层墙	合格	符合质量验收规范要求
2	①~⑫ / Ⓐ~Ⓚ轴线二层墙	合格	符合质量验收规范要求
3	①~⑫ / Ⓐ~Ⓚ轴线三层墙	合格	符合质量验收规范要求
4	①~⑫ / Ⓐ~Ⓚ轴线四层墙	合格	符合质量验收规范要求
5			
6			
7			
8			
9			
10			
11			
12			
13			
14			
15			

检查结论	检查评定合格 项目专业 技术负责人：××× ××××年×月×日	验收结论	同意验收 监理工程师 （建设单位项目专业技术负责人）：××× ××××年×月×日

三、分部（子分部）工程表格填写范例

分项工程验收记录表格填写范例。

以砖砌体分项工程质量验收记录为例，见表7-13。

砖砌体 分部（子分部）工程质量验收记录　　　　表7-13

工程名称	××市××学校		结构类型	框架结构	层数	4
施工单位	××××建设工程有限公司		项目经理	×××	项目技术负责人	×××
分包单位	/		分包单位负责人	/	分包项目经理	/

序号	分项工程名称	检验批数	施工单位检查评定	验收意见
1	砖砌体	4	合格	各分项检验批验收合格，符合质量验收规范要求
2	混凝土小型空心砌块砌体	4	合格	各分项检验批验收合格，符合质量验收规范要求
3	石砌体	1	合格	各分项检验批验收合格，符合质量验收规范要求
4	填充墙砌体	4	合格	各分项检验批验收合格，符合质量验收规范要求
5	配筋砌体	4	合格	各分项检验批验收合格，符合质量验收规范要求
6				
	质量控制资料	齐全、完整、有效		同意验收
	安全和功能检验（检测）报告	齐全、完整、有效		同意验收
	观感质量验收	好，符合要求		同意验收
	分包单位	项目经理 ×××		××××年×月×日
	施工单位	项目经理 ×××		××××年×月×日
	勘察单位	项目负责人 ×××		××××年×月×日
	设计单位	项目负责人 ×××		××××年×月×日
验收单位		验收结论	各子分部工程均符合设计文件及施工质量验收规范要求，质量控制资料、安全和功能检验（检测）报告齐全，观感质量验收综合评价为好，同意验收	
	监理（建设）单位（签章）		总监理工程师：×××（建设单位项目专业技术负责人）：××× ××××年×月×日	

四、单位工程表格填写范例

单位工程验收记录表格填写范例（略）。

【实践活动】

在校内资料实训室以 4 ~ 6 人为一个小组，根据教师提供相关工程案例，进行验收规范及本地区相关验收资料收集，完成相关表格的收集整理，并将数据资料录入相应工程资料管理软件，判断其符合性，上报（传）数据。

1. 活动学时： 学时；

2. 活动内容：相关工程检验批验收表格、分项表格、分部（子分部）表格、单位（子单位）表格的收集整理；

3. 实践工具：工程验收相关表格、计算机及相应管理软件。

实践活动结束，可按活动完成情况进行评价，作为学期考核（查）成绩的组成成绩。

教师工作页见表 7-14（参考）：

×××学校教师工作页   表 7-14

课题名称		教学时间	×学时
一、学习者特征分析			
二、教材内容分析			
三、教学目标			
1. 知识目标 (1) (2)			
2. 能力目标 (1) (2)			
3. 情感目标 (1) 具备实事求是、一丝不苟的工作态度，吃苦耐劳的工作作风； (2) 具备团结、协作的精神，善于沟通、表达的能力； (3) 具备爱护常用仪器、设备、设施的岗位品质，能严格按照操作规程操作仪器。			
四、教学重难点			
重 点	1. 2.		
难 点	1. 2.		
五、教学资源			

续表

实验（演示）教具	
多媒体资源	
网络资源	

六、教学过程

阶段安排	计划用时	学习内容	教师活动	学生活动	媒体活动	设计意图
【课堂教学】（×学时）						
过程 1	×min					
过程 2	×min					
【课内实训】（×学时）						
过程×	×min					

七、板书设计

八、课后作业

九、教学评价与反思

教学目标达成情况	
教学小结	
教学反思	

【活动评价】

学生工作页见表 7-15（参考）：

×××学校学生工作页   表 7-15

专业		授课教师	
学习情境		工作任务	
任务描述	1.		
工作流程	1.		

续表

知识准备			
工作评价	你主要承担的工作内容：		

序号	评价项目及权重	学生自评	教师评价
1	工作纪律态度（20）		
2	知识准备（15）		
3	实训操作能力（15）		
4	软件使用能力（20）		
5	自评（10）		
6	团队协作能力（20）		
	考核成绩		

教学反馈				
1. 对该工作任务是否感兴趣？	□感兴趣	□一般	□不感兴趣	
2. 该工作的难易程度是？	□难	□一般	□简单	
3. 该工作任务安排课时够吗？	□多了	□刚好	□不够	
4. 该工作任务你能完成吗？	□独立完成	□协作完成	□基本不会	
5. 你觉得这种学习方法怎样？	□很好	□能适应	□不好	
6. 对教学组织的建议和意见？				

说明：1. 学生实训活动评价表可参考附录表一，表中内容可根据实际要求调整。

2. 考核成绩由指导教师评定，计入学期综合成绩。

项目 8
质量员和资料员的工作职责及职业道德

【项目概述】

> 为了加强建筑与市政工程施工现场专业人员队伍建设，规范专业人员的职业能力。国家制定了《建筑与市政工程施工现场专业人员职业标准》JGJ/T 250-2011。

【学习目标】通过学习，你将能够：

了解质量员和资料员的职业道德；
熟悉质量员和资料员的工作职责；
熟悉质量员和资料员应具备的专业技能；
熟悉质量员和资料员应具备的专业知识。

任务 8.1　质量员的工作职责及职业道德

【任务描述】

主要对质量员的职业标准、工作职责、专业技能、专业知识及所应履行的职责作出了明确的规定。

【学习支持】

《建筑与市政工程施工现场专业人员职业标准》JGJ/T 250-2011。

【任务实施】

8.1.1　一般要求

1. 建筑与市政工程施工现场专业人员应具有中等职业（高中）教育及以上学历，并具有一定实际工作经验，身心健康。

2. 建筑与市政工程施工现场专业人员应具备必要的表达、计算、计算机应用能力。

3. 建筑与市政工程施工现场专业人员应具备下列职业素养：

（1）具有社会责任感和良好的职业操守，诚实守信，严谨务实，爱岗敬业，团结协作；

（2）遵守相关法律法规、标准和管理规定；

（3）树立安全至上、质量第一的理念，坚持安全生产、文明施工；

（4）具有节约资源、保护环境的意识；

（5）具有终生学习理念，不断学习新知识、新技能。

8.1.2 质量员的工作职责

质量员的主要职责是做好质量计划准备、材料质量控制、工序质量控制、质量问题处理和质量资料管理等工作。

1. 施工质量策划是质量管理的一部分，是指制定质量目标并规定必要的运行过程和相关资源的活动。质量策划由项目经理主持，质量员参与。

2. 材料和设备的采购由材料员负责。质量员参与采购，主要是参与材料和设备的质量控制及对材料供应商的考核。进场材料的抽样复验由材料员负责，质量员监督实施。进场材料和设备的质量保证资料包括：

（1）产品清单（规格、产地、型号等）；

（2）产品合格证、质保书、准用证等；

（3）检验报告、复检报告；

（4）生产厂家的资信证明；

（5）国家和地方规定的其他质量保证资料。

施工试验由施工员负责，质量员进行监督、跟踪。施工试验包括：

（1）砂浆、混凝土的配合比，试块的强度、抗渗、抗冻试验；

（2）钢筋（材）的强度、疲劳试验、焊接（机械连接）接头试验、焊缝强度检验等；

（3）土工试验；

（4）桩基检测试验；

（5）结构、设备系统的功能性试验；

（6）国家和地方规定需要进行试验的其他项目。

计量器具符合性审查主要包括：计量器具是否按照规定进行送检、标定；检测单位的资质是否符合要求；受检器具是否进行有效标识等。

3. 工序质量是指每道工序完成后的工程产品质量。工序质量控制措施由项目技术负责人主持制定，质量员参与。关键工序指施工过程中对工程主要使用功能、安全状况有重要影响的工序。特殊工序指施工过程中对工程主要使用功能不能由后续的检测手段和评价方法加以验证的工序。

4. 质量通病、质量缺陷和质量事故统称质量问题。质量通病是建筑与市政工程中经常发生的、普遍存在的一些工程质量问题。质量缺陷是施工过程中出现的较轻微的、可以修复的质量问题。质量事故则是造成较大经济损失甚至一定人员伤亡的质量问题。质量通病预防和纠正措施由项目技术负责人主持制定，质量员参与。质量缺陷的处理由施工员负责，质量员进行监督、跟踪。对于质量事故，应根据其损失的严重程度，由相应级别住房和城乡建设行政主管部门牵头调查处理，质量员应按要求参与。

5. 质量员在资料管理中的职责是：

（1）进行或组织进行质量检查的记录；

（2）负责编制或组织编制本岗位相关技术资料；

（3）汇总、整理本岗位相关技术资料，并向资料员移交。

6. 质量员的工作职责宜符合表 8-1 的规定。

质量员的工作职责   表 8-1

项次	分类	主要工作职责
1	质量计划准备	1. 参与进行施工质量策划 2. 参与制定质量管理制度
2	材料质量控制	3. 参与材料、设备的采购 4. 负责核查进场材料、设备的质量保证资料，监督进场材料的抽样复验 5. 负责监督、跟踪施工试验，负责计量器具的符合性审查
3	工序质量控制	6. 参与施工图会审和施工方案审查 7. 参与制定工序质量控制措施 8. 负责工序质量检查和关键工序、特殊工序的旁站检查，参与交接检验、隐蔽验收、技术复核 9. 负责检验批和分项工程的质量验收、评定，参与分部工程和单位工程的质量验收、评定
4	质量问题处置	10. 参与制定质量通病预防和纠正措施 11. 负责监督质量缺陷的处理 12. 参与质量事故的调查、分析和处理
5	质量资料管理	13. 负责质量检查的记录，编制质量资料 14. 负责汇总、整理、移交质量资料

8.1.3　质量员应具备规定的专业技能

质量员要能够根据质量保证资料和进场复验资料，对材料和设备质量进行评价；能够根据施工试验资料，判断相关指标是否符合设计和有关技术标准要求。质量员的专业技能，应按土建施工、装饰装修、设备安装、市政工程四个子专业突出本专业的要求。

土建方向质量员的专业技能主要是：

1. 能够参与编制施工项目质量计划：划分土建工程中分项工程、检验批；编制土建工程中钢筋、模板、混凝土、砌筑等分项工程的质量控制计划。

2. 能够评价土建工程中主要材料的质量：外观质量；质量证明文件；复验报告等。

3. 能够判断土建工程施工试验结果：桩基试验的结果；地基与基础试验检测报告；根据混凝土试块强度评定混凝土验收批质量；根据砌筑砂浆试块强度评定砂浆质量；根据试验结果判断钢材及其连接的质量；根据蓄水试验的结果判断防水工程的质量等。

4. 能够识读土建工程施工图：识读砌体结构房屋施工图；识读多层混凝土结构房屋施工图等。

5. 能够确定施工质量控制点：地基基础工程与地下防水工程的质量控制点；砌体、多层混凝土结构的质量控制点；地面、屋面工程的质量控制点；一般装饰装修工程的质量控制点。

6. 能够参与编写质量控制措施等质量控制文件，实施质量交底：参与编制砌体工程、混凝土工程、模板工程、防水工程等分项工程的质量通病防控措施；并对其实施交底。

7. 能够进行土建工程质量检查、验收、评定：正确使用常见土建工程质量检查仪器、设备；实施对检验批的检查验收评价，正确填写检验批质量验收记录表；协助验收分项工程、分部（子分部）工程和单位工程的质量；对分部分项工程进行隐蔽验收。

8. 能够识别质量缺陷，并进行原因分析和处理。

9. 能够参与调查、分析质量事故，提出处理意见：提供质量事故调查处理的基础资料；参与分析质量事故的原因。

10. 能够编制、收集、整理质量资料：编制、收集、整理隐蔽工程的质量验收单；编制、汇总分项工程、检验批的验收检查记录；收集原材料的质量证明文件、复验报告；收集结构安全和功能性检测报告；收集分部工程、单位工程的验收记录。

11. 质量员应具备的专业技能见表 8-2。

质量员应具备的专业技能　　　　　　　　　　　　　　　　　表 8-2

项次	分类	专业技能
1	质量计划准备	1. 能够参与编制施工项目质量计划
2	材料质量控制	2. 能够评价材料、设备质量 3. 能够判断施工试验结果
3	工序质量控制	4. 能够识读施工图 5. 能够确定施工质量控制点 6. 能够参与编写质量控制措施等质量控制文件，并实施质量交底 7. 能够进行工程质量检查、验收、评定
4	质量问题处置	8. 能够识别质量缺陷，并进行分析和处理 9. 能够参与调查、分析质量事故，提出处理意见
5	质量资料管理	10. 能够编制、收集、整理质量资料

8.1.4　质量员应具备规定的专业知识

质量员的专业知识，应按土建施工、装饰装修、设备安装、市政工程四个子专业突出本专业的要求。

土建方向质量员的专业知识主要是：

1. 通用知识

（1）熟悉国家工程建设相关法律法规。主要有《建筑法》、《安全生产法》、《建设工程安全生产管理条例》、《建设工程质量管理条例》、《劳动法》、《劳动合同法》等。

（2）熟悉工程材料的基本知识：无机胶凝材料、混凝土、砂浆、石材、砖和砌块、钢材、防水材料、建筑节能材料等的种类、性质及应用。

（3）掌握施工图识读、绘制的基本知识：施工图的基本知识，施工图的图示方法，施工图的绘制与识读。

（4）熟悉工程施工工艺和方法。

◆ 地基与基础工程：土的工程分类；常用人工地基处理方法；基坑（槽）开挖、支护及回填方法；混凝土基础施工工艺流程及施工要点；砖基础施工工艺流程及施工要点；石基础施工工艺流程及施工要点；桩基础施工工艺流程及施工要点。

◆ 砌体工程：常见脚手架的搭设施工要点；砖砌体施工工艺流程及施工要点；石砌体施工工艺流程及施工要点；砌块砌体施工工艺流程及施工要点。

◆ 钢筋混凝土工程：常见模板的种类、特性及安拆施工要点；钢筋工程施工工艺流程及施工要点；混凝土工程施工工艺流程及施工要点。

◆ 防水工程：防水砂浆防水工程施工工艺流程及施工要点；防水涂料防水工程施工工艺流程及施工要点；卷材防水工程施工工艺流程及施工要点。

◆ 装饰装修工程：楼地面工程施工工艺流程及施工要点；一般抹灰工程施工工艺流程及施工要点；门窗工程施工工艺流程及施工要点；涂饰工程施工工艺流程及施工要点等。

（5）熟悉工程项目管理的基本知识。

◆ 施工项目管理的内容及组织机构。

◆ 施工项目目标控制。

◆ 施工资源与现场管理。

2. 基础知识

（1）熟悉土建施工相关的力学知识

◆ 平面力系：力的基本性质；平面汇交力系的平衡方程；力偶、力矩的特性等。

◆ 杆件的内力分析：用截面法计算单跨静定梁的内力；多跨静定梁内力的基本概念；静定平面桁架内力的基本概念。

◆ 杆件强度、刚度和稳定的基本概念：杆件的基本受力形式；杆件强度的概念；杆件刚度和稳定的基本概念；应力、应变的基本概念等。

（2）熟悉建筑构造、建筑结构的基本知识

◆ 建筑构造的基本知识：民用建筑的基本构造组成；砖及毛石基础的构造；钢筋混凝土基础的构造；桩基础的构造；地下室的防潮与防水构造；常见砌块墙体的构造；幕墙的一般构造；现浇钢筋混凝土楼板的构造；楼地面的防水构造；室内地坪的构造；钢筋混凝土楼梯的构造；坡道及台阶的一般构造；门窗的构造；门窗与建筑主体的连接构造；屋顶常见的保温隔热构造；屋顶防水及排水的一般构造；变形缝及其构造。

◆ 建筑结构的基本知识：基础的结构知识；桩基础的结构知识；构件的受弯、受扭和轴向受力；现浇钢筋混凝土楼盖的结构知识；砌体房屋基本构件的结构知识；建筑抗震的基本知识。

（3）熟悉施工测量的基本知识

◆ 标高、直线水平等的测量：水准仪、经纬仪、全站仪、激光铅垂仪、测距仪的使用；水准、距离、角度测量的要点。

◆ 施工控制测量的知识：建筑的定位与放线；基础施工、墙体施工、构件安装测量。

◆ 建筑变形观测的知识：建筑变形的概念；建筑沉降观测、倾斜观测、裂缝观测、水平位移观测。

（4）掌握抽样统计分析的基本知识

◆ 数理统计的基本概念、抽样调查的方法：总体、样本、统计量、抽样的概念；抽样的方法。

◆ 施工质量数据抽样和统计分析方法：施工质量数据抽样的基本方法；数据统计分析的基本方法。

3. 岗位知识

（1）熟悉土建施工相关的管理规定和标准

◆ 建设工程质量管理法规、规定：实施工程建设强制性标准监督内容、方式、违规处罚的规定；房屋建筑工程和市政基础设施工程竣工验收备案管理的规定；房屋建筑工程质量保修范围、保修期限和违规处罚的规定；建设工程专项质量检测、见证取样检测的业务内容的规定。

◆ 建筑工程施工质量验收标准和规范。

（2）掌握工程质量管理的基本知识

◆ 工程质量管理及控制体系：工程质量管理概念和特点；质量控制体系的组织框架；模板、钢筋、混凝土等分部分项工程的施工质量控制流程。

◆ ISO9000 质量管理体系：ISO9000 质量管理体系的要求；质量管理的八大原则；建筑工程质量管理中实施 ISO9000 标准的意义。

（3）掌握施工质量计划的内容和编制方法

（4）熟悉工程质量控制的方法

◆ 影响质量的主要因素。

◆ 施工准备阶段的质量控制方法。

◆ 施工阶段的质量控制方法。

◆ 设置施工质量控制点的原则和方法。

（5）了解施工试验的内容、方法和判定标准

土工及桩基、砂浆、混凝土、钢材及其连接、屋面及防水工程、房屋结构的实体等检测的内容、方法和判定标准。

（6）掌握工程质量问题的分析、预防及处理方法

◆ 施工质量问题的分类与识别。

◆ 建筑工程中常见的质量问题（通病）。

◆ 形成质量问题的原因分析。

◆ 质量问题的处理方法。

4. 质量员应具备规定的专业知识，见表 8-3。

质量员应具备的专业知识　　　　　　　　　　　　　　　　　　表 8-3

项次	分类	专业知识
1	通用知识	1. 熟悉国家工程建设相关法律法规 2. 熟悉工程材料的基本知识 3. 掌握施工图识读、绘制的基本知识 4. 熟悉工程施工工艺和方法 5. 熟悉工程项目管理的基本知识
2	基础知识	6. 熟悉相关专业力学知识 7. 熟悉建筑构造、建筑结构和建筑设备的基本知识 8. 熟悉施工测量的基本知识 9. 掌握抽样统计分析的基本知识
3	岗位知识	10. 熟悉与本岗位相关的标准和管理规定 11. 掌握工程质量管理的基本知识 12. 掌握施工质量计划的内容和编制方法 13. 熟悉工程质量控制的方法 14. 了解施工试验的内容、方法和判定标准 15. 掌握工程质量问题的分析、预防及处理方法

任务 8.2　资料员的工作职责及职业道德

【任务描述】

主要对资料员的职业标准、工作职责、专业技能、专业知识及所应履行的职责作出了明确的规定。

【学习支持】

《建筑与市政工程施工现场专业人员职业标准》JGJ/T 250-2011。

【任务实施】

8.2.1　一般要求

1. 建筑与市政工程施工现场专业人员应具有中等职业（高中）教育及以上学历，并具有一定实际工作经验，身心健康。

2. 建筑与市政工程施工现场专业人员应具备必要的表达、计算、计算机应用能力。

3. 建筑与市政工程施工现场专业人员应具备下列职业素养：

（1）具有社会责任感和良好的职业操守，诚实守信，严谨务实，爱岗敬业，团结协作；

（2）遵守相关法律法规、标准和管理规定；

（3）树立安全至上、质量第一的理念，坚持安全生产、文明施工；

（4）具有节约资源、保护环境的意识；

（5）具有终生学习理念，不断学习新知识、新技能。

8.2.2 资料员的工作职责

资料员的主要职责是做好资料计划管理、资料收集整理、资料使用保管、资料归档移交、资料信息系统管理等工作。

1. 资料员应协助项目经理或技术负责人制定施工资料管理计划，建立施工资料管理规章制度。施工资料是建筑与市政工程在施工过程中形成的资料，包括施工管理资料、施工技术资料、施工进度及造价资料、施工物质资料、施工记录、施工试验记录及检测报告、施工质量验收记录、竣工验收资料等。施工资料管理计划的内容包括资料台账，资料管理流程，资料管理制度以及资料的来源、内容、标准、时间要求、传递途径、反馈的范围、人员及职责和工作程序等。

2. 资料员应收集、审查施工员、质量员等项目部其他专业人员，以及相关单位移交的施工资料，并整理、组卷，向企业相关部门和建设单位移交归档。施工资料交底的内容包括资料目录，资料编制、审核及审批规定，资料整理归档要求，移交的时间和途径，人员及职责等。

3. 资料员应协助企业相关部门建立施工资料管理系统。施工资料管理系统包括资料的准备、收集、标识、分类、分发、编目、更新、归档和检索等。

4. 资料员的工作职责宜符合表 8-4 的规定。

资料员的工作职责   表 8-4

项次	分类	主要工作职责
1	资料计划管理	1. 参与制定施工资料管理计划 2. 参与建立施工资料管理规章制度
2	资料收集整理	3. 负责建立施工资料台账，进行施工资料交底 4. 负责施工资料的收集、审查及整理
3	资料使用保管	5. 负责施工资料的往来传递、追溯及借阅管理 6. 负责提供管理数据、信息资料
4	资料归档移交	7. 负责施工资料的立卷、归档 8. 负责施工资料的封存和安全保密工作 9. 负责施工资料的验收与移交
5	资料信息系统管理	10. 参与建立施工资料管理系统 11. 负责施工资料管理系统的运用、服务和管理

8.2.3 资料员应具备规定的专业技能

1.能够参与编制施工资料管理计划:编制资料管理规划;编制资料管理实施细则(手册)。

2.能够建立施工资料收集台账:建立施工资料台账及收集登记制度;进行工程资料分类与分卷,施工资料章、节、项、目的建立。

3.能够进行施工资料交底:确定施工资料交底的对象;确定施工资料交底内容。

4.能够收集、审查与整理施工资料:进行施工资料的收集、审查;进行施工资料的整理、组卷。

5.能够检索、处理、存储、传递、追溯、应用施工资料:进行施工资料的检索、处理、存储;进行施工资料的传递、追溯、应用。

6.能够安全保管施工资料:建立纸质资料、电子化资料的安全防护措施;建立信息安全管理制度和程序、信息保密制度。

7.能够对施工资料立卷、归档、验收与移交:进行施工资料立卷、归档;进行施工资料验收、移交。

8.能够参与建立项目施工资料计算机辅助管理平台:为建立资料管理计算机辅助管理平台提供资料;进行项目施工资料的录入、整理。

9.能够应用专业软件进行施工资料的处理:进行专业软件的操作与管理;应用专业软件处理施工资料。

10.资料员应具备规定的专业技能见表8-5。

资料员应具备的专业技能   表8-5

项次	分类	专业技能
1	资料计划管理	1.能够参与编制施工资料管理计划
2	资料收集整理	2.能够建立施工资料台账 3.能够进行施工资料交底 4.能够收集、审查、整理施工资料
3	资料使用保管	5.能够检索、处理、存储、传递、追溯、应用施工资料 6.能够安全保管施工资料
4	资料归档移交	7.能够对施工资料立卷、归档、验收、移交
5	资料信息系统管理	8.能够参与建立施工资料计算机辅助管理平台 9.能够应用专业软件进行施工资料的处理

8.2.4 资料员应具备的专业知识

1.通用知识

(1)熟悉国家工程建设相关法律法规。主要有《建筑法》、《安全生产法》、《建设工程安全生产管理条例》、《建设工程质量管理条例》、《劳动法》、《劳动合同法》等。

（2）了解工程材料的基本知识。包括无机胶凝材料、混凝土、砂浆、石材、砖和砌块、钢材、防水材料、建筑节能材料等的种类、性质及应用。

（3）熟悉施工图识读、绘制的基本知识。包括施工图的基本知识；施工图的图示方法；施工图的识读。

（4）了解工程施工工艺和方法。

◆ 地基与基础工程：岩土的工程分类；基坑（槽）开挖；支护及回填的主要方法。

◆ 砌体工程：砌体工程的种类；砌体工程施工的主要工艺流程。

◆ 钢筋混凝土工程：常见模板的种类；钢筋工程施工的主要工艺流程；混凝土工程施工的主要工艺流程。

◆ 防水工程：防水工程的主要种类；防水工程施工的主要工艺流程。

（5）熟悉工程项目管理的基本知识。

◆ 施工项目管理的内容及组织：施工项目管理的内容；施工项目管理的组织机构。

◆ 施工项目目标控制：施工项目目标控制的任务；施工项目目标控制的措施。

◆ 施工资源与现场管理：施工资源管理的方法；施工现场管理的内容。

2. 基础知识

（1）了解建筑构造、建筑设备及工程预算的基本知识。

◆ 建筑构造的基本知识：建筑的构造组成、基础、墙体和地下室、楼板与地坪、竖向交通设施、门与窗、屋顶、变形缝等的构造。

◆ 建筑设备的基本知识：建筑给水排水系统、建筑电气、建筑供暖系统、建筑通风与空调系统等基础知识。

◆ 建筑工程及市政工程造价的基本概念：工程造价的构成；工程造价的定额计价方法的概念；工程造价的工程量清单计价方法的概念；施工预算、结算和决算的概念。

（2）掌握计算机和相关资料管理软件的应用知识。

◆ 计算机系统基础知识：计算机基本组成及功能的基本知识；计算机软件知识；计算机系统安全知识。

◆ 计算机文字处理应用基本知识：Word、Excel 的基本操作；PowerPoint 的基本操作。

◆ 工程资料专业管理软件的应用知识：工程资料管理软件的种类、特点、功能；工程资料管理软件的新建、保存、删除、导入、导出；工程资料管理软件技术资料编辑的方法；工程资料管理软件技术资料组卷的方法；工程资料管理电子文件安全管理。

（3）掌握文秘、公文写作基本知识。

◆ 公文写作的基本知识：公文的类型及写作一般步骤；企业常用文书写作。

◆ 文秘各项工作的程序和要求：信息收发工作；文件、资料的传递、收集、审查及整理。

3. 岗位知识

（1）熟悉资料管理相关的管理规定和标准。

◆ 建筑工程施工质量验收统一标准：建筑工程质量验收要求；建筑工程质量验收

程序和组织要求。

◆ 建设工程项目管理、监理及施工组织设计规范：建设工程项目管理组织与任务的要求；建设工程监理人员、监理实施、监理资料的要求；建筑施工组织设计内容与编制的要求。

（2）熟悉建筑工程竣工验收备案管理知识。

◆ 建筑工程竣工验收备案管理：建筑工程竣工验收备案的范围；建筑工程竣工验收备案的文件；建筑工程竣工验收备案的程序。

◆ 建筑工程竣工验收备案的实施：施工单位的备案基础工作；施工单位备案的实施要点。

（3）掌握城建档案管理、施工资料管理及建筑业统计的基础知识。

◆ 城建档案管理的基础知识：建筑工程文件归档整理规范的基本规定；建筑工程文件归档范围及质量要求；建筑工程文件的立卷及归档；建筑工程档案的验收与移交。

◆ 施工资料管理的基础知识：施工资料的分类方法；施工前期、施工中期、竣工验收各阶段施工资料管理的知识。

◆ 建筑业统计的基础知识：统计基本知识；施工现场统计工作内容。

（4）资料安全管理：资料安全管理的有关规定；资料安全管理责任制度及过程；资料安全的保密措施。

4. 资料员应具备规定的专业知识，见表 8-6。

资料员应具备的专业知识   表 8-6

项次	分类	专业知识
1	通用知识	1. 熟悉国家工程建设相关法律法规 2. 了解工程材料的基本知识 3. 熟悉施工图绘制、识读的基本知识 4. 了解工程施工工艺和方法 5. 熟悉工程项目管理的基本知识
2	基础知识	6. 了解建筑构造、建筑设备及工程预算的基本知识 7. 掌握计算机和相关资料管理软件的应用知识 8. 掌握文秘、公文写作基本知识
3	岗位知识	9. 熟悉与本岗位相关的标准和管理规定 10. 熟悉工程竣工验收备案管理知识 11. 掌握城建档案管理、施工资料管理及建筑业统计的基础知识 12. 掌握资料安全管理知识

参考文献

[1] 中华人民共和国住房和城乡建设部. 建筑工程质量验收统一标准 GB 50300-2013 [S].北京：中国建筑工业出版社，2013.

[2] 中华人民共和国住房和城乡建设部.新版建筑工程施工质量验收规范汇编[S].北京：中国建筑工业出版社 中国计划出版社，2003（2012版）.

[3] 中华人民共和国住房和城乡建设部. 砌体结构工程施工质量验收规范 GB 50300-2011 [S].北京：中国计划出版社，2011.

[4] 中华人民共和国住房和城乡建设部. 屋面工程质量验收规范 GB 50207-2012 [S].北京：中国建筑工业出版社，2011.

[5] 中华人民共和国住房和城乡建设部. 建筑地面工程施工质量验收规范 GB 50209-2010 [S].北京：中国建筑工业出版社，2010.

[6] 中华人民共和国住房和城乡建设部. 建筑外墙防水防护技术规程 JGJ/T 235-2011 [S].北京：中国建筑工业出版社，2011.

[7] 中华人民共和国住房和城乡建设部. 建筑与市政工程施工现场专业人员职业标准 JGJT 250-2011 [S].北京：中国建筑工业出版社，2011.